本教材第二版获首届全国教材建设奖全国优秀教材二等奖
"十二五"普通高等教育本科国家级规划教材

Physics and Technology of Semiconductor Thin Films

半导体薄膜技术与物理

（第三版）

叶志镇　吕建国　吕　斌　张银珠　戴兴良　编著

ZHEJIANG UNIVERSITY PRESS
浙江大学出版社
·杭州·

图书在版编目（CIP）数据

半导体薄膜技术与物理 / 叶志镇等编著. —3 版
. —杭州：浙江大学出版社，2020.11（2023.11 重印）
ISBN 978-7-308-20948-9

Ⅰ. ①半… Ⅱ. ①叶… Ⅲ. ①半导体薄膜技术—高等学校—教材 Ⅳ. ①TN304.055

中国版本图书馆 CIP 数据核字（2020）第 251221 号

半导体薄膜技术与物理（第三版）

叶志镇　吕建国　吕　斌　张银珠　戴兴良　编著

策划编辑　黄娟琴
责任编辑　杜希武　黄娟琴
责任校对　董雯兰
封面设计　续设计
出版发行　浙江大学出版社
（杭州市天目山路 148 号　邮政编码 310007）
（网址：http://www.zjupress.com）
排　　版　杭州好友排版工作室
印　　刷　杭州高腾印务有限公司
开　　本　787mm×1092mm　1/16
印　　张　17
字　　数　424 千
版 印 次　2020 年 11 月第 3 版　2023 年 11 月第 4 次印刷
书　　号　ISBN 978-7-308-20948-9
定　　价　59.00 元

浙江大学出版社市场运营中心联系方式：(0571) 88925591；http://zjdxcbs.tmall.com

叶志镇教授简介

叶志镇，1955 年出生，浙江温州苍南人。半导体光电薄膜材料专家。

1977 年考入浙大电机系，1982 年 1 月获学士学位；1984 年、1987 年在浙大光仪系获硕士、博士学位。1988 年 1 月进入浙大材料系硅材料国家重点实验室工作，1990—1992 年为美国麻省理工学院访问学者，1994 年晋升教授。2005 年入选首批浙大求是特聘教授，2008 年评为浙江省特级专家。曾任浙大硅材料国家重点实验室主任、材料与化工学院副院长、材料科学与工程学系主任。现任浙大材料科学与工程学院学术委员会主任。2019 年当选为中国科学院院士。

叶志镇开辟浙大半导体薄膜研究方向，首创超高真空 CVD 技术并在全国推广应用；1986 年开创国内半导体 ZnO 薄膜掺杂研究先河，建立了 p 型二元共掺原理与技术，国际首次由 MOCVD 法制成 ZnO-LED 原型器件并实现室温电致发光；发展了 n 型氧化锌高导电掺杂技术，突破无铟透明导电薄膜难题，实现了产业应用。此外，在低维 ZnO 材料可控制备，紫外探测、传感器件、钙钛矿光电器件以及新型 ZnO 薄膜晶体管等方面也做出创新工作。他是国际光电氧化锌领域的主要学术带头人，为我国无机光电材料发展做出了突出贡献。

他先后承担了国家"973"计划、国家自然科学基金等重点项目。共发表学术论文 600 余篇，SCI 他引 13000 余次（H＝63）；连续 6 年入选爱思唯尔"中国高被引学者"；授权发明专利 100 余件，其中部分已转让；出版学术著作 2 本，参编 3 本；获科技奖 10 余项，其中国家自然科学奖二等奖 1 项、省部级科技一等奖 4 项。

1994 年被评为国家重点实验室全国先进工作者，获"金牛奖"；1996 年入选教育部"跨世纪优秀人才"；1997 年入选国家"百千万人才工程"；2007 年选为浙江省突出贡献中青年专家；2008 年被评为浙江省特级专家；2008 年、2010 年获中国百篇优秀博士论文提名奖指导教师；2012 年评为浙江省"三育人"先进个人和学校标兵；2013 年评为浙江省师德先进个人；2014 年评为全国优秀教师，获浙江省高校教学成果一等奖。

内容简介

本书全面系统地介绍了半导体薄膜的各种制备技术及其相关的物理基础,全书共分十一章。第一章概述了真空技术,第二至第八章分别介绍了蒸镀、溅射、化学气相沉积、脉冲激光沉积、分子束外延、液相外延、湿化学合成等各种半导体薄膜的沉积技术,第九章介绍了半导体超晶格、量子阱的基本概念和理论,第十章介绍了典型薄膜半导体器件的制备技术,第十一章介绍了溶液法技术及发光器件的制备。

本书文字叙述上力求做到深入浅出,内容上深度和宽度相结合,理论和实践相结合,以半导体薄膜技术为重点,结合半导体材料和器件的性能介绍,同时还介绍了半导体薄膜技术与物理领域的新概念、新进展、新成果和新技术。本书具有内容翔实、概念清楚、图文并茂的特点。

本书读者对象广泛,可作为高等院校材料、物理、电子、化学等学科的研究生或高年级本科生的半导体薄膜技术课程的教材,也可作为从事半导体材料、薄膜材料、光电器件等领域的科研人员、工程技术人员的参考书。

第三版前言

党的二十大报告提出"建设现代化产业体系","推动战略性新兴产业融合集群发展,构建新一代信息技术、人工智能、生物技术、新能源、新材料、高端装备、绿色环保等一批新的增长引擎"。

半导体材料是现代能源和信息产业的基础,半导体薄膜是新型光电子器件和超大规模集成电路的核心材料。在人类发展历史中,先后使用的半导体材料有很多种,如 Ge、Si、GaAs、ZnSe、金刚石、SiC、GaN 和 ZnO 等。高质量半导体薄膜的实现取决于半导体薄膜制备技术,而半导体薄膜制备技术的发展,不仅为新型半导体器件的研制创造了条件,也为半导体理论进一步发展奠定了基础。

《半导体薄膜技术与物理》(第三版),适合从事半导体材料、薄膜材料、半导体器件、设备制造等领域的科研人员、工程技术人员和高等院校师生使用。本书第一版于 2008 年 8 月由浙江大学出版社出版,此后被推荐列入高等院校材料专业系列规划教材,并于 2012 年纳入"十二五"普通高等教育本科国家级规划教材。自第一版问世以来,半导体薄膜技术与物理领域一直在蓬勃发展。因此,作者力求与时俱进,使本书既能反映该领域的最新进展,又能保持其作为教材的专业水平。

2013 年 12 月,作者对本书进行了一次修订,使本书更加完善系统,特色明显,具体体现在:①本书是多种薄膜制备技术的教材,原创性显著;②本书兼具系统性,较全面地介绍了各种半导体薄膜技术;③基础性与前沿性相结合,兼顾经典基础知识和半导体薄膜技术与物理领域的新成果和新发展;④理论性和实用性相结合,在深入介绍半导体薄膜技术物理基础的同时,还列举了几种典型半导体材料进行针对性论述;⑤研究性与开放性相结合,融合教学科研实践第一手研究资料。本教材第二版获首届全国教材建设奖全国优秀教材二等奖。

本次修订,同第二版相比,在进一步完善前十章内容的基础上,新增加了一章,专门讨论溶液法技术及其发光器件的制备。本书共分十一章,以叶志镇教授"半导体薄膜技术与物理"讲义为基础编撰,由叶志镇主持撰写和统稿,主要参加撰写的有吕建国(第三、四、八、十章)、吕斌(第一、六、九章)、张银珠(第二、五、七章)和戴兴良(第十一章)。其中,第十一章由活跃在溶液法制备光电器件领域的研究者戴兴良博士撰写。溶液法制备薄膜技术,即指将处于溶液状态的功能层材料通过喷墨打印、转移印刷等方法加工成薄膜,是近 10 来年开发的另一种广泛应用的薄膜制备技术。该技术具有设备简单、无须真空、原料消耗少、工艺简单、产能高、与柔性衬底相兼容等优势,有望在未来的工业化生产中发挥巨大的作用。该章内容结合溶液法制备 LED 的最新进展,比如量子点 LED、钙钛矿 LED,阐述大面积溶液法技术的原理和关键难点,以及在制备大面积、低成本的主动矩阵发光显示器领域的应用前景。

本书是作者所在的课题组多年教学科研工作的结晶和总结,在此向课题组的赵炳辉、朱丽萍、黄靖云、彭新生、何海平、金一政、潘新花、卢洋藩、汪雷、李先航、刘杨、叶春丽、叶启阔以及课题组历届所有的研究生表示感谢!本书的编写同时结合了国内外的最新研究进展,汇集了多方面材料,在此也对他们的工作表示崇高的敬意!在本书的编写和修订过程中,得到了浙江大学领导的全力支持,得到了阙端麟院士和张泽院士的大力指导,也得到了各位同事和朋友的关心和帮助。作者在此表示衷心的感谢!

由于编者水平有限,书中难免还存在一些缺点和错误,殷切希望广大读者批评指正。

编著者

于浙大求是园

2023 年 11 月

第二版前言

半导体材料是现代能源和信息产业的基础,半导体薄膜是新型光电子器件和超大规模集成电路的核心材料。在人类发展的历史中,先后使用的半导体材料有很多种,如 Ge、Si、GaAs、ZnSe、金刚石、SiC、GaN 和 ZnO 等。高质量半导体薄膜的实现取决于半导体薄膜制备技术,而半导体薄膜制备技术的发展,不仅为新型半导体器件的研制创造了条件,也为半导体理论进一步发展奠定了基础。

半导体薄膜技术与物理是一门内容丰富的专业课程。2008 年 9 月,作者结合多年的教学科研经验,出版了《半导体薄膜技术与物理》一书,系统论述了各种半导体薄膜制备技术及其物理基础。本书自出版以来,受到广大读者的欢迎,是半导体材料与技术领域的基础教材,推进了半导体薄膜材料技术及其理论的教学和科研发展。2012 年,入选第一批"十二五"普通高等教育本科国家级规划教材。

2013 年 12 月,作者对本书进行了修订。本书特色明显,主要体现在五个方面:①目前已有多种薄膜制备技术的教材,但直接针对半导体薄膜制备的专门教材还很少,本书正是为此而编著,内容紧扣半导体薄膜制备技术,原创性显著。②本书介绍了各种半导体薄膜技术,不仅包括蒸发、溅射等传统镀膜技术,而且还重点阐述了应用于现代光电子和微电子的金属有机物化学气相沉积、分子束外延等先进半导体薄膜技术,此外还介绍了电化学沉积等传统湿化学方法在半导体薄膜中的应用,系统性明显。③基础性与前沿性相结合,全面介绍了半导体薄膜技术的经典基础知识、各个发展历程中的关键技术和重要方向,同时充实了高新科技领域中半导体薄膜技术与物理的新成果和新发展,如多量子阱和超晶格制备技术、GaN 和 ZnO 薄膜制备技术等,增强了内容的先进性和前沿性。④理论性和实用性相结合,深入介绍了半导体薄膜技术的物理基础,理论性强,同时每种制备技术均结合一种或几种典型半导体材料进行针对性论述,典型的半导体材料均可在本书中找到具体的例证,实用性强。⑤研究性与开放性相结合,本书融合了编著者多年的教学科研实践,特别是科研第一线的资料,同时强调开放式编撰思路,对各种可能的半导体薄膜技术均持包容态度,学术性强,是一本研究型的教材。

本书共分十章,以叶志镇教授"半导体薄膜技术物理"讲义为基础编撰而成。第一章叙述了真空技术的基本知识;第二章至第八章是本书的核心内容,结合各种半导体材料,详细介绍了蒸发、溅射、化学气相沉积、脉冲激光沉积、分子束外延、液相沉积和湿化学合成等半导体薄膜技术与物理;第九章介绍了半导体超晶格和量子阱的生长技术;第十章介绍了典型薄膜半导体器件的制备技术。本书由叶志镇主持撰写和统稿,主要参加撰写的有吕建国(第三、四、八、十章)、吕斌(第一、六、九章)和张银珠(第二、五、七章)。

本书是作者所在的课题组多年教学科研工作的结晶和总结,在此向课题组的赵炳辉、朱丽萍、黄靖云、彭新生、何海平、金一政、潘新花、卢洋藩、汪雷、李先航、叶春丽、叶启阔以及课题组历届所有的研究生表示感谢!本书的编写同时结合了国内外的最新研究进展,汇集了多方面材料,在此也对他们的工作表示崇高的敬意!在本书的编写和修订过程中,得到了浙江大学领导的全力支持,得到了阙端麟院士和张泽院士的大力指导,也得到了各位同事和朋友的关心和帮助,作者在此表示衷心的感谢!本书可供半导体材料、薄膜材料、半导体器件、设备制造等领域的科研人员、工程技术人员和高等院校师生参考。由于作者水平有限,疏漏和不当之处在所难免,敬请读者批评指正!

叶志镇　吕建国　吕　斌　张银珠

于浙江大学求是园

2013 年 12 月

第一版前言

　　材料是人类物质生活和文明进步的基础,新材料是现代文明社会和高新技术发展的先导,半导体材料是支撑现代信息社会的基石。

　　在近三十年来,半导体材料得到了迅猛的发展,Ge、Si、GaAs、ZnSe、金刚石、SiC、GaN、ZnO,从窄禁带到宽禁带,从红外到紫外,半导体材料的研究掀起了一轮又一轮的高潮。随着半导体材料和微电子、光电子高科技的迅速发展,对薄膜材料和器件制备技术及其相关物理知识的了解和研究显得尤为重要。先进的薄膜生长制备技术是实现优质半导体材料和器件的基础和保证。从 20 世纪 60 年代初外延生长技术被应用在半导体领域以来,特别是最近几年,新型半导体材料、新型光电器件、超大规模集成电路的研制,促进了薄膜生长技术的发展。半导体薄膜制备技术的高度发展,不仅为新型半导体器件的研制创造了条件,也为半导体理论的进一步发展奠定了基础。

　　半导体薄膜技术与物理已成为一门内容丰富的专业课程,也是人们研究的一个重要方向。叶志镇教授从事半导体材料与器件的研究已有 20 余年,具有近 20 年半导体薄膜技术与物理的教学经验,为此,作者结合多年的教学科研实践,在本书中向读者全面地介绍了各种半导体薄膜技术与物理。本书除了介绍最基本的薄膜生长知识外,还尽量多地介绍了国内外最新的研究进展,特别是新型半导体薄膜材料的生长技术和物理基础。

　　本书共分十章,以叶志镇教授"半导体薄膜技术物理"讲义为基础编撰而成。第一章叙述了真空技术的基本知识;第二章至第八章是本书的核心内容,结合各种半导体材料,详细介绍了蒸发、溅射、化学气相沉积、脉冲激光沉积、分子束外延、液相沉积和湿化学合成等半导体薄膜技术与物理;第九章介绍了超晶格的相关知识,超晶格、量子阱是现代新型半导体器件的基础和关键;第十章介绍了典型薄膜半导体器件的制备技术,包括发光二极管、薄膜晶体管和紫外探测器。本书由叶志镇主持撰写和统稿,主要参加撰写的有吕建国(第三、四、八、十章)、吕斌(第一、六、九章)和张银珠(第二、五、七章)。

　　本书是作者所在的课题组通力合作完成的,在此向课题组的赵炳辉、朱丽萍、黄靖云、何海平、金一政、汪雷、李先杭、叶春丽和叶启阔,以及课题组历届所有的研究生表示感谢!本书的编写同时结合了国内外的最新研究进展,汇集了多方面材料,在此也对他们的工作表示崇高的敬意!在本书的编写过程中,得到了浙江大学领导的全力支持,也得到了阙端麟院士和硅材料国家重点实验室各位同仁的大力支持,作者在此表示衷心的感谢!

　　本书可供从事半导体材料、薄膜材料、光电器件等领域的科研人员、工程技术人员和高等院校师生参考。由于作者水平有限,疏漏和不当之处在所难免,敬请读者批评指正!

编著者

于浙江大学求是园

2008 年 8 月

目　　录

第 1 章

真空技术

真空技术作为一门独立的学科是从 20 世纪初开始的。随着现代科学技术的发展,电子器件、原子能、宇航、薄膜技术等对真空环境的需求越来越迫切,从而极大地促进了这一技术的进步。尤其是超高真空技术的出现,揭示了自然界中许多新颖的现象和规律,使真空技术逐渐形成了完善的理论体系,并在许多科学技术领域获得了广泛的应用。

§1.1 真空的基本概念

1.1.1 真空的定义

在薄膜技术和表面科学等诸多领域当中,真空科学起着越来越重要的作用。许多科学研究、产品制备都需要在真空条件下实现。因此,在真空行业当中,掌握一定的真空知识是必需的。本书所指的"真空"是指在给定的空间内压力低于一个大气压的稀薄气体状态。当气体处于平衡时,气体状态方程为

$$P = nkT \tag{1-1}$$

$$PV = \frac{m}{M}RT \tag{1-2}$$

在上述方程中

P:压强(Pa);n:气体分子密度(个/m³);k:玻尔兹曼常数(1.38×10^{-23} J/K);V:体积(m³);m:气体质量(kg);M:摩尔质量(kg/mol);R:普适气体常数;T:绝对温度(K);$R = N_A \cdot k$;N_A:阿佛伽德罗常数(6.023×10^{23}/mol)。

由此得到气体的分子密度

$$n = 7.2 \times 10^{22} \frac{P}{T} \tag{1-3}$$

在标准状态下,任何气体的分子密度均为 3×10^{19} 个/cm³。由于气体分子密度这个物理量不容易量度,因此通常用压强为单位来描述"真空"状态下的气体稀薄程度——真空度。压强高则表示真空度低,压强低则表示真空度高。真空度高表示真空度"好"的意思,真空度低表示真空度"差"的意思。

1.1.2 真空度单位

在真空科学的不同学科领域当中,由于传统习惯的差异,采用的压强单位也不同,目前常用的有以下几种:

（1）毫米汞柱（mmHg）：真空技术中常用单位，是指 0℃时 1 毫米汞柱作用在单位面积上的力，为 $13.5951g/cm^2(g/cm^2)$。

1 标准大气压（atm）＝1013250 达因/cm²，通过换算，粗略等于（但不完全等于）760mm汞柱。

（2）托（Torr）：真空技术中最常用的单位，定义为

$$1 托（Torr）=\frac{1}{760}atm$$

由于 1 毫米汞柱与 1 托的差别极为微小，人们习惯上将它们等同看待。

（3）帕斯卡（Pa）：目前国际上推荐的在真空中使用的国际单制（SI），简称"帕（Pa）"。

$$1Pa=1N/m^2=1kg/m \cdot s^2=10 达因/cm^2=7.5 \times 10^{-3}Torr$$

（4）巴（bar）：$1bar=10^5Pa$

1.1.3　真空区域划分

真空度跨越了十几个数量级这样宽的一个范围。随着真空度的提高，"真空"的性质逐渐发生变化，经历着气体分子数的量变到"真空"质变的若干过程，构成了"真空"的不同区域。为了便于讨论和实际应用，在我国，常把真空定性地粗划分为粗真空、低真空、高真空和超高真空四个区域，如表 1-1 所示。

表 1-1　真空区域划分[1,2]

真空区域	压强范围	
	托（Torr）	帕（Pa）
粗真空	$760 \sim 10$	$101325 \sim 1333$
低真空	$10 \sim 10^{-3}$	$1333 \sim 1.33 \times 10^{-1}$
高真空	$10^{-3} \sim 10^{-8}$	$1.33 \times 10^{-1} \sim 10^{-6}$
超高真空	$<10^{-8}$	$<10^{-6}$

按照这样划分后，各区域的真空物理特性如表 1-2 所示[3]。可以看出，在气压高于10Torr 的真空范围区域，气体性质和常压相仿，气流特性也以分子间的碰撞为主；当压力渐渐减小时，分子密度降低，平均自由程（λ）增加，分子间的碰撞开始减少；当达到高真空区域，真空特性以气体分子和真空器壁的碰撞为主；在超高真空区，气体分子在空间活动减少，而以在固体表面上吸附停留为主。

表 1-2　各真空区域的物理特性

区域物理特性	粗真空	低真空	高真空	超高真空
真空区间（Torr）	$760 \sim 10$	$10 \sim 10^{-3}$	$10^{-3} \sim 10^{-8}$	$<10^{-8}$
平均自由程（cm）	$10^{-6} \sim 10^{-3}$	$10^{-3} \sim 5$	$5 \sim 10^4$	$>10^4$
气流特点	1.以气体分子间的碰撞为主 2.黏滞流	过渡区域	1.以气体分子与器壁的碰撞为主 2.分子流	同前
平均吸附时间	气体分子以空间飞行为主			气体分子以在固体上吸附停留为主

§1.2　真空的获得

随着真空科学技术的不断发展,超高真空甚至~10^{-15} Pa 的极高真空都已经能够实现[4]。与此同时,真空科学也已逐步形成了自己的理论体系。我们先来介绍一下,对于一个真空系统理论上所能达到的真空度,它由方程

$$P = \sum_i P_{ui} + \sum_i Q_i/S_i - \sum_i \frac{V}{S_i}\frac{\mathrm{d}P_i}{\mathrm{d}t} \tag{1-4}$$

确定。

(1-4)式中,P_{ui} 是真空泵对 i 气体所能抽到的极限压强(Pa);Q_i 是真空室内各种气源(Pa·L/s);S_i 是真空泵对 i 气体的抽气速率(L/s);P_i 是 i 气体的分压(Pa);V 是真空室容积(L);t 是时间(s)。其中,P_{ui} 和 S_i 由真空泵的技术水平、抽气系统的泵型搭配以及容器、管道的布局决定;Q_i 与真空系统的结构材料、加工工艺等有关。

真空获得的主要工具是真空泵。真空获得的方式按工作原理主要分为机械运动、蒸气流喷射、吸附作用(物理吸附、化学吸附)三大类。它们所能达到的极限真空度以及负载能力都各有不同。我们在这里介绍其中几种常见的具有代表性的真空泵。

机械运动——机械泵、涡轮分子泵

蒸气流喷射——扩散泵

化学吸附——{吸气剂泵:升华泵
　　　　　　{吸气剂离子泵:溅射离子泵

1. 机械泵

利用机械方法使工作室的容积周期性地扩大和压缩来实现抽气、获得真空的装置称为机械泵。它的种类有很多,在薄膜技术当中,主要使用的是油封旋片式机械真空泵。这是一种低真空泵,单独使用时可获得粗低真空,在真空机组中用作前级泵。旋片式真空泵结构如图 1-1 所示。其主要组成部件由圆筒型定子、偏心转子以及嵌于转子的旋片和弹簧构成。

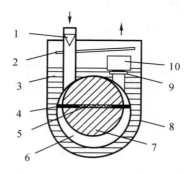

1. 滤网　2. 挡油板　3. 真空泵泵油　4. 旋片　5. 旋片弹簧　6. 空腔
7. 转子　8. 油箱　9. 排气阀门　10. 弹簧板
图 1-1　旋片式机械泵结构

机械泵工作原理如图 1-2 所示,它建立在玻意耳—马略特定律($PV=K$)的基础之上,即对密闭容器中的定量气体,在温度一定的情况下,容器的体积和气体压强成反比。偏心转

子绕自己中心轴按箭头所示方向转动,转动中定子、转子在切点处保持接触、旋片靠弹簧作用始终与定子接触。转子与定子间的空间被旋片分隔成两部分。进气口 C 与被抽容器相连通。出气口装有单向阀。当转子由(a)转向(b)时,空间 S 不断扩大,气体通过进气口被吸入;转子转到(c)位置,空间 S 和进气口隔开;转到(d)位置以后,气体受到压缩,压强升高,直到冲开出气口的单向阀,把气体排出泵外。转子连续转动,这些过程就不断重复,从而把与进气口相连通的容器内的气体不断抽出,达到获得真空的目的。

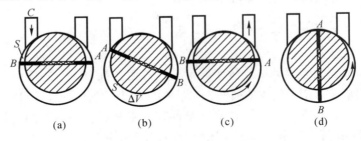

图 1-2　旋片式机械泵工作原理

机械泵的性能参数主要有两个:抽气速率、极限真空度。

(1) 抽气速率(抽速)

机械泵按额定转数工作时,单位时间内所排出的几何容积,称为理论抽速(几何抽速),用 S_{th} 表示。根据旋片机械泵的结构,它的理论抽速可以由吸气终了时瞬时封闭腔容积 ΔV [图 1-2(b)中所标区域的容积]、转子的转速 ω 以及每转排气的次数的乘积来给出,即

$$S_{th} = 2\omega\Delta V \tag{1-5}$$

上式中的系数 2 表示机械泵每转一转吸排气各两次。假如泵的转速为 800r/m,$\Delta V = 1/4L$,则 $S_{th} = 400L/min$。这一抽速是当进气口处于大气压强时的抽速。是机械泵的最大抽速。抽气机铭牌上给出的抽速一般指的是最大抽速(理论抽速)。考虑到有害空间的存在,实际抽速 S 总是比式(1-5)所示的小。随着压强的降低,机械泵进气管道的通导能力下降,有害空间以及通过缝隙挤压到低压空间的气体的影响逐渐变得严重,因此抽速随压强降低而降低。当压强趋于极限真空时,实际抽速为零。

(2) 极限真空度

极限真空度是指被抽容器不漏气,经机械泵充分抽气后所能达到的最高真空度。当抽气一段时间后即到达极限真空。一般机械泵的极限真空度为 0.1Pa。机械泵的极限真空度取决于以下因素:

(a) 出口处装有单向阀,只有当泵体内气体压强大于阀门外压强时,才能冲开单向阀向外排气,到与外压强相等时单向阀关闭。此时由于存在有害空间(即定子和转子接触点处与出气口之间的一小块空间),气体不可能全部排出,它们将通过此处的微小间隙返回进气口。抽气一段时间后,真空度到达一定值时,气体虽经压缩,但压强仍不够大,冲不开单向阀,就排不出去,形成极限真空。

(b) 机械泵油有一定的饱和蒸气压,在常压下泵油中溶解有气体,当周围气压降低或温度升高时又会放气。

机械泵在工作过程中,转子在快速运动,两片旋片在不断伸缩,在定子与转子、旋片与定

子、旋片与转子各自的接触处都存在摩擦,同时为了实现相对运动,活动零件相互间留有一定的公差,即存在着微小间隙。因此整个泵体必须浸没在机械泵油中,才能工作。泵油起着密封润滑和冷却的作用。泵油的性能对泵的极限真空有着重要影响,通常多采用室温时饱和蒸气压低、不含挥发性物质、具有适当黏度的泵油。

另外,由于被抽气体在泵内被压缩,而且压缩比又大,如气体中含有蒸汽,会因压缩而凝结成液体混入泵油中排不出去。因此,一般机械泵不宜用于抽蒸汽或含蒸汽较多的气体,为克服这一缺点,需增加气镇装置。这里的"气镇",是指在排气口附近安装一渗气漏阀,在气体尚未被压缩之前向泵的压缩空间渗入适量气体,协助打开单向阀,使蒸汽来不及凝结就被排出泵外。要注意的是,气镇阀打开时,增加了大气漏入真空腔的可能,从而会降低极限真空。因此,气镇阀只适合在抽气初始阶段打开。

机械泵停机后要防止发生"回油"现象。为此停机后须将进气口与大气接通,也可在机械泵进气口接上电磁阀,停机时,电磁阀断电靠弹簧作用转向接通大气。

2. 扩散泵

扩散泵全名叫扩散式蒸气流泵,是依靠蒸气流输送气体从而获得高真空的真空泵。以扩散油为工作液的称为油扩散泵,扩散泵油选用分子量大、饱和蒸气压低、较黏稠的油。泵油用规定功率的电炉加热后,产生大量高压蒸气流从各级喷口高速(速度可达 $200\sim300\mathrm{m/s}$)喷出,喷口周围压强降低,附近热运动气体随即向喷口区扩散,从而被吸入并随油蒸气一起向下运动。油蒸气被冷却水套冷却,结成油滴回到泵底循环使用,释放出的空气分子此时向喷口下方集结。如此三级喷口逐级起作用,将进气口空气分子集结到出气口,再由机械泵将积聚起来的气体抽走。扩散泵不能直接在大气压下工作,而需要一定的预备真空度($1.33\sim$ $0.133\mathrm{Pa}$),因此,扩散泵常需要和机械泵串接使用才能形成抽气过程获得高真空。油扩散泵的结构及工作原理图如图 1-3 所示。

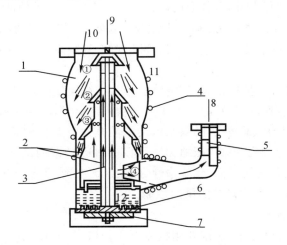

①②③④表示气体被压缩抽走的过程　1.蒸气流　2.蒸气流导管　3.气相加热器
4.水管　5.前置挡油板　6.分馏槽　7.加热器　8.接机械泵　9.接被抽容器
10.气体　11.鼓形泵壳　12.泵液

图 1-3　扩散泵工作原理[5]

扩散泵的性能参数主要有：极限真空度、抽气速率、返油率。

按扩散泵理论推导出的扩散泵的极限真空压强为[3]：

$$P_m = P_f \exp\left(-\frac{nUL}{D_0}\right) \tag{1-6}$$

上式中，P_f 是前级真空压强；n 是油蒸气分子密度；L 是从进气口到出气口的蒸气流扩散长度；U 是油蒸气速度；D_0 为常量。在喷口处，U 可表示为

$$U \approx 1.65 \times 10^4 \sqrt{\frac{T}{M}} \quad (\text{cm/s}) \tag{1-7}$$

上式中，M 是油蒸气的分子量。

从(1-6)式可知，配备性能良好的前级真空泵对于提高扩散泵的极限真空度是至关重要的。从以上两式还可得出，在前级泵工作正常、整个系统充分烘烤除气的情况下，扩散泵的极限真空度主要取决于扩散泵油的性质。对于同一个扩散泵，如使用 3 号扩散泵油（石油烃），极限真空度为 10^{-5}Pa；若采用 275 号硅油，则可达到 10^{-7}Pa，可见选择扩散泵油的重要性。扩散泵油的选择原则是，采用室温饱和蒸气压低、分子量大、化学惰性好、无毒无腐蚀、不易裂解的新型油，如硅油 DC-704 及 DC-705[6]，能大大改善扩散泵的性能，获得 ～10^{-7}Pa 的极限压强。

扩散泵的抽气速率与泵口的直径有很大关系，通常抽速 S 以泵口直径表达的公式为[7]

$$S = 11.7 \frac{\pi D^2}{4} H \tag{1-8}$$

上式中，D 为泵口直径；H 是抽气速率，一般介于 0.4～0.6。这是油扩散泵的最大抽速。从式中看出，理论上讲，抽速与入口压强无关。事实上，在很宽的入口压强范围内，情况确实如此；但在较高或较低的入口压强下，泵的抽速会下降。

在扩散泵工作的过程中，油蒸气会向被抽容器中返流。在无挡油板的情况下，返油率可达 $10^{-2}\text{mg}/(\text{cm}^2 \cdot \text{min})$。这不仅影响极限真空，还会玷污真空容器壁，影响成膜质量。因此，如果在进气口附近安装冷冻挡板或液氮冷阱，可有效减少返油，获得 10^{-8}～10^{-9}Pa 的超高真空。

相对于其他泵型来说，扩散泵对于各种气体（包括惰性气体）的抽速差别不是太大，一般在每秒几升到几百升不等，这是它的一个优点。从原理上看，其抽速有可能在极高的真空区段仍能够保持。但是由于"压缩比"的限制以及扩散泵油及其裂解物的返流，到了一定的真空度，其抽速仍要下跌。为了提高"压缩比"，可以通过改进泵的结构来加以实现[6]。此外，如上所说，采用室温饱和蒸气压低、化学惰性好、无毒无腐蚀、不易裂解的新型油如硅油 DC-704 及 DC-705[7]，也能大大改善扩散泵的性能。

扩散泵使用注意事项：

（1）扩散泵不能单独工作，一定要用机械泵作前级泵，并使系统抽到 10^{-1}Pa 量级时才能启动扩散泵；

（2）泵体要竖直，按规定量加油和选用加热电炉功率；

（3）牢记先通冷却水，后加热。结束时则应先停止加热，冷却一段时间后才能关闭。

3. 分子泵

分子泵是利用气体分子运动论为基础制成的一种泵。在初期的牵引式分子泵基础上通

过结构改进,形成了现代涡轮分子泵。它是通过高速旋转的涡轮叶片,不断地对气体分子施以定向的动量和压缩作用而获得真空、超高真空的一种机械真空泵。

卧式涡轮分子泵具体结构图如图1-4所示。它由一系列的动、静相间的叶轮相互配合组成。每个叶轮上的叶片与叶轮水平面倾斜成一定角度。动片与定片倾角方向相反。主轴带动叶轮在静止的定叶片之间高速旋转,高速旋转的叶轮将动量传递给气体分子使其产生定向运动,从而实现抽气目的。

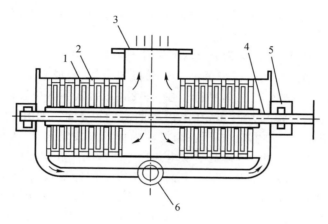

1.动片　2.定片　3.进气口　4.轴　5.轴承　6.排气口
图1-4　卧式涡轮分子泵结构

由于涡轮转子叶片大大增加了抽气面积,放宽了工作间隙,压缩比和抽速有显著的提高,克服了牵引式分子泵抽速低的缺点。后来又出现了立式涡轮分子泵(图略)。

分子泵输送气体通常应满足以下两个条件:

(1)涡轮分子泵必须在分子流状态(气体分子的平均自由程远大于导管截面最大尺寸的流态)下工作,因此要配有工作压力为$1\sim10^{-2}$Pa的前级真空泵。这是因为当将一定容积的容器中所含气体的压力降低时,其中气体分子的平均自由程则随之增加。在常压下空气分子的平均自由程只有$0.06\mu m$,即平均看一个气体分子只要在空间运动$0.06\mu m$,就可能与第二个气体分子相碰。而在1.3Pa时,分子间平均自由程可达4.4mm。若平均自由程增加到大于容器壁间的距离时,气体分子与器壁的碰撞机会将大于气体分子之间的碰撞机会。在分子流范围内,气体分子的平均自由程长度远大于分子泵叶片之间的间距。当器壁由不动的定子叶片与运动着的转子叶片组成时,气体分子就会较多地射向转子和定子叶片,为形成气体分子的定向运动打下基础。

(2)分子泵的转子叶片必须具有与气体分子速度相近的线速度。具有这样的高速度才能使气体分子与动叶片相碰撞后改变随机散射的特性而做定向运动。分子泵的转速越高,对提高分子泵的抽速越有利。通常泵的转速为$10000\sim50000$r/min。实践表明,分子泵抽速与被抽气体的种类有关,它的压缩比与气体的分子量的平方根成正比。由于碳氢化物的分子量比较大,压缩比很高,因此,分子泵对碳氢化物等油蒸气有"自净"作用,所以是一种清洁真空泵;但对于H_2的抽吸则比较困难,通过对极限真空中残余气体的分析,可发现氢气比重可达85%。

涡轮分子泵的工作压强范围为 $10^{-8} \sim 10^{-1}\mathrm{Pa}$，在此范围内具有稳定抽速。涡轮分子泵还有激活快、能抗各种射线的照射、无气体存储和解吸效应、无油蒸气污染或污染很少等优点。涡轮分子泵适用于要求清洁的高真空或超高真空的仪器及设备中，也可用来作为离子泵、升华泵等气体捕集超高真空泵的前级预抽真空泵，以获得更低的极限压力或更清洁的无碳氢化合物的真空环境。

4. 溅射离子泵

溅射离子泵又称潘宁泵。它是靠潘宁放电维持抽气的一种无油清洁超高真空泵，是目前抽惰性气体较好的真空获得设备。

溅射离子泵主要由阴极板（通常是钛极）、一个具有网格状结构的阳极、永久磁铁和泵体组成（如图 1-5 所示[8]）。两块阴极板分别位于阳极的两侧，组成泵的电极结构。永久磁铁位于阴极外侧，磁场方向与电场方向平行。在 $1 \sim 2\mathrm{kGs}$ 的磁场感应强度下，阴极（接地）和阳极之间加 $3 \sim 7\mathrm{kV}$ 直流电压后放电，在电磁场的磁约束下能在 $10\mathrm{Pa}$ 的压力以下维持放电，这种放电称潘宁放电。放电时，电子在阳极筒内作轮滚往复运动，大大增加了电子运动路程，能保证很高的电离效率。气体分子被电离后产生的离子在电场作用下向钛阴极运动，被阴极捕获，这是第一种抽气原理。另一方面，由于离子的能量很大，撞击阴极时能引起强烈的溅射。溅射出来的钛原子沉积在阳极筒内壁，形成的新鲜钛膜在阳极筒内壁上吸附活性气体和亚稳态的惰性气体。这个过程不断地进行下去，达到除气目的。但以离子态到达阴极的气体分子很可能因离子的连续轰击而解吸，对惰性气体（如 He、Ne、Ar 等）尤其如此。在大气中约含有 1/100 的氩，二极溅射离子泵对氩气的抽速不但很低，而且每隔一定时间还显示出规则的压力脉冲。因此氩气是影响泵的极限压强的主要因素。

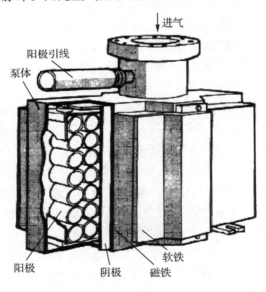

图 1-5　溅射离子泵的结构[8]

为了获得对惰性气体，特别是对氩的稳定抽速，可采取以下措施：

（1）在二极型泵内加进第三个元件——溅射阴极。

这种方法是在阳极与阴极之间加一个栅极形式的电极——真正的溅射阴极，二极泵中的阴极则变为离子收集极,成为三极型溅射离子泵(见图 1-6)。离子斜射到溅射阴极上产生很强烈的溅射。溅射的钛原子除部分沉积于阳极的内表面外,大部分沉积于收集极上,牢固地覆盖住黏附在它上面的如氩之类的惰性气体分子。

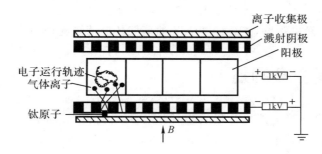

图 1-6　三极型溅射离子泵的工作原理[8]

(2)把二极型泵的阴极开槽。

这种方法是将二极型泵的阴极开槽(见图 1-7)。离子斜射槽的壁上也产生强烈的溅射,而槽底所受的离子轰击比较微弱,钛原子因槽壁的强烈溅射而沉积,将黏附在其上的气体分子永久埋葬。

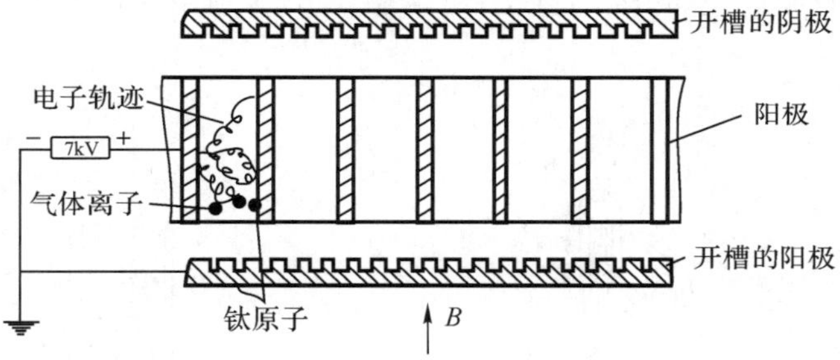

图 1-7　阴极开槽的二极型溅射离子泵的工作原理[8]

溅射离子泵必须在 10^{-1} Pa 左右压力下启动;如果在低真空下长时间使用,会因离子流过大而使泵发热,导致吸附气体的解吸,甚至导致极间辉光放电和系统的压力升高,严重时还会影响泵的正常工作。另外,溅射离子泵对油蒸气的污染很敏感,因此对于不太清洁的系统,泵的起动压力应低于 10^{-1} Pa。

溅射离子泵在工作过程中偶然暴露于大气也不会损坏,结构简单,操作维护容易,无油污染,高真空时耗电量少,能安装在容器的任何位置上。其主要特性有:

(1)极限压强:可达 10^{-10} Pa。

(2)抽速:在高真空时,二极型溅射离子泵每一阳极格子的抽速经验公式为

$$S = 3.14 \times 10^{-8} h U_a^{\frac{1}{2}} Hd \left[1 - \frac{2.28 \times 10^9}{(Hd)^2} \right] (1 - e^{-2.5d}) \qquad (1-9)$$

上式中,h 为阳极筒高度(cm);U_a 为阳极电压(V);H 为磁场强度(A/m);d 为阳极筒直径(cm);e=2.71828。

多个阳极筒组成一台溅射离子泵以后,其总抽速(不考虑泵口流导影响)为

$$S_o = m \cdot nfs \tag{1-10}$$

上式中，m 为泵高方向并联单元组数；n 为泵深方向每一纵行单元数；f 为抽速有效系数，与单元排列有关；s 为每一单元的抽速。

（3）在抽除惰性气体时，二极泵会出现氩不稳定性。

（4）对有机蒸气污染敏感，连续抽 30min 油蒸气就会使泵起动困难。

§1.3　真空度测量

20 世纪 80 年代有关文件将常用真空计概括为六大类[9]，即热电偶真空计、电阻真空计、热阴极电离真空计、冷阴极电离真空计、电容薄膜真空计及压缩式真空计。后来又出现压敏电阻真空计，现在共有七大类。本书仅介绍几种应用广泛的真空计。

1.3.1　热传导真空计

热传导真空计是基于低气压下（$\lambda \gg d$）气体的热传导与压强有关的原理制成。在低真空时，热传导（即气体分子对热丝的冷却能力）与压强成正比。根据热丝测温方法的不同，热传导真空计可分为以下两种：

A. 电阻真空计［皮拉尼（Pirani）真空计（见图 1-8）］：利用热丝电阻随温度变化的性质制成。

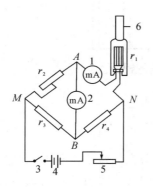

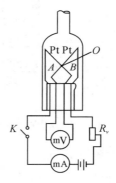

r 电阻　1,2. 毫安计　3. 开关
4. 电源　5. 调节器　6. 接真空系统
图 1-8　皮拉尼真空计

Pt 加热铂丝　A,B 热电偶丝
O 热电偶接点　R_v 可变电阻
图 1-9　热电偶真空计

B. 热电偶真空计：利用热电偶测定温度变化引起电动势变化的真空计。此类真空计是在玻璃管中封入加热丝及由两根不同金属丝 A 与 B 制成的一对热电偶。它由电偶规和测量电路组成（如图 1-9 所示）。当热丝通电加热时，热丝的热量通过三种途径散失：辐射损失 Q_1，灯丝两端连线的热传导 Q_2，气体的热传导损失 Q_3。可得

$$Q = Q_1 + Q_2 + Q_3 \tag{1-11}$$

其中，Q_1、Q_2 与气体压强无关，而 Q_3 与气体分子碰撞灯丝的次数密切相关。加热丝通以恒定的电流时，热丝的温度一定，当气体压强降低时，O 点温度升高，则热电偶 A、B 两端的热

电动势 E 增大,由外接毫伏计读出电压升高值。

当压强在 $100\sim10^{-2}$ Pa 的范围内,单位时间内气体分子从加热灯丝表面传递到热真空计玻璃管的热量

$$Q_3 = \alpha P \sqrt{\frac{2R}{\pi M}} \cdot \frac{T_1 - T_2}{\sqrt{T_2}} \cdot 2\pi r_1 L \tag{1-12}$$

式(1-12)中,α 称为聚合系数;T_1 和 T_2 分别为热丝和玻管温度;r_1 和 L 分别为热丝的半径和长度。由式(1-12)可知,Q_3 与压强 P 成正比。但是,由于气体分子与固体表面的碰撞过程非常复杂,很难确定,所以很难用式(1-12)计算出 Q_3,通常需用绝对真空计校准。图 1-10 给出了热电偶规则刻度曲线。

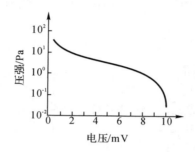

图 1-10　DL-3 型热电偶真空计的校准曲线

高真空时,自由程 $\lambda \gg r_2 - r_1$(r_2 为玻管半径),由于压强很低,所以 $Q_3 \ll Q_1 - Q_2$,因此 Q_3 与压强无关。

电阻真空计和热偶真空计是目前粗真空和低真空测量中用得最多的两种真空计。但要注意的是:热传导真空计对不同气体的测量结果是不同的,这是由不同气体分子的导热系数不同引起的。因此,在测量不同气体的压力时,可根据干燥空气(或氮气)刻度的压力读数,再乘以相应的被测气体相对灵敏度,就可得到该气体的实际压力,即

$$P_{real} = S_r P_{read}$$

式中,P_{read} 为以干燥空气(或氮气)刻度的压力计读数(Pa);P_{real} 为被测气体的实际压力(Pa);S_r 为被测气体对空气的相对灵敏度。

通常以干燥空气(或氮气)的相对灵敏度为 1,其他一些常用的气体和蒸气的相对灵敏度如表 1-3 所示。

表 1-3　热传导规的相对灵敏度[10]

气体	S_r	气体	S_r
空气	1	一氧化碳	0.97
氢	0.67	二氧化碳	0.94
氮	1.12	二氧化硫	0.77
氖	1.31	甲烷	0.61
氩	1.56	乙烯	0.86
氪	2.30	乙炔	0.60

热偶真空计误差为[11]:压强小于 5×10^2 Pa 时:$\pm20\%$;压强不小于 5×10^2 Pa 时:$\pm50\%$。

1.3.2　热阴极电离真空计

热阴极电离真空计如图 1-11 所示[10],工作原理似三极管。灯丝 F(阴极)发射热电子,发射的热电子(e)被加速极 A(阳极)加速,碰撞气体分子(M)而使其电离,产生正离子和次级电子:

$$M+\vec{e}=M^+ +e+e$$

电离产生的正离子数在一定的温度下和气压 P 成正比,即

$$P\propto\frac{I_i}{I_e} \tag{1-13}$$

式中,I_i 为离子收集极 C(相对阴极为负电位)得到的离子流;I_e 为加速极 A 得到的电子流;两者之比 $\dfrac{I_i}{I_e}$ 称为电离系数。

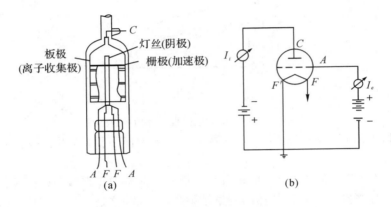

图 1-11　热阴极电离真空计

假设阴极与离子收集极的间距为 d,电子的平均自由程为 l_e,如果电子每与气体分子碰撞一次就能产生一次电离,则

$$\frac{I_i}{I_e}=\frac{d}{l_e} \tag{1-14}$$

考虑到 $l_e=4\sqrt{2}\,l$,且

$$l\approx\frac{0.667}{P}(\mathrm{cm})$$

于是

$$\frac{I_i}{I_e}=0.26dP \tag{1-15}$$

但是,按式(1-15)计算得到的 P 要较压缩真空计实际测得的压强低。故式(1-15)可改写成

$$\frac{I_i}{I_e}=KP \tag{1-16}$$

这里,K 为电离真空计规管系数(灵敏度),通常为 4～40。在一定压力范围内 K 为常数,当 I_e 为恒定值时有

$$I_i = I_e K P = CP \tag{1-17}$$

由此可得离子流仅与压强呈线性关系,因而测出离子流,经直流放大器放大后,就可用转换为压强刻度的表头指示。当压强高到某一值时,K 值会随压强 P 而变化,这就达到了压强线性测量上限 P_{max},它由电极的几何结构、电极间电位分布以及发射电流大小所决定。

规管系数 K 在气体压强 P 很低时仍可保持为常数,但离子流 I_i 随压强 P 降低而减小到一定限度后,将会埋没在电离计工作中不可避免地存在着的其他与压强 P 无关的本底电流之中,因而达到其压力测量下限 P_{min}。这种本底电流包括 X 射线光电流等。

按线性压力范围的不同,热阴极电离真空计主要分三类:

(1)普通型电离真空计($10^{-1} \sim 10^{-5}$ Pa);

(2)超高真空电离真空计($10^{-1} \sim 10^{-8}$ Pa,有的下限为 10^{-10} Pa);

(3)高压力电离真空计($10^2 \sim 10^{-3}$ Pa)。

图 1-11 即为一普通 DL-2 型热阴极电离计结构,$I_e = 5$ mA,$K = 0.15$ Pa^{-1},线性压力测量范围是 $10^{-1} \sim 10^{-5}$ Pa。

由于不同气体电离截面不同,所以电离规管系数 K 与气体种类有关,引入相对灵敏度 S_r 概念,$S_r = K/K_{N_2}$。

由于电离真空计是以 N_2 校准的,若被测气体非 N_2,则电离真空计的读数 P_{read} 是被测气体离子流所对应的等效氮压力,非真实压力 P_{real}。若知道被测气体相对灵敏度 S_r,其真实压力为

$$P_{real} = P_{read}/S_r \tag{1-18}$$

表 1-4 列出了普通型电离规的 S_r 值。

表 1-4　传统型电离规相对灵敏度[12]

气体	对 N_2 相对灵敏度 S_r	气体	对 N_2 相对灵敏度 S_r
H_2	0.46	CO_2	1.53
He	0.17	干燥空气	1.0
Ne	0.25	H_2O	0.9
Ar	1.31	Hg	3.4
Kr	1.98	扩散泵油气	$9 \sim 13$
Xe	2.71	HCl	0.38
N_2	1.0	CH_4	1.26
O_2	0.95	CCl_4	0.70
CO	1.11		

通过改变规管电极结构及各电极的电参数、使用抗氧化材料制作阴极(如铱丝涂氧化钇),可提高线性测量上限。

栅状阳极受电子轰击产生 X 射线,离子收集极接收此射线会产生光电子发射,形成与压力无关的光电本底电流 I_x。减少 I_x 就可以降低线性压力测量下限 P_{min},可采取如下四种措施:

(1)从电板的几何结构上减少离子收集极被软 X 射线照射的面积,由板状改为柱状(针状),这就是 B-A 型电离计(超高真空电离规)的设计思想;

(2)在离子收集极附近,安置一相对于离子收集极为负电位的电极(抑制极),可以使离

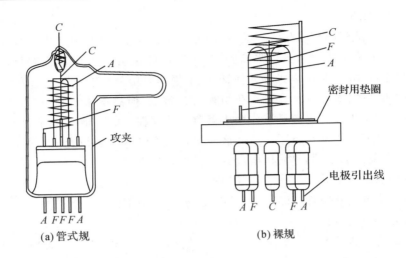

(a) 管式规   (b) 裸规

图 1-12　B-A 式电离规结构

子收集极表面发射的光电子被电场折回,以消除本底电流,这种方法称为光电子抑制法,如抑制电离规;

(3)采用在离子收集极电流中扣除本底光电流的方法,称为离子流调制法,如调制 B-A 电离规;

(4)本底光电流 I_x 对应的本底压力指示 P_x 与规系数 K 成反比,所以提高规系数 K 能够降低测量压力下限 P_{min},如弹道规和热阴极磁控管电离规。

图 1-12 所示为 B-A 规管结构,它的 X 光本底电流小,因而 P_{min} 可达 10^{-8} Pa,是一种超高真空计。它的上限为 10^{-1} Pa,灯丝是钨丝。

1.3.3　冷阴极电离真空计

它是一种相对真空计,由测量电路和规管和两部分组成。图 1-13 为冷阴极电离真空计的示意图[13]。

冷阴极电离真空计同热阴极电离真空计一样,是利用低压力下气体分子的电离电流与压力有关的特性,用放电电流来测量真空度的一种仪器。两者不同在于电子源:热阴极电离真空计是热阴极发射电子;而冷阴极电离真空计是靠冷发射(场致发射、光电发射等)产生少量的初始自由电子,它们在电场、磁场的共同作用下最终形成自持气体放电(一般称为潘宁放电)。此放电电流与压力有如下关系:

$$I = KP^n \tag{1-19}$$

式中,I 是放电电流;K 是常数;n 是常数,一般为 $1\sim2$,与规管结构有关。

图 1-13 所示的是普通型冷阴极电离真空计,其压力测量范围 $1\sim10^{-5}$ Pa。冷阴极电离超高真空规管没有与压力无关的本底光电流,没有热阴极,不怕大气冲击。限制其下限延伸是其场致发射;测量上限主要受限于流电阻及在高压力时,电子与离子复合概率增加等限制。目前用于超高真空测量的冷阴极电离规管是延伸下限制成的倒置磁控管式规管。下限可达 10^{-11} Pa。

电离计的误差为[9]:$10^{-8}\sim10^{-1}$ Pa 范围内,$\Delta = \pm70\%$;$10^{-5}\sim10^{-1}$ Pa 范围内,$\Delta =$

$\pm 50\%$；$10^{-3}\sim 10\text{Pa}$，$\Delta=\pm 50\%$。

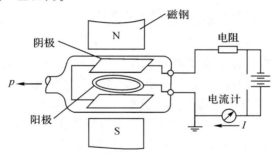

图 1-13 冷阴级电离真空计

在真空系统中,有时往往不是用一种测量仪表(真空计)就能解决所有问题,而需要两种或多种仪表以互补彼此的不足和满足所有的测量范围,这就需要根据具体情况来决定。表 1-5 给出了不同真空应用范围真空计的选用以及使用时应注意的问题。

表 1-5　几种真空计的特性

名　称	原　理	精　度	反应时间	工作压力范围(Pa)	其　他
U 形管压强计	根据液柱差测量压力	0.5Torr	数秒	$10^{-5}\sim 10^{-2}$	作为校正标准,与气体种类无关
麦克劳真空计(压缩真空计)	根据压缩后的液柱差测量压力	几%～几十%	数分	$10\sim 10^{-3}$ (10^{-4})	作为校正标准,不适宜测可凝性气体
皮拉尼真空计(电阻真空计)	利用气体分子的热传导	10%以上	数秒	$10^{3}\sim 10^{-2}$ (10^{-3})	灵敏度因气体种类而变,热丝状态不同,零点变化。
热电偶真空计					灵敏度易变
肖鲁斯电离真空计	利用热电子电离残余气体	10%～20%	10^{-3}秒	$10\sim 10^{-2}$	灵敏度因气体种类而变,对电极和管壁除气极为重要,应注意灯丝断裂
热阴极电离真空计				$10^{-1}\sim 10^{-6}$	
B-A 型真空计				$10^{-1}\sim 10^{-8}$	
磁控放电真空计(潘宁真空计)	利用磁场中的放电电流	几十%	数秒～数分	$1\sim 10^{-4}$	灵敏度因气体种类而变
气体放电管(盖斯勒管)	利用气体放电和压强相关的性质			$10^{-3}\sim 1$	使用非常方便

§1.4　真空度对薄膜工艺的影响

随着真空镀膜技术的发展,对镀膜质量的要求也越来越高。真空薄膜的质量与材料、薄膜工艺以及真空系统的质量有关。这里所指的真空系统的质量主要是指系统真空度的好坏,特别是系统内所含水蒸气与油污污染的程度。

在进行真空镀膜的时候,薄膜材料要先蒸发成为原子或分子,然后以较大的自由程做直线运动,碰撞基片表面而凝结,形成一层薄膜。如果镀膜室里面残余的气态分子过多,那么就会和蒸发材料的原子或分子发生频繁的碰撞,影响蒸发材料的原子或分子到达基片;另外,残余气态分子过多会使得薄膜的纯净度和牢固度下降,同时使得蒸发材料容易被氧化而产生杂质。特别是水蒸气和油污的存在,是超高真空系统的大敌。因此,保持较高的真空度,可以:

1.减少蒸发分子与残余气体分子的碰撞。

2.抑制它们之间的反应,减少对衬底表面的玷污。

残余气体分子到达基板的速率由下式给出:

$$N = \frac{PN_A}{\sqrt{2\pi M_G RT}} \tag{1-20}$$

式中,P:压强;N_A:阿佛伽德罗常数($6.023 \times 10^{23}/\text{mol}$);$T$:绝对温度;$R$:气体普适常数;$M_G$:残余气体的分子量。

参考文献

[1] 华中一. 真空技术基础. 上海:上海科学技术出版社(1959).

[2] 高本辉,崔素言. 真空物理. 北京:科学出版社(1983).

[3] 顾培夫. 薄膜技术. 杭州:浙江大学出版社(1990).

[4] W. Thompson, S. Hanrachanet. J. Vac. Sci. Tech. 14,643(1977).

[5] 骆定祚. 真空 40,61(2003).

[6] D. J. Crawley, E. D. Tolmie, A. R. Huntress. 9th National Vacuum SymposiumTransactions (Macmillan, New York),339(1962).

[7] 严一心,林鸿海. 薄膜技术. 北京:兵器工业出版社(1994).

[8] 真空设计手册编写组. 真空设计手册. 北京:国防工业出版社(1979).

[9] JG2002—89 中华人民共和国国家计量检定系统真空计量器具(1989).

[10] 刘玉岱. 真空 34(1),46(1997).

[11] JB/T6873—93 中华人民共和国机械行业标准. 热偶真空技术条件.

[12] 刘玉岱. 真空 34(2),46(1997).

[13] 孙企达,陈建中. 真空测量与仪表. 北京:机械工业出版社(1981).

第2章

蒸发技术

物理气相沉积(Physical Vapor Deposition,简称 PVD)是指在一定的真空条件下,利用热蒸发或辉光放电或弧光放电等物理过程使材料沉积在衬底上的薄膜制备技术。PVD 是应用极为广泛的成膜技术,涉及化工、核工程、微电子以及相关工业工程。它主要分为三类:真空蒸发镀膜、真空溅射镀膜和真空离子镀膜。相对于 PVD 技术的三个分类,相应的真空镀膜设备也就有真空蒸发镀膜机、真空溅射镀膜机和真空离子镀膜机。本章介绍的是 PVD 技术的第一类——真空蒸发镀膜法,而真空溅射镀膜和离子镀膜将在下一章中予以介绍。

§2.1　发展历史与简介

将固体材料置于高真空环境中加热,使之升华或蒸发并沉积在特定衬底上以获得薄膜的工艺方法,称为真空蒸发镀膜法(简称蒸镀)。

采用真空蒸发工艺制备薄膜的历史可以追溯到 19 世纪 50 年代。1857 年,M.法拉第开始了真空镀膜的尝试,在氮气中蒸发金属丝形成薄膜。由于当时的真空技术很低,如此方法制备薄膜非常花时间,不具备实用性。直到 1930 年油扩散泵—机械泵联合抽气系统建立后,真空技术得以迅猛发展,才使蒸发和溅射镀膜成为实用化的技术。

尽管真空蒸发是一种古老的薄膜沉积技术,但它却是实验室和工业领域用得最多最普遍的一种方法。其主要优点是操作简单,沉积参数易于控制,制得的薄膜纯度较高。真空镀膜过程可以分成以下三个步骤:

1)源材料受热熔化蒸发或升华;

2)蒸气从源材料传输到衬底;

3)蒸气在衬底表面凝结成固体薄膜。

真空蒸发所得到的薄膜,一般都是多晶膜或无定形膜,薄膜以岛状生长为主,历经成核和成膜两个过程。蒸发的原子(或分子)碰撞到衬底时,一部分永久附着在衬底上,一部分吸附后再蒸发离开衬底,还有一部分直接从衬底表面反射回去。黏附在衬底表面的原子(或分子)由于热运动可沿表面移动,如碰上其他原子便积聚成团。团簇最易发生在衬底表面应力高的地方,或在晶体衬底的解理阶梯上,因为这使吸附原子的自由能最小。这就是成核过程。进一步的原子(分子)沉积使上述岛状的团(晶核)不断扩大,直至延展成连续的薄膜。因此,真空蒸发多晶薄膜的结构和性质,与蒸发速度、衬底温度有密切关系。一般说来,衬底温度越低,蒸发速率越高,膜的晶粒越细越致密。

蒸发源是真空蒸发镀膜机的关键部件,根据蒸发源的不同,可以把蒸镀分成电阻热蒸发、电子束蒸发、高频感应蒸发、激光束蒸发四种类型,接下来将一一加以介绍。此外,还将介绍蒸镀法的改进技术——反应蒸发。

§2.2　蒸发的种类

2.2.1　电阻热蒸发

　　蒸发材料在真空室中被加热时,其原子或分子就会从表面逸出,这种现象叫热蒸发。热蒸发制膜的过程实质上是一个不平衡的过程,但要求在恒定条件下进行以制备出品质稳定的薄膜。蒸发材料的原子或分子要想逸出材料表面,必须有足够高的热动能。在一定温度下,真空室中蒸发材料的蒸气在与固体或液体平衡过程中所表现出的压力称为该温度下的饱和蒸气压。饱和蒸气压 P_v 与汽化温度之间存在一定关系,这种关系可以由 Clapeyron-Clausius 方程推导得到:

$$\frac{\mathrm{d}P_v}{\mathrm{d}T} = \frac{\Delta H}{T(V_G - V_L)} \tag{2-1}$$

式中, ΔH 是摩尔汽化热; T 是绝对温度; V_G 、 V_L 分别为气相和液相的摩尔体积。低压下蒸气符合理想气体定律,即

$$\Delta V = V_G - V_L \approx V_G = \frac{RT}{P_v} \tag{2-2}$$

上式中, R 为气体普适常数。由于摩尔汽化热 ΔH 随温度变化很小,可视为常数。将上式代入式(2-1),积分后得:

$$\ln P_v = A - \frac{\Delta H}{RT} = A - \frac{B}{T} \tag{2-3}$$

式中 A 、 B 为常数。可见,饱和蒸气压对温度有很强的依赖关系。图 2-1 给出了各种元素的饱和蒸气压随温度的变化曲线[1]。

　　由图 2-1 的曲线可知,饱和蒸气压随着温度的升高而迅速增大,此外,该图也提供了下面的信息:

　　a. 达到正常薄膜蒸发速率所需的温度,即 $P_v = 1\mathrm{Pa}$ 时的温度;

　　b. 蒸发速率随温度变化的敏感性;

　　c. 蒸发形式:蒸发温度高于熔点,蒸发状态是熔化的,否则是升华。

　　表 2-1 是几种介质材料的蒸气压与温度的关系[2]。温度升高,饱和蒸气压升高;饱和蒸气压越低,所需的温度也越低。不同的介质材料达到同一饱和蒸气压所需的温度不同。一般情况下,熔点越高的介质,所需要的温度也越高,如 ZrO。

　　根据气体分子运动理论,蒸发粒子的平均动能和速度分别为:

$$\overline{E_m} = \frac{1}{2}mv_m^2 = kT \tag{2-4}$$

$$\sqrt{\overline{v_m^2}} = \sqrt{\frac{3kT}{m}} = \sqrt{\frac{3RT}{M}} \tag{2-5}$$

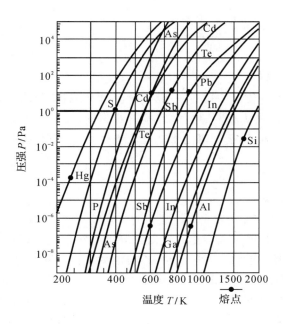

图 2-1　某些元素的平衡蒸气压[1]

表 2-1　几种介质材料的蒸气压与温度的关系[2]

| 介质材料 | 到达下列蒸气压（Torr）的温度/K | | | | | | 熔点 |
	10^{-5}	10^{-4}	10^{-3}	10^{-2}	10^{-1}	1	760	/℃
Al_2O_3	1050	1150	1280	1440	1640	1860	3000	2034
MgO	1040	1130	1260	1410	1600	1800	2900	2672
ZrO			1430	1620	1820	2050	3600	2710
SiO_2				1220	1380	1830	2227	1710
ZnS	870	925	980	1050	1120	1220		1850

将(2-5)代入式(2-4)得：

$$\overline{E_m} = \frac{3}{2}kT \tag{2-6}$$

式中，m 是一个蒸发分子的质量；M 是摩尔质量；T 是绝对温度；k 是玻尔兹曼常数；R 是气体普适常数。当蒸发温度在 1000～2500℃ 范围内，蒸发粒子的平均速度约为 10^5 cm/s，平均动能 $\overline{E}=0.1～0.2$ eV。

在热平衡条件下，由蒸发源平均每单位面积、单位时间射出的粒子数就是蒸发速率。利用气体分子运动理论计算得蒸发速率 R_e 为：

$$R_e = \frac{dN}{A \cdot dt} = \alpha_e \left[(P_v - P_h) / \sqrt{2\pi mkT} \right] \tag{2-7}$$

式中，N 是蒸发粒子数；α_e 为蒸发系数；A 是蒸发面积；P_v 是饱和蒸气压；P_h 是液体静压；m 为蒸发分子（原子）的质量。当 $\alpha_e=1$，$P_h=0$ 时，R_e 具有最大值：

$$R_e = P_v / \sqrt{2\pi mkT} \tag{2-8}$$

实际上蒸发材料表面常常有污染存在，如氧化物，会使质量的蒸发速率下降，因此式(2-7)应乘以一个小于1的修正系数。

式(2-7)还可以变为下面的形式：

$$R_m = mR_e = P_v \sqrt{\frac{m}{2\pi kT}} = P_v \sqrt{\frac{M}{2\pi RT}} \tag{2-9}$$

R_m 被称为质量蒸发速率。

蒸发的粒子到达温度较低的衬底表面，发生凝结并沉积下来，沉积速率 R_d 与蒸发速率 R_e 成正比关系。假设蒸气从蒸发源到衬底是直线运动的，不发生碰撞散射，且蒸发面积 A 与源—靶间距 r 相比很小，那么就可以将蒸发源当作点源处理，由此得出沉积速率 R_d 的表达式：

$$R_d = \frac{P_v A \cdot \cos\theta}{\pi \rho r^2 \sqrt{2\pi kT/m}} \tag{2-10}$$

式中，θ 是粒子运动方向与蒸发表面法线之间的夹角；ρ 是膜层的密度。

电阻热蒸发采用的是电阻式加热。选用的电阻材料应满足以下条件：在所需的蒸发温度下不会软化且在高温下饱和蒸气压较小，不与被蒸发材料发生化合或合金化反应，无放气现象和其他污染，具有合适的电阻率等。满足上述条件的一般是高熔点的金属，如钨(W)、钼(Mo)、钽(Ta)等。把这些难熔金属制成适当形状，把蒸发材料置于其上，通强电流，对蒸发材料进行直接加热蒸发，或者将蒸发材料放入坩埚中进行间接加热蒸发。当蒸发材料(如铝)容易与电阻材料发生浸润时，可以把电阻材料加工成丝状加热体；当难于与电阻材料发生浸润时，可把电阻材料加工成各种器皿，如箔状加热体；当蒸发材料直接升华时，可把电阻材料加工成特殊的加热体，如加盖舟或篮形线圈。表 2-2 是各种形状的电阻蒸发源及其应用，以供参考。[2]

表 2-2　不同形状电阻蒸发源及其应用[2]

蒸发源形状		应　　用
	U型	点源蒸发的场合。
丝状	螺旋形	用于浸润丝状材料，如 Al。
	篮形	蒸发升华的或不浸润的粒状或丝状材料，如 Cr 以及 Ag 和 Cu，熔融的浸润金属会造成电短路。

（续表）

蒸发源形状	应 用
	用于球形夹具镀单层 MgF_2，高温下不变形。
	装料多，对粉料、块料、浸润的和不浸润的材料均能适用，广泛用于镀多层膜。
	防止材料喷溅，提高蒸气流的稳定性，用于镀 SiO 和 ZnS 等。
圆筒形	蒸气发射有良好的方向性，蒸发特殊膜厚分布的薄膜。
Jacques形	容易保存热量，热效率高。
坩埚+辐射丝	用 Al_2O_3、BeO、BN 或 TiB_2 作坩埚，防止坩埚与材料反应，防止材料分解和喷溅，可用于 ZnS、SiO、MgF_2 和 Na_3AlF_6 等。
"榴弹炮"	容量大，分解小，用于红外镀 ZnS 等。

箔状（第1~5行）
辐射源（第6~7行）

（续表）

蒸发源形状	应　　用
烟筒源 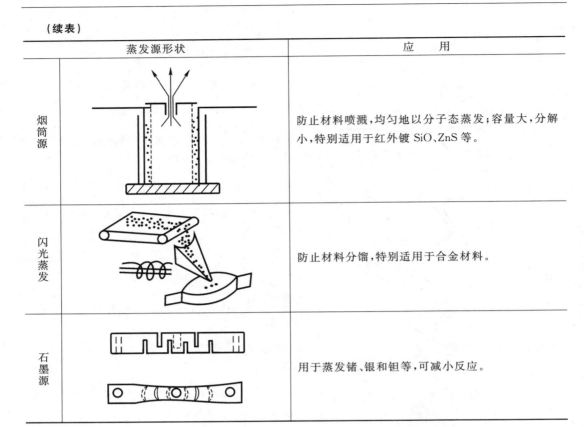	防止材料喷溅,均匀地以分子态蒸发;容量大,分解小,特别适用于红外镀 SiO、ZnS 等。
闪光蒸发	防止材料分馏,特别适用于合金材料。
石墨源	用于蒸发锗、银和钽等,可减小反应。

电阻热蒸发法的优点是镀膜机构造简单、造价便宜、使用可靠,可用于熔点不太高的材料的蒸发镀膜,尤其适用于对膜层质量要求不太高的大批量的生产中。电阻加热的缺点是加热所能达到的最高温度有限,蒸发速率较低,蒸发面积小、蒸发不均匀,加热过程中易飞溅等许多缺陷,还有来自电阻材料、坩埚和各种支撑部件的可能污染。

2.2.2　电子束蒸发

电子束蒸发法是指将蒸发材料置于水冷坩埚中,利用电子束进行直接加热,使蒸发材料汽化并在衬底上凝结形成薄膜的方法。由电阻加热蒸发法的缺点可以知道,该方法不适用于高纯或高熔点物质的蒸发,而电子束蒸发法恰好可以克服电阻热蒸发法的这一不足,因而电子束加热已成为蒸镀高熔点薄膜和高纯薄膜的一种主要的加热方法。

我们知道,电子的动能:

$$\bar{E}=\frac{1}{2}mv^2=eU \tag{2-11}$$

$$v=5.93\times10^7\sqrt{u}\,(\text{cm/s}) \tag{2-12}$$

式中,m 是电子质量;e 是电荷;U、u 是电压。当 $u=10\text{kV}$ 时,可计算得到 $v=6\times10^4\text{km/s}$。

电子束的能量为:

$$W=neU=IU \tag{2-13}$$

式中,n 为电子密度。产生的热量为:

$$Q = 0.24Wt \tag{2-14}$$

产生电子束的装置称为电子枪,根据电子束聚焦方式不同,电子枪可分为环形枪、直枪(皮尔斯枪)e 形枪等几种,它们对应的电子枪结构如图 2-2、图 2-3、图 2-4 所示[2]。

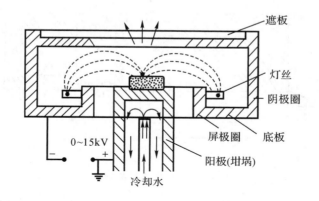

图 2-2　环枪枪体剖面图[2]

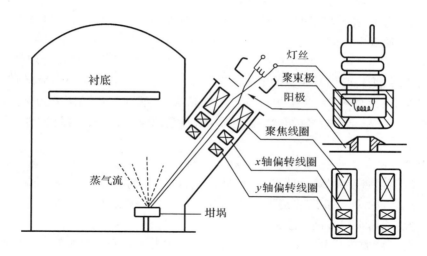

图 2-3　直枪(皮尔斯枪)的结构[2]

环形枪是由环形的阴极发射电子束,经阴极圈偏转和聚焦后打在坩埚(阳极)内使材料蒸发,图 2-2 是它的结构剖面图。环形枪式结构简单,成本低,使用方便。但是由于环枪阴极与阳极距离很近,容易击穿,灯丝也容易被污染;同时电子束聚焦后的斑点位置固定,易出现"挖坑"蒸发现象。因为环形枪的功率和效率都不高,目前已较少使用。

直枪是一种轴对称的直线加速枪(见图 2-3),从加热灯丝发射出的电子束,经阳极加速后在磁场作用下聚焦,而后轰击坩埚中的材料使之熔化和蒸发。其中 x-y 偏转线圈的作用是使聚焦电子束能够在一小范围内移动,从而使焦斑位置得以调节。直枪式具有使用方便、功率变化范围广(几百瓦到几百千瓦)、易于调节的特点,既适用于真空蒸发,也适用于真空冶炼。它的缺点是设备体积大、结构复杂、成本高,而且蒸发材料会污染枪体结构,同时灯丝上逸出的钠离子等也会引起薄膜的沾污。最近德国 Leybod-Heraeus 公司对直枪进行了改进,

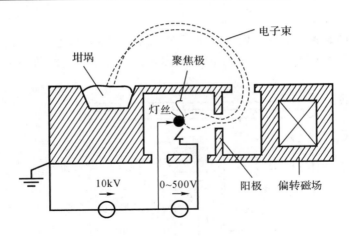

图 2-4 e形电子枪结构[2]

在灯丝部位加了一套独立的抽气系统,还在电子束的出口处设置偏转磁场。这样不但防止了灯丝对膜的污染,而且还有利于提高枪的寿命[3]。

e形枪是电子束偏转 270°的电子枪,因电子轨迹呈"e"形而得名。从灯丝发射出的电子束,受到数千伏偏置电压的加速,并经横置的磁场偏转 270°后再轰击坩埚中的蒸发材料使之熔化和蒸发(见图 2-4)。e枪式克服了直枪式的缺点,避免了蒸发材料对灯丝的污染及灯丝对薄膜的沾污,是目前用得较多的电子束蒸发源之一。e枪式具有功率大(约 10 kW)的特点,可以蒸发高熔点的材料,产生的蒸发粒子能量高,薄膜对衬底的附着力大,成膜质量较好。其缺点是电子枪要求较高的真空度,且需要使用负高压,设备结构较复杂,不易维护,造价也较高。

电子束蒸发的优点有:(1)可以直接对蒸发材料加热,减少了热损耗,热效率较高;(2)电子束产生的能量密度大,可以蒸发高熔点(大于 3000℃)的材料,且具有较高的蒸发速度;(3)装蒸发材料的坩埚是冷的或是用水冷却的,可以避免蒸发材料与容器材料的反应和容器材料的蒸发,从而可以提高薄膜的纯度。

其缺点有:(1)加热装置较复杂;(2)真空室内的残余气体分子和部分蒸发材料的蒸气会被电子束电离,会对薄膜的结构和物理性能产生影响。

2.2.3 高频感应蒸发

高频感应蒸发是将装有蒸发材料的石墨或陶瓷坩埚放在水冷的高频螺旋线圈中央,使线圈在高频磁场作用下因产生强大的涡流损失和磁滞损失(对铁磁体)而升温,进而加热蒸发材料,使之汽化蒸发。一般采用的频率为一万赫兹至几十万赫兹。图 2-5 给出一种高频感应蒸发源的示意图,将坩埚开口一端的线圈接地可以有效防止放电[4]。在钢带上连续真空镀铝的大型设备中,高频感应加热蒸镀工艺已经取得了令人满意的结果。

高频感应蒸发源的特点有:(1)高频感应电流直接作用于蒸发材料,因而坩埚的温度较低,对薄膜的污染很少;(2)蒸发速率大,可比电阻蒸发速率大 10 倍左右;(3)蒸发源的温度均匀稳定,不易产生飞溅现象;(4)蒸发源一次装料,无需送料机构,温度控制比较容易,操作比较简单等。它的缺点是:(1)不能对坩埚进行预除气;(2)不易对输入功率进行微调;(3)蒸

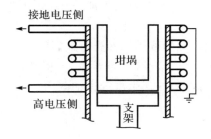

图 2-5　高频感应加热[4]

发装置必须屏蔽,并需要较复杂和昂贵的高频发生器;(4)如果线圈附近的压强超过 10^{-2} Pa,高频场就会使残余气体电离,使功耗增大[3]。

2.2.4　激光束蒸发

激光束蒸发就是采用激光束作为蒸发材料的一种热源,让高能量的激光束透过真空室窗口,对蒸发材料进行加热蒸发,通过聚焦可使激光束功率密度提高到 $10^6\,W/cm^2$ 以上。图 2-6 是激光蒸发的装置简图。通常使用的激光源有红宝石激光器、钕玻璃激光器、钇铝石榴石激光器、CO_2 激光器等。其中前面三种激光器的工作方式是脉冲输出,产生的脉冲使材料瞬间蒸发,即具有"闪蒸"的特点。一个脉冲就足以产生几百纳米厚的薄膜,因而薄膜的沉积速率高、附着力强,但膜厚控制困难且易引起化合物过热分解和喷溅。而 CO_2 激光器采用的是连续激励方式工作,输出功率连续可调,具有缓蒸的特点,可以克服脉冲激光器沉积薄膜的缺点。

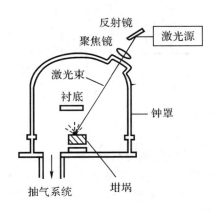

图 2-6　激光蒸发的装置

激光加热可在局部产生很高的温度,此时蒸发材料吸收的能量

$$E_A(吸收)＝E_I(入射)－E_T(透射)－E_R(反射)－E_S(散射)$$

可见,要使材料蒸发,必须吸收足够的能量,即应尽量减少发生透射、反射和散射的几率,使能量损失降到最低。

激光蒸发的优点有:(1)功率密度大,可蒸发高熔点材料;(2)热源在真空室外,简化了真空室的结构;(3)非接触加热,对薄膜无污染,适宜于超高真空下制取纯洁薄膜;(4)较高蒸发速率。缺点有：(1)费用高；(2)并非所有材料均能适用,对某些高反射薄膜的制备不具有优越性。

其实,利用激光束作为能量源的镀膜技术更为人们熟知的是脉冲激光沉积技术。目前,这种技术被广泛用于金属、半导体、绝缘体、超导体、有机物、甚至生物材料薄膜的制备。关于脉冲激光沉积技术的内容将在第 5 章中进行详细阐述。

2.2.5　反应蒸发

所谓反应蒸发是指在蒸发沉积的同时,将一定比例的反应性气体(如氧、氮等)通入真空室内,蒸发材料的原子在沉积过程中与反应气体结合而形成化合物薄膜。制备高熔点金属氧化物和氮化物薄膜(如氧化铝、氮化钛等)常采用此种方法,如[2]：

$$2Ti(激活蒸气)+N_2(激活氮气)===2TiN$$
$$2SiO+O_2(激活氧气)===2SiO_2$$

反应蒸发法是真空蒸发镀膜方法的一种改进,其装置如图 2-7 所示。在真空室中产生一个等离子体区域,使通过该区域的蒸发材料和反应气体电离活化,从而提高二者的反应效率,促进其在衬底上形成化合物。

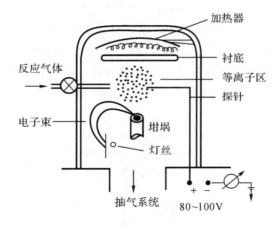

图 2-7　反应蒸发装置[2]

反应蒸发过程中,可能发生反应的地方有：1)蒸发源表面；2)蒸发源到衬底的空间；3)衬底表面。在蒸发源与衬底之间发生反应的概率很小。蒸发源表面的反应会降低蒸发速率,应尽可能避免。反应主要发生在衬底表面,反应气体分子或原子碰撞衬底,被衬底表面吸附并扩散结合到薄膜的晶格当中。

下面以金属氧化物膜的生长为例来阐释反应蒸发的过程。根据气体运动理论,氧的入射率为：

$$\frac{dN_{O_2}}{A \cdot dt} = \frac{P_{O_2}}{\sqrt{2\pi mkT}} \tag{2-15}$$

式中,m 是金属的原子量；T 是绝对温度(K)；P_{O_2} 是氧分压(Pa)；k 是玻尔兹曼常数；A 是衬底的表面积。则氧的吸附率为：

$$\left(\frac{\mathrm{d}N_{O_2}}{\mathrm{d}t}\right)_{吸附} = \left(\frac{\mathrm{d}N_{O_2}}{\mathrm{d}t}\right)_{入射} \cdot \frac{a(1-\theta)^2}{a-\theta} \cdot \alpha \cdot \exp\left(\frac{-E_a}{RT}\right) \tag{2-16}$$

式中，a 是相邻表面的晶格数；θ 是氧覆盖度；α 是氧的凝聚系数；E_a 是活化能；R 是气体普适常数。衬底表面金属氧化物的生成经历了以下 3 个过程：

1）金属原子和氧分子入射到衬底表面。

2）入射到衬底上的金属原子或氧分子一部分被吸附，另一部分可能被反射或短暂停留后解吸，吸附能越小，或衬底温度越高，解吸越快。

3）吸附的金属原子或氧分子产生表面迁移，通过氧的离解、化学吸附发生化学反应，形成氧化物。

§2.3　蒸发的应用实例

下面简要介绍蒸发法在 $Cu(In,Ga)Se_2$ 太阳能电池薄膜材料及透明电极材料 ITO 薄膜中的应用。

2.3.1　$Cu(In,Ga)Se_2$ 薄膜

$CuInSe_2$（简称 CIS）因其极高的光吸收率和良好的室外稳定性而成为最具有应用前景的太阳能电池薄膜材料之一。CIS 中掺入 Ga 形成的 $Cu(In,Ga)Se_2$（简称 CIGS）吸收层，根据掺入 Ga 含量的不同，可以扩大 CIS 的带隙，进一步提高光吸收率。根据文献报道，CIGS 太阳能薄膜电池的发光效率目前已经达到 19%[5]。蒸发法是 CIGS 吸收层的制作方法之一，通常采用共蒸发工艺的三步法来制备。共蒸发是指在衬底上用 Cu、In、Ga、Se 进行蒸发、反应。在真空腔内，每个蒸发源是独立的，加热后蒸发出来的气体分子撞击衬底，而沉积在衬底上形成薄膜[6]。共蒸发工艺的三步法流程如下：1）共蒸发 In、Ga 和 Se 在 Mo 覆盖的玻璃衬底上，衬底温度 250～400℃，形成 In-Ga-Se 层；2）共蒸发 Cu 和 Se 在 In-Ga-Se 层上，衬底温度升高至大于 540℃，形成富 Cu 的 CIGS 层；3）少量的 In、Ga、Se 沉积以形成少量贫铜的 CIGS 薄膜，衬底温度与第二步相同。1995 年，日本松下公司提出在共蒸发三步法过程中，将第二步和第三步衬底采用恒功率加热可以实现 CIGS 薄膜成分的实时监控，大大提高温度控制法制备 CIGS 薄膜的质量和重复性。图 2-8 是恒功率加热时，GIGS 薄膜生长的第

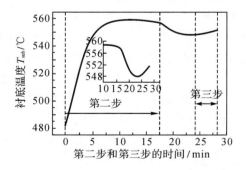

图 2-8　恒功率加热时，第二步和第三步衬底温度变化的典型曲线[7]

二步和第三步衬底温度随沉积时间变化的典型曲线[7]。第二步衬底温度从 480℃ 开始上升，7min 后稳定在 558℃，17.4min 后衬底温度急剧下降，第二步生长结束。在等待 In、Ga 源升温期间，衬底温度继续降低，约 7min 后再次升高到与第二步相同，开始第三步的沉积。

M. Venkatachalam 等[8]采用电子束蒸发法制备了不同 Ga 含量的 $CuIn_xGa_{1-x}Se_2$ 薄膜。他们用高纯的 Cu、In、Ga 和 Se 先合成不同 Ga 含量的体材料，以合成的体材料作为制备薄膜的蒸发源材料。对电子束蒸发所得的 $CuIn_xGa_{1-x}Se_2$ 薄膜进行 XRD 分析后发现，400℃ 退火的薄膜显示出单一的黄铜矿结构，其(112)峰位与薄膜中 Ga 的含量有关。光致发光(PL)谱中可以观察到尖锐的近带边发光峰，且峰位随 Ga 含量的增加逐渐蓝移，表明了 Ga 对 CIS 薄膜的能带调节作用(见图 2-9)。

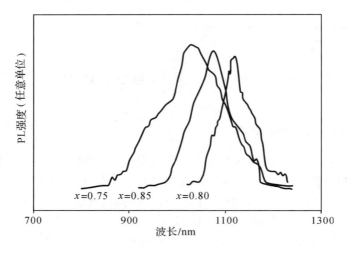

图 2-9　$CuIn_xGa_{1-x}Se_2$ 薄膜的室温 PL 谱[8]

2.3.2　ITO 薄膜

氧化铟锡(Indium Tin Oxide，简称 ITO)是一种宽带隙、重掺 n 型半导体材料，具有高可见光透过率和低电阻率的特性，因而在太阳能电池、平板显示器、电致变色窗、无机和有机薄膜电致发光器件、激光二极管和紫外探测器等光电器件领域应用广泛。ITO 薄膜的制备方法有很多，包括脉冲激光沉积、溅射、化学气相沉积、喷雾热分解、溶胶—凝胶、蒸发等等，其中蒸发法最常采用的是电子束蒸发。蒸发制备 ITO 薄膜通常有两种途径：一是采用高纯 In、Sn 合金作源材料，在氧气氛内进行反应蒸发[9,10]；二是采用高纯 In_2O_3、SnO_2 混合物作源材料直接蒸发[11-13]。为了使制得的薄膜具有高的透射率和低的电阻率，一般要求较高的衬底温度或需要对薄膜进行后续退火处理。H. R. Fallah 等用电子束蒸发法在低温下沉积 ITO 薄膜，研究沉积速率[14]、退火温度等工艺参数对薄膜结构、电学和光学性能的影响。他们指出，降低沉积速率，能够提高低温生长薄膜的透射率，减小其电阻率。薄膜对可见光的透射率大于 92%，电阻率为 $7×10^{-4}$ Ωcm。他们对室温下生长的 ITO 薄膜进行 350～550℃ 退火处理，发现退火温度越高，ITO 薄膜的结晶性能越好。550℃ 退火后的薄膜可见光透射率为 93%，晶粒大小约为 37nm。采用等离子体辅助的方法也可以降低成膜时的衬底温度[13,15]，沉积所得的 ITO 薄膜性能良好。S. Laux 等制备的 ITO 膜电阻率很低，为 5×

$10^{-6}\Omega\mathrm{cm}$,对 550nm 光的吸收低于 5%。改变沉积时的氧压,薄膜的电阻率和光学带宽也随之改变。

参考文献

［1］唐伟忠.薄膜材料制备原理、技术及应用(第二版).北京:冶金工业出版社(2003).

［2］顾培夫.薄膜技术.杭州:浙江大学出版社(1990).

［3］王银川.现代仪器.6,1(2000).

［4］田民波,刘德令.薄膜科学与技术手册(上册).北京:机械工业出版社(1991).

［5］K. Ramanathan, M. A. Contreras, C. L. Perkins, et al. Prog. Photovolt: Res. Appl. 11, 225(2003).

［6］肖健平,何青,陈亦鲜,等.西南民族大学学报(自然科学版)34(1), 189(2008).

［7］敖建平,孙云,王晓玲,等.半导体学报 27(8), 1046(2006).

［8］M. Venkatachalam, M. D. Kannan, S. Jayakumar, et al. Solar Energy Materials & Solar Cells 92, 572(2008).

［9］陈瑶,周玉琴,张群芳,等.半导体学报 28(6), 883(2007).

［10］李林娜,薛俊明,赵亚洲,等.人工晶体学报 37(1), 147(2008).

［11］A. Salehi. Thin Solid Films 324, 214(1998).

［12］H. R. Fallah, M. Ghasemi, A. Hassanzadeh, et al. Mater. Res. Bull. 42, 487(2007).

［13］S. Laux, N. Kaiser, A. Zöller, et al. Thin Solid Films 335, 1(1998).

［14］H. R. Fallah, M. Ghasemi, A. Hassanzadeh, et al. Physica B 373, 274(2006).

［15］何光宗,熊长新,姚细林.光学与光电技术 5(1), 71(2007).

第3章

溅射技术

荷能粒子轰击固体表面,固体表面原子或分子获得入射粒子所携带的部分能量,从而使其射出的现象称为"溅射"。这种现象是 1852 年由 Grove 发现的[1]。由于离子易于在电磁场中加速或偏转,所以荷能粒子一般为离子。溅射现象被广泛应用于样品表面的刻蚀及表面镀膜等,特别是用于薄膜的制备[2-8]。本章所讨论的主要是半导体薄膜的溅射制备技术。

§3.1　溅射基本原理

溅射是一个复杂的过程。图 3-1 显示了伴随着离子轰击的各种现象[2,3,7]。固体表面在入射离子的高速碰撞下,放射出的大部分粒子为中性原子或分子,这是薄膜沉积的基本条件。另外,放射出的粒子还包括二次电子,这是溅射中维持辉光放电的基本粒子,其能量与靶的电位相等。此外,还有少部分以离子(二次离子)的形式放出。如果溅射的是纯金属,工作气体为惰性气体,则不会产生负离子;但在溅射化合物或反应溅射时,会产生负离子,其作用犹如二次电子。在溅射过程中,还伴随着气体解吸、加热、扩散、结晶变化和离子注入等多种现象。在溅射过程中,大约 95% 的粒子能量作为热量而损耗掉,仅有 5% 的能量传递给二次发射的粒子。在 1kV 的离子能量下,溅射出的中性粒子、二次电子和二次离子之比约为 100：10：1。

溅射过程是建立在气体辉光放电基础上的。辉光放电是气体放电的一种类型,它是一种稳定的自持放电,靠离子轰击阴极产生二次电子来维持。图 3-2 给出了高阻直流功率源在低气压下辉光放电的形成过程[3,7]。当阴极刚加上负电压时,只有很小的电流流过,电流的产生是由于在真空室内存在少量的离子和电子,在辉光放电产生之前,电流几乎是恒定的,电流强度取决于参加运动的电荷数量。当电压增加后,带电离子和电子的能量增加,它们在电场中作加速运动时与气体原子和电极发生碰撞(与电极碰撞产生次级电子发射),产生更多的带电粒子。此后,电流随着带电粒子数量的增加而平稳地提高,但电压受到功率源输出的限制而呈一常数,这一放电区域称为"汤姆森放电区"。最后,"雪崩"发生,正离子轰击阴极靶面,释放出二次电子,后者与中性气体原子碰撞,形成更多正离子。这些离子再回到阴极,产生出更多的二次电子,并进一步形成更多的正离子。当产生的电子数正好产生足够量的离子,这些离子能再生出同样数量的电子时,放电过程达到自持。这时,气体开始启辉,电压降低,电流突然升高,这一区域叫"正常放电区"。由于大多数材料的离子—电子次级发射系数约为 0.1 数量级,就是说为产生出另一个次级电子,轰击阴极给定面积的离子数大于 10。为达到这一条件,正常辉光放电区的阴极轰击面积是自动调整的。最初,轰击是不均匀的,放电集中在靠近阴极边缘处,或在表面不规则处;增加电源功率,轰击区逐渐增

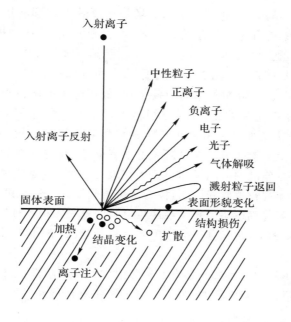

图 3-1　伴随着离子轰击固体表面的各种现象

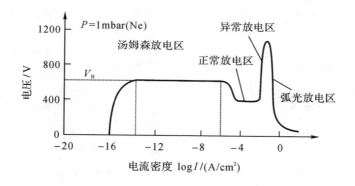

图 3-2　直流辉光放电过程的形成

大,直到阴极靶面上各处的电流密度几乎均匀。轰击区覆盖整个阴极面以后,进一步增加功率,会使放电区内的电压和电流密度同时提高,这一稳定的"异常辉光放电区"就是溅射使用的范围,也是所有辉光放电工艺实际上使用的区域。在此区内,若阴极无水冷,当电流密度达到约 0.1A/cm² 以后,将有热发射电子混入次级电子之中,随后发展成"雪崩",电压开始急剧降低,由于有电源输出阻抗制约着电压,将形成低压大电流弧光放电,这在溅射中应力求避免。

　　辉光放电的最简单装置是在真空室内安装两个电极,阴极为冷阴极,通入压强为 0.1~1Pa 的氩气。当外加直流电压达到起辉电压时,气体就由绝缘体变成良好的导体,此时两极空间就会出现明暗相间的光层,气体这种形式的放电即为辉光放电。图 3-3 给出了低压直流辉光放电时的暗区、亮区以及对应的电压和光强分布[3,5,7]。刚从阴极发出的电子,受电场加速很小,大约只有 1eV 的能量,不足以使气体激发,所以不发光,由此在阴极附近形成阿斯顿暗区。距离阴极稍远处,电子因受到电场加速而获得足够能量,碰撞气体原子或分子,激发态的气体原子衰变和进入该区的离子复合,引起发光,形成阴极辉光区。随着电子继续加速而离开阴极,就会使气体分子电离,产生大量离子和低速电子,发光急剧减弱,形成克鲁克斯暗区(又称阴极暗区),其宽度与电子平均自由程(或电压)相关。在这个区域产生溅射所需的高密度的正离子,并被加速向阴极运动,低速电子向阳极加速,形成大压降和高空间电荷密度区域。经克鲁克斯暗区而来的低速电子在电场作用下,使气体分子激发,另一方面,从克鲁克斯暗区扩散而来的低速正离子也会和电子复合发光,从而产生明亮的辉光区,称为负辉光区。由于电子在负辉光区损失了很多能量,在进入新的区域以后,没有足够的能量使气体产生激发,该区中的电子和正离子浓度也比较小,电场也很弱,激发和复合的几率都比较小,所以发光远较负辉光区弱,称为法拉第暗区。因法拉第暗区的电场比克鲁克斯暗区弱,故该区也比克鲁克斯暗区长。经法拉第暗区就是阳极光柱区,在该区任何位置的电子浓度和正离子浓度相等,故又称等离子区。而后的光区和暗区的形成,基本上与前述原理相同。

　　溅射沉积薄膜利用的是异常辉光放电。在溅射中,基板(阳极)常位于负辉光区,要溅射的材料(靶材)作为阴极。溅射电压 U、电流密度 j 和气压 P 服从以下关系:[3,7]

$$U = E + \frac{Fj}{P} \tag{3-1}$$

式中,E 和 F 是常数,数值取决于电极材料、几何尺寸和气体成分。在达到异常辉光放电后继续增加电压,会有更多的正离子轰击阴极而产生大量电子发射,阴极的强电场也会使暗区收缩

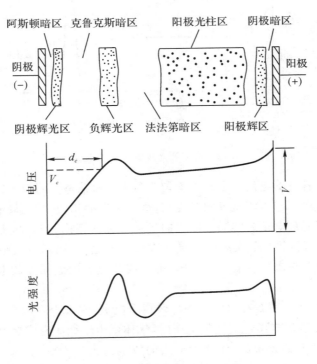

图 3-3　直流辉光放电过程的形成

$$P \cdot d_c = A + \frac{BE}{U-E} \tag{3-2}$$

式中，d_c 为暗区宽度；A、B 为常数。图 3-2 中，电压 V_B 称为击穿电压，它取决于电压 P 和电极间的距离 d。气压太低或距离太小，均会使辉光放电熄灭，这是因为没有足够的气体分子被碰撞产生离子和二次电子。气压太高，二次电子因多次被碰撞而得不到加速，也不能产生辉光放电。

　　人们对溅射现象的机理进行了很多研究，并在此基础上建立了溅射理论模型。最早出现的溅射理论模型是热学理论，该理论认为溅射过程本质上是一种热蒸发过程，但后来因与实验观察不符而被否定了。目前最广泛采用的是动量理论，也称为级联碰撞理论。入射离子在进入靶材的过程中与靶材原子发生弹性碰撞，入射离子的一部分动能会传给靶材原子，当后者的动能超过由其周围存在的其他靶材原子所形成的势垒（对于金属为 5～10eV）时，这种原子会从晶格阵点被碰出，产生离位原子，并进一步和附近的靶材原子依次反复碰撞，产生所谓的级联碰撞。当这种级联碰撞到达靶材表面时，如果靠近靶材表面的原子的动能超过表面结合能（对于金属为 1～6eV），这些表面原子就会逸出靶材，成为溅射粒子。这种理论现已成为研究溅射的基础。

§3.2　溅射主要参数

　　表征溅射的参数主要有溅射阈、溅射产额、溅射粒子的速度和能量，以及溅射速率和沉积速率等。

3.2.1　溅射阈和溅射产额

　　溅射阈指的是入射离子使阴极靶产生溅射所需的最小能量。表 3-1 列出了几种金属的溅射阈[2,3,9]。溅射阈与离子质量之间没有明显的依赖关系，主要取决于靶材料。对大多数金属来说，溅射阈值在 10～40eV 范围内，相当于升华热的 4～5 倍。

　　溅射产额又称为溅射率或溅射系数，表示正离子撞击阴极时，平均每个正离子能从阴极上打出的原子数。溅射产额与入射离子的类型、能量、角度以及靶材的类型、晶格结构、表面状态、升华热等因素有关。单晶材料的溅射产额还与晶体的取向有关，在最密排方向上溅射率最高，如面心立方的金属在（110）方向上、体心立方在（111）方向上最容易溅射。多晶材料的溅射产额可表示为[10]：

$$Y = \frac{3}{4\pi^2} \cdot \gamma \frac{4m_I m_A}{(m_I + m_A)} \cdot \frac{E}{E_0} \tag{3-3}$$

式中，E 为入射粒子能量；E_0 为升华热；γ 为 m_A/m_I 的函数；m_I 和 m_A 分别为入射离子和靶原子的质量。$4m_I m_A/(m_I + m_A)^2$ 称为传递系数，表示入射离子和靶原子质量对动量传递的贡献，当 $m_I = m_A$ 时，传递系数为 1，入射能量全部传递给靶原子。

　　由式（3-3）可知，溅射产额与入射粒子的能量成正比。图 3-4 给出了溅射产额与入射离子能量的一般关系曲线[2]。从图中可以看出，存在一溅射阈值，当离子能量低于溅射阈值时，溅射现象不会发生。当离子能量大于溅射阈值时，随着能量的增加，在 150eV 以前，溅射产额与离子能量的平方成正比；在 150～1000eV 范围内，溅射产额和离子能量成正比，服从式(3-3)所描述的规律,实际溅射就在这个范围内;在 $10^3 \sim 10^4$ eV 范围内,溅射产额变化不明显,趋于饱和;随着能量的继续增加,溅射产额下降,这是因为在高能下离子注入的概率增加。

表 3-1　金属的溅射阈值能量　　　　　　　　　　（单位:eV）

金属	Ne	Ar	Kr	Xe	Hg	升华热(eV)
Be	12	15	15	15	—	—
Al	13	13	15	18	18	—
Ti	22	20	17	18	25	4.40
V	21	23	25	28	25	5.28
Cr	22	22	18	20	23	4.03
Fe	22	20	25	23	25	4.12
Co	20	25	22	22	—	4.40
Ni	23	21	25	20	—	4.41
Cu	17	17	16	15	20	3.53
Ge	23	25	22	18	25	4.07
Zr	23	22	18	25	30	6.14
Nb	27	25	26	32	—	7.71
Mo	24	24	28	27	32	6.15
Rh	25	24	25	25	—	5.98
Pd	20	20	20	15	20	4.08
Ag	12	15	15	17	—	3.35
Ta	25	26	30	30	30	8.02
W	35	33	30	30	30	8.80
Re	35	35	25	30	35	—
Pt	27	25	22	22	25	5.60
Au	20	20	20	18	—	3.90
Th	20	24	25	25	—	7.07
U	20	23	25	22	27	9.57

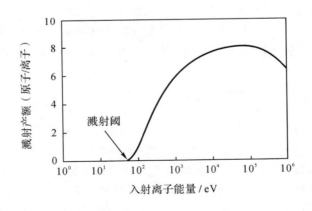

图 3-4　原子溅射产额和入射离子能量的关系

　　溅射产额还与入射离子的入射角有关,图 3-5 给出了这种关系的变化示意图[2]。随着离子入射角的不同,溅射产额也是不同的。这里说的入射角指的是入射离子与靶材表面法线的夹角。一般来说,斜入射比垂直入射的溅射产额大些。具体来说,入射角(θ)从零增加到大约 60°左右,溅射产额单调增加;溅射产额在 70°～80°时达到最高;入射角再增加,溅射产额急剧减小;在 θ=90°时,溅射产额为零。

　　溅射产额与靶材材料种类的关系可用相应元素在周期表中的位置来说明。同一周期的元素,溅射产额随原子序数增加而增大。图 3-6 为在 400eV 的 Ar 入射离子溅射下各物质溅射产额随原子序数变化的关系[3,7]。铜、银、金的溅射率较大,碳、硅、钛、钒、铌等元素较小;以银为最大,碳为最小。此外,还有一个规律,六方晶体的金属(如 Mg、Zn、Ti 等)要比面心立方(Ni、Pt、Cu、Ag、Au、Al)的溅射率低。

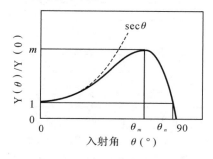

图 3-5　溅射产额与离子入射角的典型关系曲线

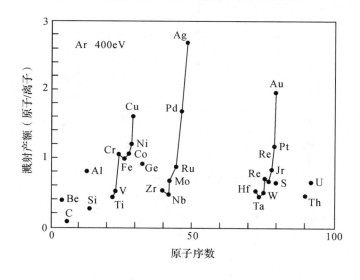

图 3-6　溅射产额与靶材原子序数的关系

　　对于合金与化合物的溅射,溅射产额一般不能直接由相应金属的值来确定,显示出比较大的差异性。特别是在氧化物等结合状态发生很大变化的化合物中,这种差异性更为明显。对于多组分靶材,由于构成元素的溅射产额各不相同,靶材溅射后的表面组分和溅射前相比,会发生很大的变化,这种现象称为选择溅射。选择溅射可以利用下述方法进行简单评价,以二元合金为例,构成原子为 A 和 B,按照质量平衡关系,A、B 原子的溅射产额 Y_A、Y_B

的比值可由下式给出

$$\frac{Y_A}{Y_B}=\frac{C_A}{C_B}\frac{C_B{}'}{C_A{}'} \tag{3-4}$$

式中，C_A、C_B 为构成原子溅射前的表面浓度，$C_A=1-C_B$；$C_A{}'$、$C_B{}'$ 为溅射后的表面浓度。对于合金靶材而言，溅射能得到和靶材的化学成分基本上相同的薄膜，这种现象可以用碰撞动量理论来解释。但是当靶的温度很高，各种合金成分由于热扩散发生变化时，溅射膜和靶材原来的组分就会发生变化。表 3-2 为不同靶电压下 Ar 离子对一些化合物的溅射产额[3]。

表 3-2　不同靶电压下 Ar 离子对一些化合物的溅射产额

靶电压(keV)	0.2	0.6	1	2	5
LiF<100>	—	—	—	1.3	1.8
CdS<1010>	0.5	1.2	—	—	—
GaAs<110>	0.4	0.9	—	—	—
PbTe<110>	0.6	1.4	—	—	—
SiC<0001>	—	0.45			
SiO₂	—	—	0.13	0.4	
Al₂O₃	—	—	0.04	0.11	

溅射产额和靶材温度也有一定关系。图 3-7 为用 Xe 离子（45keV）对几种靶材进行轰击时，溅射产额与温度关系的实验结果[2,11]。当靶材温度较低时，溅射产额几乎不随温度的变化而变化；当温度超过这一范围，溅射产额急剧增加，这可能是由于靶材原子在高温下本身就具有了较高的热动能，更加容易溅射出去。

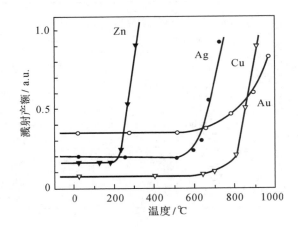

图 3-7　Xe 离子对靶材轰击时溅射产额和温度的关系

3.2.2　溅射粒子的能量和速度

靶表面受离子轰击会放出各种粒子，其中主要是溅射原子（绝大部分是单原子）。脱离表面的溅射原子有的处于基态，有的处于不同的激发态。例如，用 100eV 的 Ar 离子对多晶 Cu 靶进行溅射，溅射粒子中 95% 是 Cu 的单原子，其余是 Cu 分子（Cu₂）；随着入射离子能量的增加，构成溅射粒子的原子数也逐渐增加。对化合物靶进行溅射时，其情况与单元素靶相似。当入射离子能量在 100eV 以下时,溅射粒子是构成化合物的原子,只有当入射离子能量在 10keV 以上时,溅射粒子中才较多地出现化合物分子。

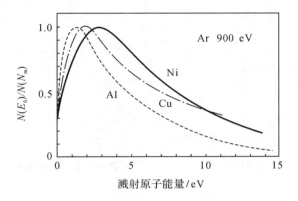

图 3-8　Ar 离子垂直入射对靶材轰击时溅射原子的能量分布

图 3-8 所示为用 900eV 的 Ar 离子分别垂直入射 Al、Cu、Ni 靶时,溅射原子的能量分布[2]。按照级联碰撞理论,溅射原子的能量分布为[12,13]

$$N(E_0,\theta)=AE_0\frac{\cos\theta}{(E_0+U_s)^3} \tag{3-5}$$

式中,E_0 是溅射原子的能量;θ 是入射角;U_s 是表面结合能;A 是常数。与热蒸发原子具有的动能(0.01~1eV)相比,溅射原子的动能要大得多。

图 3-9 为在不同入射能量下 Hg 离子溅射 Ni 靶材时溅射原子的角分布图[2,11,12]。在垂直入射的情况下,当入射离子的能量比较高时,溅射原子的角分布为余弦关系;当入射离子的能量降低时,溅射原子的角分布由余弦关系变为低于余弦的关系。

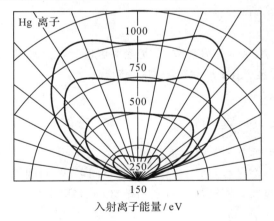

图 3-9　Hg 离子溅射 Ni 靶材时溅射原子的角分布

图 3-10 给出了溅射 Cu 原子的速度分布[2]。可以看出,用 Hg 离子轰击时,大多数溅射原子的速度为 4×10^5cm/s 左右,平均动能约为 4.5eV。增大入射离子能量,峰值向高速方向偏移,说明溅射原子中能量较高的比例增加。若采用 Ar 离子轰击,大多数金属原子的平均速度为 3×10^5~6×10^5cm/s。重金属元素得到较高的粒子能量,轻金属元素得到较大的

粒子速度。溅射粒子的能量随着靶材元素的质量增加而线性增大。溅射产额高的材料,溅射粒子的能量较低。

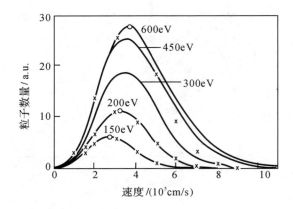

图 3-10 Hg 离子溅射 Cu 靶原子的速度分布

3.2.3 溅射速率和淀积速率

靶材原子的迁移涉及三个过程:靶材表面的溅射、由靶材表面到衬底表面的扩散、衬底表面的沉积。这三个过程相对应的速率分别为[3,7,14]:

溅射速率

$$R_{S_{\max}} = NYM/N_A \tag{3-6}$$

式中,N 是单位时间碰撞在单位靶面积上的粒子数;Y 是溅射产额,由式(3-3)来确定;M 是靶材原子的原子量;N_A 是阿佛伽德罗常数。

扩散速率

$$R_D = \frac{DM}{RT} \times \frac{P_2 - P_1}{d} \tag{3-7}$$

式中,D 是扩散系数;R 是气体普适系数;T 是绝对温度;P_2 为靶附近的靶材物质蒸气压;P_1 为衬底附近的靶材物质蒸气压;d 是靶至衬底的距离。

淀积速率

$$R_d = \alpha_1 P_1 \sqrt{\frac{M}{2\pi R T_1}} \tag{3-8}$$

式中,α_1 是衬底表面凝结系数;T_1 是衬底温度。

此外,还需要考虑一个过程:当靶材溅射进入空间后,若周围真空度较低,溅射粒子就不能迅速扩散,一部分将重新返回靶面。对多晶靶材,再淀积速率

$$R_r = \alpha_2 P_2 \sqrt{\frac{M}{2\pi R T_2}} \tag{3-9}$$

式中,α_2 是靶材表面的凝结系数;T_2 是靶材温度。因此,净溅射速率

$$R_S = R_{S_{\max}} - R_r \tag{3-10}$$

当达到平衡时,$R = R_S = R_D = R_d$。设 $\alpha_1 = \alpha_2 = 1$,$T = T_1 = T_2$,则沉积速率

$$R_d = R_{S_{\max}} \left(2 + \frac{d}{D} \sqrt{\frac{M}{2\pi R T_2}} \right)^{-1} \tag{3-11}$$

为了提高溅射淀积速率,最佳的参数是:较高的阴极电压和电流密度、较重的惰性气体和较低的溅射气压。在实际中,提高沉积速率的有效方法是改变电极配置(如三极溅射)和施加适当的磁场(如磁控溅射)等。

§3.3　溅射装置及工艺

溅射镀膜指的是在真空室中利用荷能离子轰击靶表面,使被轰击出的粒子在衬底上沉积的技术。从溅射现象的发现到在制膜技术中的应用,经历了一个漫长的发展过程。1853年,法拉第在进行气体放电实验时,首次发现了放电管玻璃内壁上的金属沉积现象,但在当时没有引起任何重视。1902年,Goldstein证明了上述金属沉积正是离子轰击阴极溅射出来的物质,并且实现了第一次人工离子束溅射实验。1950年开始,溅射技术已用于实验室薄膜制备的研究,并逐步开始了工业上的应用。1965年,IBM公司研究出了射频溅射法,实现了绝缘体薄膜的制备,引起各方面的重视。1971年,Clarke等人[15]第一次把磁控原理应用于溅射技术,从而产生了磁控溅射,使高速、低温溅射镀膜成为现实。时至今日,溅射装置和工艺日臻完善和普及,大大促进了薄膜领域的研究和应用的发展。

3.3.1　阴极溅射

最早获得应用的是阴极溅射,它由阴极和阳极二个电极组成,故又叫二极溅射或直流(DC)溅射。阴极溅射装置如图 3-11 所示[3,7],这种装置采用平行板电极结构,靶材做阴极,支持衬底的基板为阳极,安装在钟罩式的真空室内。在溅射室抽真空至 $10^{-3}\sim10^{-4}$Pa 后,充入惰性气体(如 Ar)至 $1\sim10^{-1}$Pa,两极间通以数千伏的高压,形成辉光放电,建立等离子区。离子轰击靶材,通过动量传递,靶材原子被打出而淀积在衬底上。

阴极溅射的优点是结构简单,操作方便,可以长时间进行溅射。但此法也存在很大的缺

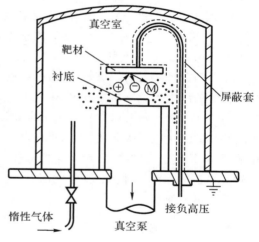

图 3-11　阴极溅射装置的结构示意图

点:其一,由于阴极溅射辉光放电的离化率低,只有 0.3%～0.5% 的气体被电离,因而阴极溅射的沉积速率比较低,只有 80nm/min 左右;其二,阴极溅射因为采用直流电源,所使用的靶材为金属靶材,在非反应性气氛中不能制备绝缘介质材料;其三,离子轰击阴极,产生的二次电子直接轰击衬底,具有较高的温度,使不能承受高温的衬底的应用受到限制,而且高能离子轰击又会对衬底造成损伤;其四,工作气压高,本底真空和 Ar 中的残留气体对薄膜会造成污染,也影响沉积速率,降低工作气压很容易使辉光放电熄灭。为此,产生了三极和四极溅射,阴极溅射已不作为独立的镀膜工艺设备,但仍作为辅助手段使用。例如在磁控溅射镀膜中,沉积薄膜前先用阴极溅射清洗衬底,这时衬底为阴极,受离子轰击,清除表面吸附的气体和氧化物等污染层,以增加薄膜和衬底的结合强度。

3.3.2　三极溅射和四极溅射

阴极溅射是利用冷阴极辉光放电,阴极本身又兼作靶材。与此不同的是,三极溅射的阴极有别于靶材,需另外设置,称之为热阴极,所谓"三极"指的是阴极、阳极和靶电极。四极溅射是在上述三极的基础上再加上辅助电极,也称为稳定电极,用以稳定辉光放电。在这种系统中,等离子区由热阴极和一个与靶无关的阳极来维持,而靶偏压是独立的,通常还引入一个定向磁场,把等离子体聚成一定的形状,如呈弧柱放电,则电离效率将显著提高,所以有时也称三极和四极溅射为等离子体溅射。这种系统可大大降低靶电压,并在较低的气压下(如 10^{-1} Pa)进行放电,溅射速率也可从阴极溅射的 80nm/min 提高到 $2\mu m/min$。图 3-12 为四极溅射典型的装置示意图[2]。热阴极可以采用钨丝或钽丝,辅助热电子流的能量一般为 $100\sim$

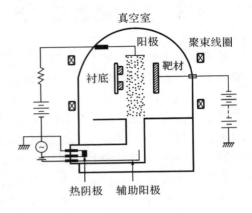

图 3-12　四极溅射装置的结构示意图

200eV,以获得充分的电离,但又不会使靶过分加热。因此,调节热阴极的参数既可用于温度控制,又可用于电荷控制。为使等离子体收聚,并提高电离效率,还要在电子运动方向施加场强大约为 50G 的磁场。

三极和四极溅射的特点是,轰击靶材的离子电流和离子能量可以完全独立地控制,而且在比较低的压力下也能维持放电,因此溅射条件的可变范围大,这对于基础研究是十分有益的。系统在一百至数百伏的靶电压下也能运行,由于靶电压低,对衬底的辐射损伤小。引起衬底发热的二次电子被磁场捕获,可以避免衬底温升。但是,和阴极溅射相比,装置的结构复杂,要获得覆盖面积大、密度均匀的等离子体比较困难,而且灯丝也比较容易消耗,这是一些显著的不足。在 20 世纪 60 年代前后,这种装置曾被广泛使用,但近年来除了特殊用途之外几乎不再被使用。

3.3.3　射频溅射

射频(RF)溅射又称高频溅射,它是为直接溅射绝缘介质材料而设计的。前面的方法是利用金属、半导体靶制备薄膜的有效方法,但不能用来溅射介质绝缘材料,这主要是因为正离子打到靶材上产生正电荷积累而使表面电位升高,致使正离子不能继续轰击靶材而终止溅射。若在绝缘靶背面装上一金属电极,并施加频率为 $5\sim30MHz$ 的高频电场(通常采用工业频率 13.56MHz),则溅射便可持续。因而,射频溅射可以用于溅射绝缘介质材料。如果在靶电极接线端上串联一只 $100\sim300pF$ 的电容器,则同样可以溅射金属。

射频溅射的最初形式是在直流放电等离子体中引入第三极,并在此极上引入射频偏压,由此对原来极板面上所安装的介质靶材进行溅射[16]。现在一般采用的射频装置是使射频电场和磁场重叠,在射频电极上再施加直流偏压,由此产生溅射[17]。图 3-13 显示了射频溅射的原理图[2-4],等离子体电位为零电位,靶材料的电压为 V_T,靶金属电极的交流电压为 V_M。假设在绝缘体靶上所加的是正弦波,在正半周时,因为电子很容易运动,V_T 和 V_M 很

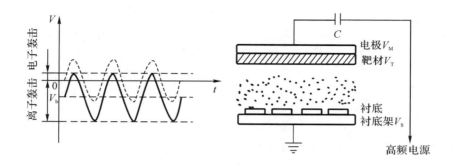

图 3-13　绝缘体的射频溅射原理

快被充电;在负半周时,离子运动相对于电子要慢得多,故被电子充电的电容器开始慢慢放电。若使衬底为正电位时到达衬底的电子数等于衬底为负电位时到达衬底的离子数,则靶材在绝大部分时间内呈负性,就是说相当于靶自动地加了一个负偏压 V_b,于是靶材能在正离子轰击下进行溅射。因此,高频交流电场使靶交替地由离子和电子进行轰击,电子在高频电场中的振荡增加了电离几率,因而射频溅射的溅射速率要高于阴极溅射。

高频电场的频率可由下述为依据进行选择。V_M 和 V_S 电极相当于一个电容,静电电容 C、电压 V 和电量 Q 之间的关系为:

$$V = Q/C \tag{3-12}$$

若在时间 Δt 内,电压变化 ΔV,电量变化 ΔQ,则

$$\frac{\Delta V}{\Delta t} = \frac{1}{C} \cdot \frac{\Delta Q}{\Delta t} = \frac{I}{C} \tag{3-13}$$

式中,I 是 Δt 时间内流过电极的平均电流。一般情况下,$\Delta V \approx 10^3 \text{V}$,$I = 10^{-2} \sim 10^{-3} \text{A}$,$C = 10^{-11} \sim 10^{-12} \text{F}$,则 $\Delta t = 10^{-5} \sim 10^{-7} \text{s}$,对应的频率为 $100\text{kHz} \sim 10\text{MHz}$。这就是说,在 10^3V 时,要使正离子能够轰击靶材,电场频率必须大于此值。

3.3.4　磁控溅射

磁控溅射是把磁控原理与普通溅射技术相结合,利用磁场的特殊分布控制电场中的电子运动轨迹,以此改进溅射的工艺。前面所述的溅射系统的主要缺点是溅射速率较低。为了在低气压下进行高速溅射,必须有效地提高气体的离化率。磁控溅射由于引入了正交电磁场,使离化率提高到 $5\% \sim 6\%$,于是溅射速率可以提高十倍左右。对许多材料,溅射速率达到了电子束的蒸发速率。

采用正交电磁场能够提高离化率,其理由如下。电子在正交电磁场中的作用力可写成:

$$\vec{F} = -e\vec{E} - e(\vec{V} \times \vec{H}) \tag{3-14}$$

式中,V 为电子运动速度;e 为电子电荷量;E 和 H 分别为电场强度和磁场强度,E 沿 x 轴负方向,H 沿 z 轴正方向。设 $t=0$ 时,电子处于坐标原点,三个方向的速度分量分别为 V_{x0}、V_{y0} 和 V_{z0},根据物理学知识,可以求得电子的运动轨迹方程:

$$x = A\sin(Kt + \phi) - A\sin\phi$$

$$y = \frac{E}{H}t - A\cos(Kt + \phi) + A\sin\phi$$

$$z = V_{z0}t \tag{3-15}$$

式中，

$$A = \frac{m}{eH}\left[V_{x0}^2 + \left(V_{y0} - \frac{E}{H}\right)^2\right]^{1/2}$$

$$\phi = \cos^{-1}\left\{V_{x0}\Big/\left[V_{x0}^2 + \left(V_{y0} - \frac{E}{H}\right)^2\right]^{1/2}\right\}$$

$$K = \frac{eH}{m} \tag{3-16}$$

式中，m 为电子质量。这是以 t 为参变量的螺旋线方程（如图 3-14 所示）。正是由于电子在正交电磁场中由直线变成了螺旋线运动，大大增加了与气体分子碰撞的几率，使离化率得以大幅度提高。离子由于其质量要比电子大得多，所以当离子开始作螺旋线运动时已打到靶上，其携带的能量几乎全部传递给靶材。

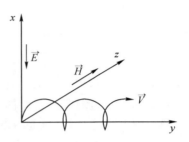

图 3-14　电子在正交电磁场中的运动轨迹

按照所使用的电源，磁控溅射也有直流和交流两种类型。根据设备装置，磁控溅射主要有三种形式：平面、圆柱型和 S 枪磁控溅射[2,5,7]。

图 3-15(a) 是平面磁控溅射的结构原理图。靶材与支持衬底的电极平行放置，永久磁铁在靶表面形成 $2 \times 10^{-2} \sim 3 \times 10^{-2}$ T 的磁场，它同靶与衬底之间的高压电场构成正交电磁场。靶表面的电子进入空间后就受到洛伦磁作用力，沿着电磁场的旋度方向做平行于靶面的摆线运动，从而产生浓度很高的等离子体。

圆柱型磁控溅射又分为内圆柱型和外圆柱型两种，图 3-15(b) 和 (c) 是它们的工作原理和结构示意图。内圆柱型磁控溅射的阴极靶材在中央，呈圆柱状，衬底架做成围绕靶子的圆筒；外圆柱型则恰好相反。对于圆柱型磁控溅射，为维持放电正常进行，必须设法减少二次电子的端部损失。这种类型的装置适合于制备管子的内外壁薄膜。

第三种是 S 枪型磁控溅射，通常采用倒圆锥状靶材和行星式支持衬底电极相结合的结构，因此有时也称为圆锥型磁控溅射。图 3-15(d) 是 S 枪磁控溅射的结构原理图。在薄膜制备中，S 枪可方便地安装在现有镀膜机上代替电子枪。S 枪实质上是一个同轴二极管，内圆柱体为阳极，外圆柱体为阴极。在阳极和阴极之间加上一个径向电场，同时在阴、阳极空间加上一个轴向磁场，形成正交电磁场。电子约束在靶面附近，形成强等离子体环。

溅射时，电流与电压之间的关系如下：

$$I = KV^n \tag{3-17}$$

式中，K 和 n 是常数，其数值与气压、靶材料、磁场和电场相关。气压高，阻抗小，伏安特性曲线较陡。溅射功率的变化可表示成：

$$dP_e = d(IV) = IdV + VdI = (1+n)IdV \tag{3-18}$$

显然，电流引起的功率变化是电压引起的 n 倍，所以要使溅射速率恒定，不仅要稳压，更重要的是稳流，或者说必须稳定功率。在气压和靶材等因素确定以后，如果功率不太大，则溅射速率基本上与功率呈线性关系。但是功率太大时，可能出现饱和现象。

磁控溅射不仅可以实现很高的溅射速率，而且在溅射金属时还可避免二次电子轰击而

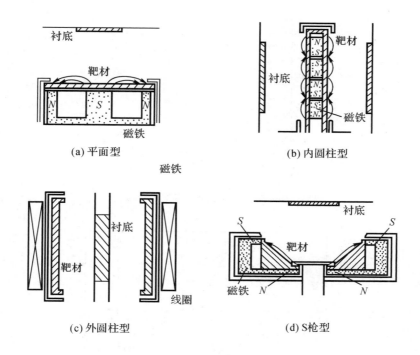

(a) 平面型　　　　　　　　　　(b) 内圆柱型

(c) 外圆柱型　　　　　　　　　(d) S枪型

图 3-15　磁控溅射电极类型

使衬底保持接近冷态,这对单晶和塑料衬底具有重要的意义。磁控溅射可用 DC 和 RF 放电工作,故能制备金属膜和介质膜。磁控溅射有较多的优点,如沉积速率大,产量高;功率效率高;可进行低能溅射;向衬底的入射能量低,溅射原子的离化率高等。

3.3.5　反应溅射

应用溅射制备绝缘介质薄膜通常有两种方法:一种是前面所述的射频溅射;另一种是反应溅射,特别是磁控反应溅射。例如在 O_2 中反应沉积氧化物,在 N_2 或 NH_3 中反应沉积氮化物等。反应物之间产生反应的必要条件是,反应物分子必须有足够高的能量以克服分子间的势垒。势垒 ε 与能量的关系如下:

$$E_a = N_A \varepsilon \tag{3-19}$$

式中,E_a 为反应活化能,N_A 是阿伏伽德罗常数。根据过渡态理论,两种反应物的分子进行反应时,首先经过活化络合物这一过渡态,然后再生成反应物(如图 3-16 所示)[3,7]。图 3-16 中,E_a 和 E_a' 分别为正、逆向反应活化能;x 为反应物初态能量;W 为终态能量;T 为活化络合物能量;ΔE 是反应物与生成物能量之差。由图可见,反应物要进行反应,必须有足够高的能量去克服反应活化能。

溅射和热蒸发粒子的能量分布示于图 3-17[3,7]。热蒸发粒子的平均能量只有 0.1~0.2eV,而溅射粒子可达 10~20eV,比热蒸发高出两个数量级。其中,能量大于反应活化能 E_a 的粒子数分数可表示为:

$$A = \exp(-E_a/kT) \tag{3-20}$$

由于平均能量

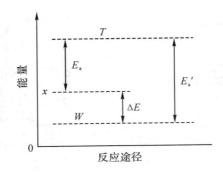

图 3-16 反应中反应物能量变化示意图

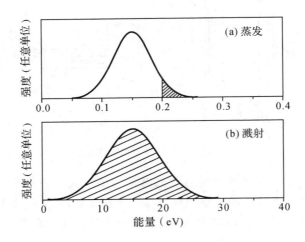

图 3-17 溅射和热蒸发粒子的能量分布

$$\overline{E}=\frac{2}{3}kT \tag{3-21}$$

因此,溅射粒子的能量大于 E_a 的分数

$$A_s=\exp\left(\frac{-3E_a}{2\overline{E_s}}\right) \tag{3-22}$$

同理,热蒸发粒子能量大于 E_a 的分数

$$A_e=\exp\left(\frac{-3E_a}{2\overline{E_e}}\right) \tag{3-23}$$

式中 $\overline{E_s}$ 和 $\overline{E_e}$ 分别为溅射和蒸发粒子的平均动能。由图 3-17 可以看出,能量 $E>E_a$ 的溅射粒子远远多于蒸发粒子,其倍数为:

$$M=\frac{A_s}{A_e}=\exp\left[\frac{3}{2}E_a\left(\frac{1}{\overline{E_e}}-\frac{1}{\overline{E_s}}\right)\right] \tag{3-24}$$

假设只有能量大于 E_a 的粒子能参与反应,那么,参加反应的溅射粒子数必然远远大于蒸发粒子数。例如,Zn 与 O_2 反应,反应方程式

$$2Zn+O_2 \xrightarrow{1000℃} 2ZnO \tag{3-25}$$

若反应物处在同一能量状态,则 Zn 和 O_2 的反应活化能大约为 0.17eV,考虑到常温下衬底表面的 O_2 几乎完全处于钝化态,因此,反应能阈值至少增加一倍,即 Zn 与 O_2 反应至少要有 0.34eV 的能量。假设溅射粒子的平均动能为 15eV,由式(3-22)和式(3-23)可得,大约有 98% 的溅射 Zn 原子能量大于 E_a,而蒸发 Zn 原子只有 0.5% 左右。

参加反应的高能粒子越多,反应速率越快。反应速率与活化能 E_a 的关系为:

$$V = C\exp(-E_a/RT) \tag{3-26}$$

式中,R 是气体常数;C 是有效碰撞的频率因子。若用平均动能 $\overline{E}$ 代替温度 T,则式(3-26)可改写成

$$V = C\exp(-3E_a/2N_A\overline{E}) \tag{3-27}$$

由于 $\overline{E}_s > \overline{E}_e$,故溅射的反应速率要远大于热蒸发。

溅射过程中,反应基本发生在衬底表面,气相反应几乎可以忽略,但靶面的反应却不可以忽略。由于离子的轰击作用,靶面金属原子变得非常活泼,加上靶材升温,使得靶面的反应速率大为增加。这种情况下,靶面同时进行着溅射和反应生成化合物的两种过程。如果溅射速率大于化合物生成速率,则靶就处于金属溅射态;反之,若化合物形成的速率超过溅射速率,则溅射就可能停止。后一种现象可能由三种因素引起:其一,在靶面形成了溅射速率比金属低得多的化合物;其二,化合物的二次电子发射要比相应的金属大得多,更多的离子能量用于产生和加速二次电子;其三,反应气体离子的溅射率比惰性 Ar 低。为了解决这一困难,常将反应气体和溅射气体分别送到衬底和靶材附近,以形成压强梯度。

§3.4　离子成膜技术

随着生产的发展,人们对薄膜的性能提出了更高的要求。为此,在溅射技术的基础上改进工艺,出现了离子成膜技术。本节简单介绍一下离子镀膜和离子束沉积两种成膜技术。

3.4.1　离子镀成膜

离子镀膜技术简称为离子镀,是在真空条件下,利用气体放电使气体或被蒸发物质部分离化,在气体离子或被蒸发物质离子轰击作用的同时,把蒸发物或其反应物沉积在衬底上。离子镀技术是真空蒸发和溅射技术相结合的一种镀膜方法,不仅明显提高了薄膜的各种性能,而且大大扩充了镀膜技术的应用范围。离子镀技术最早是由 Mattox 于 1963 年提出并付诸实践的[18,19],并应用该方法制备了人造卫星的金属润滑膜。

图 3-18 为离子镀的原理图[3]。靶材用电阻加热蒸发,并在蒸发源与衬底之间加上一个直流电场,衬底所接的是 1～5kV 的负高压,从而构成辉光放电的阴极。当真空室抽至 10^{-3}～10^{-4}Pa 后,充入惰性气体(如 Ar)至 1Pa,建立低压气体放电的低温等离子区,开始离子镀膜过程。靶材原子汽化蒸发,进入等离子区与离化或被激发的惰性气体原子以及电子发生碰撞,引起蒸发原子离化,被离化的膜料离子和气体离子一起受到电场加速,以较高的能量轰击衬底表面,形成所需的薄膜。实际上,在等离子区只有一部分蒸发原子离化,大部分原子仅是处于激发状态,发出特定颜色的光。值得指出的是,由于到达衬底的粒子具有高能量,一方面会使衬底升温,另一方面使已经沉积的薄膜产生再溅射,因而,为了保持一定的沉积速率,必须控制入射粒子的能量和蒸发速率,使沉积速率大于再溅射速率。

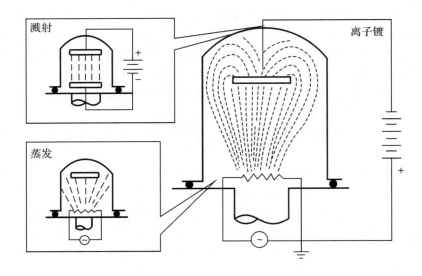

图 3-18　直流离子镀原理示意图

离子镀的种类是多种多样的[2]。按照靶材的汽化方式,有电阻加热、电子束加热、等离子电子束加热、高频感应加热等。按照离化和激发方式,有辉光放电型、电子束型、热电子型、等离子电子束型以及各种类型的离子源等。不同的蒸发源与不同的电离激发方式又可以有多种不同的组合。离子镀设备通常由真空室、蒸发源、高压电源、离化装置、放置衬底的阴极等部分构成。目前常用的有直流二极型离子镀、三极型和多阴极方式的离子镀、活性反应蒸发离子镀、电弧放电型高真空离子镀、空心阴极放电离子镀、射频放电离子镀、多弧离子镀、磁控溅射离子镀等。

直流离子镀的特征是利用辉光放电产生离子,并由基板上所加的负电压对离子加速。按照气体放电理论和巴邢定律,其辉光放电的气压只能维持在 $10^{-3} \sim 10^{-2}$ Torr,在这种较低的真空度下,要求蒸发源采用电阻加热方式,而且放电电压很高(1~5kV)(如图 3-18 所示)。普通真空蒸发的各种电阻蒸发源都可用于离子镀。若采用电子束加热,必须使用差压板,把离子镀室和电子枪室分隔开,并采用两套真空系统,以保证电子枪在较高的真空度下稳定工作。直流离子镀设备简单,技术容易实现,特别是在导电基板上制备金属膜是很方便的。但是,像溅射一样,如果在玻璃和塑料等绝缘体上制备介质膜,则需要射频离子镀。

射频离子镀是在直流法的基板和蒸发源之间装上一个射频线圈(如图 3-19 所示)。射频离子镀是 1974 年由日本的村山洋一提出的[20]。射频线圈可用直径 3mm 的铝或铜丝烧制而成,高度和螺旋圈直径均为 70mm,圈数大约为 7 圈,与频率13.56MHz、功率 1kW 的高频电源连接,产生高频振荡场,500~1000V 的负高压使衬底保持负偏压。这种方式放电稳定,在较高的真空度下也能运行。由于采用了射频激励方式,被蒸镀物质的汽化原子的离化率可达 10%,工作压力一般为 $10^{-5} \sim 10^{-3}$ Torr,仅为直流离子镀的 1%。射频离子镀的蒸发、离化、加速三个过程可分别独立控制,易于进行反应;和其他离子镀相比,衬底温升低而且易于控制。

离子镀除具有真空蒸发和溅射的优点外,还具有如下优点:(1)膜层附着力强,高能粒子轰击有三个作用,一是使基板得到清洁,产生高温;二是使附着差的分子或原子产生再溅射

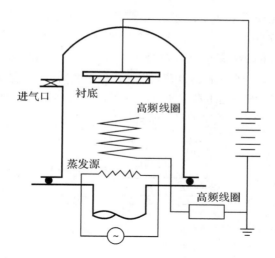

图 3-19　射频离子镀原理示意图

而离开基板;三是促进了膜层材料的表面扩散和化学反应,甚至产生了注入效应,因而附着力大大增强。(2)膜层沉积速率快,离子镀用电阻加热、电子束或高频感应蒸发材料,因此最高沉积速率可达 $50\mu m/min$。(3)膜层密度高,高能粒子不仅表面迁移率大,而且再溅射克服了沉积时的阴影效应,因而膜层密度接近于体相材料。(4)绕镀性能好,离子镀的重要优点之一是衬底前后表面均能沉积薄膜(如图 3-18 所示)。一般离子镀的工作气压为 1～10Pa,气体分子平均自由程比蒸发源到衬底的距离短,蒸气原子在到达衬底过程中,受气体离子碰撞的散射作用,会向各个方向飞散,使被蒸发的原子能够绕射沉积到蒸发源直线发射达不到的区域。此外,离子镀工作过程中,部分原子被电离成离子,在电场作用下,可沉积在具有负偏压衬底的正面和背面。离子镀的这种膜厚分布特性为复杂形状的零件镀膜提供了一种很好的方法。

使用离子镀,衬底选择广泛,除常用的硅片、蓝宝石、石英外,金属、陶瓷、玻璃、塑料均可用作衬底。离子镀主要用在制备高硬度机械刀具上沉积耐磨、高硬度的膜,沉积耐磨的固体润滑膜,在金属、塑料制品上沉积一层耐久的装饰膜。近年来,离子镀也较为广泛地用于制备半导体薄膜,如碳化物(SiC 等)、氧化物(如 ZnO、TiO_2)等的制备。

3.4.2　离子束成膜

从物理观点来看,真空蒸发、溅射以及离子镀技术的共同缺点就是不能确定到达基片的粒子流,也不能完全控制入射粒子的数目、入射角及粒子能量等参数。如果采用高真空或超高真空中的固定离子束流来沉积薄膜,则可以实现上述目标,这种方法称为离子束成膜技术。

1. 离子束溅射沉积

离子束溅射沉积又称为二次离子束沉积,由惰性气体产生的高能离子束(100～10000eV)轰击靶材进行溅射,沉积到衬底上成膜。图 3-20 为其原理示意图[5]。系统主要由离子源、离子束引出极和沉积室三部分构成。离子源放电室和沉积室是分开的,两者具有不同的气压。离子源使用的工作气体通常为 Ar,压强为 10^{-2}～10^2Pa,产生的 Ar^+ 由离子束引出极引出，经加速聚焦成具有一定能量的离子束，然后进入沉积室，轰击靶材引起溅射，沉积到衬底表面。从离子源出来的 Ar 离子束带正电荷，会受到库仑斥力而使平行离子束变得不平行，因此在沉积室的 Ar 离子束入口处通常安装一个中和灯丝电极，称为中和阴极，由灯丝发出的电子去中和离子束的正电荷，使其成为中性束，平行照射靶材，这样还可以消除因溅射而使介质靶材积累的正电荷。在沉积室中引入反应气体（如 O_2、NH_3），还可以进行反应离子束磁控溅射，形成化合物薄膜，如氧化物、氮化物等。

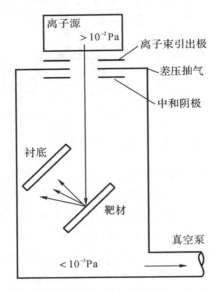

图 3-20　离子束溅射沉积原理

与普通溅射相比，离子束溅射沉积具有如下优点：(1)用平行离子束来溅射靶材，离子束的入射角和束流以及离子能量易于控制，可以做到离子束的精确聚焦和扫描；(2)沉积室中的工作压强低，可将气相散射对沉积的影响减到最小，同时又可减小气体对薄膜的污染；(3)衬底相对于离子源和靶材是独立的，温度和电压可以单独控制，与靶材和高频电路无关，因而可以避免受高能电子的轰击；(4)离子束独立控制，可得到性能很好的薄膜，也为溅射过程以及薄膜生长过程的研究提供了强有力的手段。

2. 离子束沉积

离子束沉积(IBD)又称为一次离子束沉积，由固态物质的离子束直接打在衬底上沉积而形成薄膜。一般而言，当固态物质离子照射固体表面时，依入射离子能量 E 的大小不同，会引起三种现象：沉积现象($E \leqslant 300\text{eV}$)、溅射现象($300\text{eV} \leqslant E \leqslant 900\text{eV}$)和离子注入现象($E \geqslant 900\text{eV}$)。当然，这三种现象不能截然分开，通常都是同时存在的。

对于离子束沉积而言，所用的离子能量一般为 100eV，以保证是以薄膜的沉积过程为主，降低薄膜的再溅射过程。IBD 的结构原理与图 3-20 相似，只是其中用衬底代替靶材的位置，它所使用的离子束不是气态的物质离子，而是固态物质的离子，通常为金属。自然，当沉积室中通入反应气体时，便可用于制备化合物薄膜。产生固态物质的离子源通常用热阴极和融化的金属之间进行低压弧光放电来产生，用惰性气体或自持放电来维持。例如，用于沉积金刚石薄膜的离子源，是在两个碳棒电极之间，用 Ar 作为维持气体，形成 C^+、Ar^+、C

和 Ar 的混合物;如果沉积的是金属膜或者金属化合物膜,则是靠这些金属的自持放电来维持的,金属离子也是通过自持放电产生的。

离子束沉积过程中,从离子源出来的离子束通常不是单一离子,为了使单一种离子沉积到衬底上,制取高纯度的薄膜,需要进行质量选择。图 3-21 为质量分离式 IBD[21],由离子源、质量分离器和超高真空沉积室三个主要部分构成。为从离子源引出更多的离子电流,质量分离器和离子束输运真空管路的一部分需要施加负高压;利用偏转磁铁可分离出单一种类或单一离子能量的离子束,这种离子束经沉积室中的减速磁透镜的减速作用,变成低能离子束,沉积在衬底上。利用这种设备可以制备金属、Si、非晶 C 薄膜。通过引入反应气体,还可以制备各种化合物薄膜,如 ZnO 等氧化物半导体薄膜、绝缘介质薄膜、超导薄膜等。

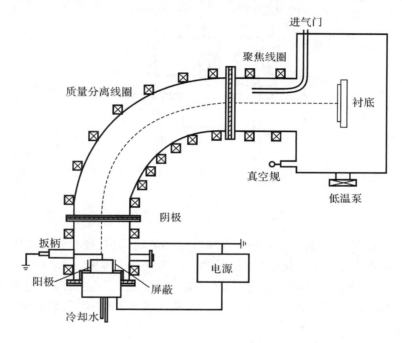

图 3-21 质量分离式离子束沉积装置

3. 簇团离子束沉积

在真空蒸发方法中,若把蒸发源与沉积室分开,可以发展一种簇团离子束沉积的技术(如图 3-22 所示[2])。被蒸发的物质置于坩埚中,蒸发后由坩埚的喷嘴向高真空沉积室中喷射,利用由绝热膨胀产生的过冷现象,形成由 $10^2 \sim 10^3$ 个原子相互弱结合而成的团块状原子集团,称为簇团,经电子照射使其离化,每个簇团中只要有一个原子被电离,则这个簇团就是带电的,在负电压作用下,被加速沉积到衬底上形成薄膜。当然,没有被离化的中性原子集团也会参与薄膜的沉积过程,其动能与由喷嘴喷射出时的速度相对应。为保证有稳定的簇团形成,坩埚内蒸发物质的蒸气压一般在 $10^{-2} \sim 10$ Torr 范围内,而喷嘴之外沉积室的真空度要保持在 $10^{-5} \sim 10^{-6}$ Torr 以上。坩埚的加热可以采用直接电阻加热法,也可采用电子束加热法;为了制取化合物薄膜,可以采用多坩埚蒸发共沉积法。

4. 离子注入成膜

离子注入成膜是将高能离子注入衬底成膜,离子束的能量一般为 20~400keV。当注入的

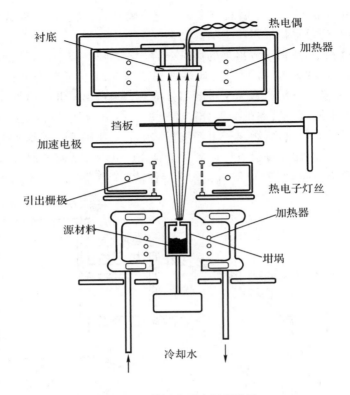

图 3-22 簇团离子束沉积装置

离子浓度非常大时,由于受到衬底物质本身固溶度的限制,将有过剩的原子析出来,这时注入离子将和衬底物质元素发生化学反应,形成化合物或合金薄膜。如对 Zn 金属片注入大量的氧离子,可在金属表面形成 ZnO 半导体薄膜。离子注入可在低温下进行,所形成的薄膜质量很好,同时还可控制入射离子的能量大小、束流强度和时间等,因而成为研究薄膜的良好工艺手段。

§3.5 溅射技术的应用

3.5.1 溅射生长过程

如前所述,溅射技术有多种不同的分类方法,它们之间的组合会产生很多新的类型。例如,阴极(直流)溅射、磁控溅射和反应溅射结合起来为直流反应磁控溅射(DCRMS),同样也有射频反应磁控溅射(RFRMS),这两种方法是目前最为常用的溅射技术。溅射技术可用于制备金属、合金、氟化物、氧化物、硫化物、硒化物、碲化物、Ⅲ－Ⅴ族和Ⅲ－Ⅳ族元素的化合物,以及硅化物(如 Cr_3Si、$MoSi_2$、$TiSi_2$)、碳化物(如 SiC、WC)和硼化物(如 CrB_2、TiB)等薄膜。例如,ZnO 是一种Ⅱ-Ⅵ族宽禁带化合物半导体材料,室温下禁带宽度为 3.37eV,在光电、压电、热电、铁电等诸多领域具有优异的性能,具有广阔的应用前景。磁控溅射是制备 ZnO 薄膜的主要方法之一。本节以直流反应磁控溅射沉积 ZnO 薄膜为例[22],介绍溅射法生长半导体薄膜的工艺过程和薄膜的性能特征。

图 3-23 为实验所用的一种 S 枪型直流反应磁控溅射设备示意图[22]，它由真空系统、供气系统、反应室系统和测量控制系统等四部分组成。(1)真空系统，由机械泵和油扩散泵组

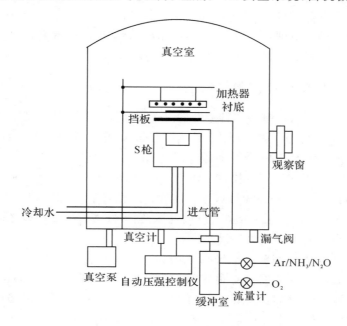

图 3-23 S 枪型直流反应磁控溅射系统

成，机械泵的极限真空度为 10^{-1} Pa，扩散泵的极限真空度为 10^{-4} Pa。(2)供气系统，两路高纯气体(纯度均为 99.99%)经缓冲室充分混合后引入到真空室，一路是 Ar、NH_3 或 N_2O，另一路是 O_2。(3)反应室系统，由衬底加热器、样品架、挡板和 S 枪组成。衬底加热器为盘状600W 的电阻丝，用石英玻璃管封闭而成；样品架紧贴衬底加热器下方，距离 S 枪上的靶面约 6cm 左右，样品架与靶面之间有一挡板；衬底朝下放置，可以有效防止大颗粒在衬底上的沉积，提高薄膜质量；S 枪装置如图 3-15(d)所示。(4)测量控制系统，主要用来测量和控制溅射过程中的气压、溅射功率、衬底温度等生长参数，反应室真空度测量仪为热偶真空硅管(低真空)和电离真空硅管(高真空)，并由复合真空计控制；衬底温度由温度调节器来控制；溅射电压和电流由调压器调节。

ZnO 薄膜生长过程依赖于相应的工艺参数，这里我们列举一种具体的生长过程。(1)装靶材和衬底，将靶材和清洁衬底固定在相应的架上，调整衬底样品架位置，使衬底与靶面对准，并保持大约 6cm 的距离，降下真空罩；(2)开冷却水，打开冷却水开关，溅射过程中需要冷却的部件包括油扩散泵、S 枪、真空罩和机械泵；(3)系统抽真空，开启机械泵抽低真空，同时预热扩散泵，扩散泵加热大约 50min，系统真空度高于 5Pa 以后，打开高真空阀，用扩散泵抽高真空，约 30min 后系统真空度达到 5×10^{-3} Pa 以上；(4)通入气体，当生长室真空度高于 5×10^{-3} Pa 时，通入工作气体，共两路气体，一路为 Ar 或 NH_3 或 N_2O，另一路为 O_2，其分压分别用气体流量计控制，两路气体混合均匀后，旋开进气阀门使气体通入生长室，调节生长室中气体压强至 3~5Pa；(5)衬底加热，生长室气压趋于稳定时，加热衬底，温

度在室温～700℃之间；(6)预溅射，衬底温度到达设定值后，开始预溅射，除去靶材表面污染物，调节溅射功率为 36～54W，并稳定下来，预溅射时间一般为 10～15min；(7)溅射成膜，当辉光稳定后，旋开挡板，开始正式的溅射成膜过程，溅射时间一般为 30min；(8)取出试样，溅射完毕后，关闭溅射电源、衬底加热电源和气源，再抽真空 20～30min 后关闭高真空阀和机械泵，以防止扩散泵油倒流到真空罩内，最后关闭冷却水，冷却至室温时，升起真空罩取出试样；(9)试样保存，将试样放在样品盒中，置于干燥器中保存。

3.5.2　溅射生长 ZnO 薄膜的性能

利用 DCRMS 系统，可以制备多种掺杂的 ZnO 薄膜材料，包括本征 ZnO(i-ZnO)[23,24]、n 型 ZnO(Al、Ga、In 等为施主掺杂剂)[25—27]、p 型 ZnO(如 N 掺杂、Al-N 共掺杂、In-N 共掺杂等)[28—33]、ZnMgO 和 ZnCoO 合金薄膜等[34—36]。ZnO 薄膜通常在高纯 Ar(99.99%)和 O_2(99.99%)的混合溅射气氛下生长，Ar 和 O_2 分压比可予以优化(如 1∶4)，生长温度可根据需求来设定(常用的为 200～500℃)，可采用硅、蓝宝石、石英和玻璃等多种衬底，靶材为纯 Zn 金属片，改变靶材的成分或者通入反应气体，则可以溅射生长掺杂 ZnO 薄膜以及 ZnO 基合金薄膜，具体可参阅上述相关文献。

图 3-24 为所得的 ZnO 薄膜典型 X 射线衍射(XRD)图谱[22]，图中仅有一个衍射峰，即 ZnO 的(002)峰。ZnO 薄膜通常具有很好的 c 轴择优取向，即便在非晶衬底(如玻璃)上也是如此。图 3-25 为 ZnO 薄膜的原子力显微镜(AFM)和扫描电子显微镜(SEM)图像。溅射得到的 ZnO 薄膜晶粒尺寸大小均一，分布均匀，具有规则的六方晶面，没有明显的孔洞和缺陷。从薄膜的 SEM 截面图还可以看到，薄膜由柱状结构紧密排列而成，晶粒沿垂直于衬底方向生长，这与 XRD 的结果相一致。

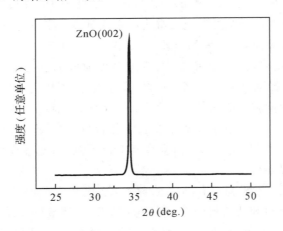

图 3-24　溅射 ZnO 薄膜典型的 XRD 图谱

图 3-26(a)为 ZnO 薄膜纵向剖面的透射电子显微镜(TEM)图像[22]，衬底为 Si(100)，可以观察到明显的柱状晶形貌，由图还看出 ZnO 与 Si 衬底之间有一层厚度均匀的膜，是 Si 衬底在溅射生长 ZnO 之前或生长过程中氧化而成的一层氧化硅。从上面的分析可知，溅射得到的 ZnO 薄膜是由许多垂直于衬底的六方柱状晶粒紧密排列而成的多晶。图 3-26(b)和(c)为 ZnO 薄膜单个晶粒的选区电子衍射(SAED)图像和高分辨电镜(HRTEM)图像，可以

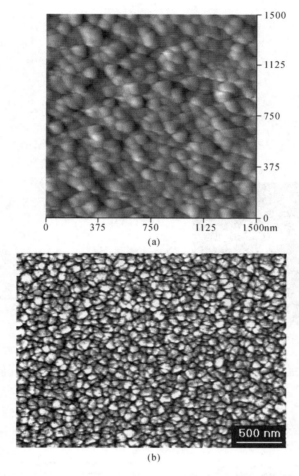

图 3-25　溅射 ZnO 薄膜的 AFM(a)和平面 SEM(b)图像

观察到完美的 ZnO 晶体电子衍射图案,HRTEM 也显示出 ZnO 的晶格图像,这些表明柱状晶内部的结晶状态与单晶一样,换而言之,虽然整个 ZnO 薄膜为柱状多晶结构,但单个 ZnO晶粒则呈单晶状态。当然,柱状晶之间的晶界区域结晶质量会差一些,存在一些缺陷。

　　ZnO 具有很好的成膜特性,在玻璃非晶衬底上依然可以得到结晶良好的 ZnO 柱状晶薄膜结构。图 3-27 所示为在非晶衬底上 ZnO 薄膜的溅射生长过程模型[22,37,38],它分为五个阶段:(1)溅射 Zn 粒子物理吸附于衬底表面,具有较高的能量,极易与氧发生反应生成 ZnO粒子,在衬底上迁移、扩散甚至是脱附,当它与其他溅射粒子或扩散粒子结合而达到临界尺寸后,形成稳定的"晶核";(2)随着溅射的继续,"晶核"数量不断增多,尺寸不断长大,形成小岛,由于此时尚未覆盖满衬底,为异质生长,所需形成能较大,结晶困难,所以 ZnO 多呈非晶形态,如图3-27(a)所示;(3)随着岛的不断长大和结合,衬底表面被 ZnO 覆盖,之后 ZnO 为同质生长,形成能降低,因而 ZnO 有足够的能量进行结晶,在先前形成的非晶 ZnO 层上形成多晶形态的 ZnO,但此时 ZnO 为随机取向,没有明显的柱状结构,如图3-27(b)所示;(4)ZnO 的(002)面为密排面,该晶面的表面自由能最低,稳定性好,生长速率快,因而在随机取向的多晶 ZnO 层上会在某一些点出现(002)面的快速生长,即 c 轴沿垂直于衬底表面的方

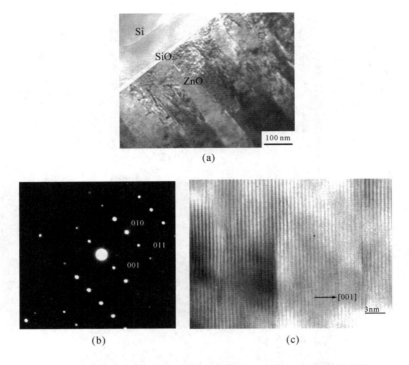

图 3-26　ZnO/Si(100)的 TEM 剖面图像(a)、ZnO 薄膜柱状晶粒
内部区域的 SAED 图像(b)与 HRTEM 图像(c)

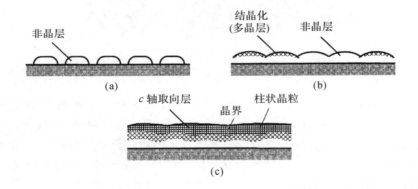

图 3-27　磁控溅射沉积 ZnO 薄膜的生长模型

向迅速长大,其生长速率明显快于与衬底表面平行的方向,从而形成柱状晶结构,若 c 轴生长过快,则最终形成的 ZnO 薄膜表面粗糙度会较大,反之表面则较为平整;(5)随着生长过程的继续,柱状晶不断长大,不同的晶粒互相接触形成晶界,而单个的柱状晶粒内部则为单晶形态,该阶段如图 3-27(c)所示。在单晶衬底上生长 ZnO 薄膜,其生长模式与此大致相同,只是其中的非晶和随机取向多晶的过渡层更薄,当然,也可能根本不存在非晶过渡层。

　　对于溅射技术而言,影响薄膜结构和性能的两个关键参数是工作气体压强和生长温度。Movchan 和 Demchishin 等人[39]提出了溅射薄膜的结构模型。Thornton 通过研究发现该模型对很多溅射的金属薄膜都适用[40,41]。Song 等人将该结构模型进行完善应用于射频磁控溅射的 ZnO 薄膜[42]。利用直流反应磁控溅射制备的 ZnO 薄膜其结构也可以用该模型来描述,图 3-28 为模型示意图。根据 T/T_m(T 为衬底或生长温度,T_m 为 ZnO 熔点 2250K)和 P_{Ar}(Ar 气的压强)不同,可分为四个区域。在一定的 Ar 气压强下,随着衬底温度的升高,ZnO 薄膜的结构有很大的变化。以 $P_{Ar}=1$Torr 为例,当 $T/T_m<0.1$ 时,ZnO 薄膜处于区域 I,是由锥形晶粒组成的多孔结构,晶粒之间有空洞;当 $T/T_m=0.1\sim0.4$ 时,ZnO 薄膜处于区域 II,是由密排纤维晶粒组成的过渡结构;当 $T/T_m=0.4\sim0.8$ 时,ZnO 薄膜处于区域 III,是由柱状晶粒密排而成的多晶结构;当 $T/T_m>0.8$ 时,ZnO 薄膜处于区域 IV,是再结晶形成的晶粒结构,晶粒一般比较大。当 P_{Ar} 改变时,各个区域 T/T_m 的临界值也会发生变化,但随着 T 的升高,都会经历这四个区域。利用磁控溅射制备的 ZnO 薄膜,若处于区域 III,则性能一般较好。

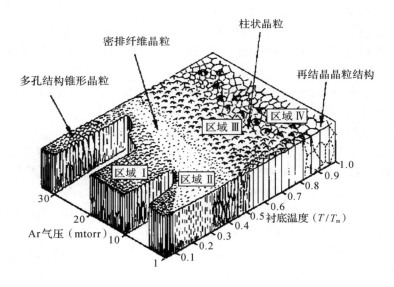

图 3-28　溅射 ZnO 薄膜的结构模型

参考文献

[1] W. R. Grove. Phil. Trams. Roy. Soc. London 142, 87(1852).

[2] 田民波,刘德令编译.薄膜科学与技术手册.北京:机械工业出版社(1991).

[3] 顾培夫.薄膜技术.杭州:浙江大学出版社(1990).

[4] 严一心,林鸿海.薄膜技术.北京:兵器工业出版社(1994).

[5] 王力衡,黄运添,郑海涛.薄膜技术.北京:清华大学出版社(1991).

[6] 杨邦朝,王文生.薄膜物理与技术.成都:电子科技大学出版社(1994).

[7] 叶志镇.磁控溅射技术在光学薄膜中的应用研究(博士学位论文).浙江大学(1987).

[8] 叶志镇.材料科学与工程 7(1),26(1989).

[9] R. V. Stuart, G. K. Wehner. J. Appl. Phys. 33, 2345(1962).

[10] B. M. Gurmin，T. P. Martynenko，Ya. A. Ryzkov. Fiz. Tverd Tela 10，411 (1968).

[11] R. S. Nelson. Phil. Mag. 11，291(1965).

[12] 田民波，崔福斋. 物理 3，177(1987).

[13] 田民波，崔福斋. 物理 4，232(1987).

[14] R. Behrisch(Ed). Sputtering by Ion Bombardment. Berlin：Springer(1981).

[15] P. J. Clarke. US Patent. 3616450 (1971).

[16] G. S. Anderson，W. N. Mayer，G. K. Wehner. J. Appl. Phys. 33，2991(1962).

[17] P. D. Davidse，L. I. Maissel. J. Appl. Phys. 37，574(1966).

[18] D. M. Mattox. J. Appl. Phys. 34，2493(1963).

[19] D. M. Mattox. Electrochem. Technol. 2，295(2964).

[20] 村山洋一，松本政之，柏本邦宏. 应用物理 42，687(1974).

[21] Y. G. Wang，S. P. Lau，H. W. Lee，et al. J. Appl. Phys. 94，1597(2003).

[22] 吕建国. ZnO 半导体光电材料的制备及其性能的研究(博士学位论文). 浙江大学 (2005).

[23] 李剑光，叶志镇，赵炳辉，等. 半导体学报 17，877(1996).

[24] 叶志镇，陈汉鸿，刘榕，等. 半导体学报 22，1015(2001).

[25] Z. Z. Ye，J. F. Tang. Appl. Optics 28，2817(1989).

[26] J. G. Lu，Z. Z. Ye，Y. J. Zeng，et al. J. Appl. Phys. 100，073714(2006).

[27] Q. B. Ma，Z. Z. Ye，H. P. He，et al. J. Cryst. Growth 304，64(2007).

[28] Z. Z. Ye，J. G. Lu，H. H. Chen，et al. J. Cryst. Growth 253，258(2003).

[29] J. G. Lu，Z. Z. Ye，F. Zhuge，et al. Appl. Phys. Lett. 85，3134(2004).

[30] G. D. Yuan，Z. Z. Ye，L. P. Zhu，et al. Appl. Phys. Lett. 86，202106(2005).

[31] F. Zhuge，L. P. Zhu，Z. Z. Ye，et al. Appl. Phys. Lett. 87，092103(2005).

[32] L. L. Chen，J. G. Lu，Z. Z. Ye，et al. Appl. Phys. Lett. 87，252106(2005).

[33] L. L. Chen，Z. Z. Ye，J. G. Lu，et al. Appl. Phys. Lett. 89，252113(2006).

[34] Z. Z. Ye，D. W. Ma，J. H. He，et al. J. Cryst. Growth 256，78(2003).

[35] Y. Z. Zhang，J. H. He，Z. Z. Ye，et al. Thin solid films 458，161(2004).

[36] Y. M. Ye，Z. Z. Ye，L. L. Chen，et al. Appl. Surf. Sci. 253，2345(2006).

[37] M. Miura. Jpn. J. Appl. Phys. 21，264(1982).

[38] S. Hayamizu，H. Tabata，H. Tanaka，et al. J. Appl. Phys. 80，787(1996).

[39] B. A. Movchan，A. V. Demchishin. Phys. Met. Metallogr. 28，83(1969).

[40] J. A. Thornton. ，J. Vac. Sci. Technol. 11，666(1974).

[41] J. A. Thornton. J. Vac. Sci. Technol. 12，830(1975).

[42] D. Y. Song，A. G. Aberle，J. Xia. Appl. Surf. Sci. 195，291(2002).

第 4 章

化学气相沉积

§4.1 概　述

外延生长通常也简称外延,是半导体材料和器件制造的重要工艺之一。所谓外延生长,就是在一定条件下在单晶基片上生长一层单晶薄膜的过程,所生长的单晶薄膜称为外延层。外延技术是 20 世纪 60 年代初在硅单晶薄膜研究的基础上出现的,经过近半个世纪的发展,现在人们已经可以实现各种半导体薄膜一定条件下的外延生长。

外延技术解决了半导体分立元件和集成电路中的许多问题,大大提高了器件的性能。外延薄膜能较精确地控制其厚度和掺杂性能,这一特性促使半导体集成电路得到了迅速发展,进入了比较完善的阶段。硅单晶经切片、磨片、抛光等加工工艺,得到抛光片,就可以在其上制作分立元件和集成电路。但在许多场合这种抛光片仅作为机械支撑的基片,在它上面要首先生长一层具有适当导电类型和电阻率的单晶薄膜,然后才把分立元件或集成电路制作在单晶薄膜内。比如,这种方法被用于硅高频大功率晶体管的生产,解决了击穿电压与串联电阻之间的矛盾。晶体管的集电极要求具有高的击穿电压,而击穿电压决定于硅片p-n结的电阻率。为了满足这一要求,需用高阻材料。人们在重掺的 n^+ 型低阻材料上外延几到十几微米厚的轻掺杂高阻 n 型层,晶体管制作在外延层上,这样就解决了高击穿电压所要求的高电阻率与低集电极串联电阻所要求的低衬底电阻率之间的矛盾。

气相外延生长是最早应用于半导体领域的一种比较成熟的外延生长技术,它在半导体科学的发展中起了重要的作用,大大促进了半导体材料和器件的质量及其性能的提高。目前,制备半导体单晶外延薄膜的最主要方法是化学气相沉积(Chemical Vapor Deposition,简称 CVD)。所谓化学气相沉积,就是利用气态物质在固体表面上进行化学反应,生成固态沉积物的过程。CVD 技术可以生长高质量的单晶薄膜,能够获得所需的掺杂类型和外延厚度,易于实现大批量生产,因而在工业上得到了广泛的应用。在工业上,利用 CVD 制备的外延片常有一个或多个埋层,可以用扩散或离子注入的方式控制器件结构和掺杂分布;CVD 外延层的物理特性与体材料不同,外延层的氧和碳含量一般很低,这是它的优点。但是,CVD 外延层容易形成自掺杂,在实际应用中需要采取一定的措施来降低外延层的自掺杂。CVD 技术在某些方面仍然处于经验工艺状态,需要做更深入的研究,使其不断得到发展和完善。

CVD 的生长机理十分复杂,在化学反应中通常包括多种成分和物质,可以产生一些中间产物,而且有许多独立的变量,如温度、压强、气体流速等,外延工艺有许多前后相继、彼此连贯的步骤。要分析 CVD 外延生长的过程和机理,首先要明确反应物质在气相中的溶解度,各种气体的平衡分压,明确动力学和热力学过程;再者要了解反应气体由气相到衬底表面的质量输运,气流与衬底表面边界层的形成,生长成核,以及表面反应、扩散和迁移,从而最终生成所需的薄膜。在 CVD 的生长过程中,反应器的发展与进步起到了至关重要的作用,它很大程度上决定了外延层质量的高低。外延层的表面形态、晶格缺陷、杂质的分布和控制、外延层的厚度和均匀性直接影响了器件的性能及成品率。

在各种半导体材料的 CVD 工艺中,硅气相外延是十分成熟的[1-4]。本章将以硅化学气相沉积为例,详细讨论 CVD 的生长过程和机理;同时,结合 Si-Ge、SiC、GaAs、GaN、ZnO 等典型半导体材料,介绍各种不同的 CVD 外延生长技术。

§4.2 硅化学气相沉积

4.2.1 CVD 反应类型

CVD 生长,按生长设备可分为闭管和开管两种。

闭管外延是将源材料、衬底、输运剂一起放在一密封容器内,容器抽空或充气。图 4-1 (a)为一闭管系统示意图,源和衬底分别置于加热炉的不同温区处。在源区,输运剂与源材料作用,生成挥发性中间产物,由于衬底区(沉积区)的温度与源区不同,气相中的物质的分压也不相同,具有一定的压力差,它们通过对流和扩散输运到衬底区,在衬底区发生源区反应的逆反应,主要产物便沉积在衬底上,进行外延生长。反应产生的输运剂再返回到源区与源材料作用,如此不断循环使外延生长得以继续。早期的生长研究大多是在闭管系统内进行的[5]。这种系统设备简单,可以获得近化学平衡态的生长条件,而且能够得到与热化学性能相适宜的卤化物;但生长速度慢,装片少。目前,这种生长技术对于基础研究仍然有用,但在工业上却应用很少。

与此相对,开管系统应用得较多。开管外延是用载气将反应物蒸气由源区输运到衬底

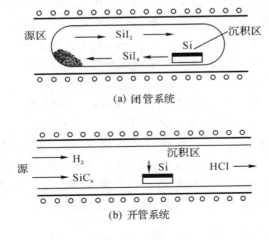

(a) 闭管系统

(b) 开管系统

图 4-1 闭管系统和开管系统的反应室示意图

区进行化学反应和外延生长,副产物则被载气携带排出系统。图 4-1(b)为一种开管 CVD 的示意图。开管法虽然也采用与闭管法相同的化学原理,但相对于闭管系统而言,开管系统中的化学反应偏离平衡态往往比较大。开管外延可在常压或低压条件下进行,反应剂的分压、掺杂剂的浓度等生长参数都可以很方便地加以控制,适于大批量生产,因此,它是工业中广泛使用的一种方法。

在硅 CVD 外延生长中,所利用的基本热化学过程共有三个类型:歧化反应、还原反应、热解反应,每种方法都有自己的优点和缺点。实际上,外延薄膜在真正生长时,常常是把上述热化学过程中的任何两种结合使用。

1. 歧化反应

歧化反应包含了二价卤化物的分解,SiX_2 分解为固态硅和气态形式的四价硅卤化物:

$$2SiX_2(g) \rightleftharpoons Si(s) + SiX_4(g) \tag{4-1}$$

式中 s 和 g 分别表示固态和气态;X 代表 F、Cl、Br、I 等 Ⅶ 族元素。低温时,反应向右进行;高温时,反应向左进行。大多数的闭管反应都是利用歧化反应,将单晶 Si 衬底放在沉积区,沉积固态 Si 就可以获得单晶外延薄膜。SiX_2 不是一种独立的化合物,而只是一种活性中间产物。歧化反应一般在密闭的多温区炉内进行(如图 4-1(a)所示)。对于大多数歧化反应而言,源区只有在高温下才能生成可进行歧化反应的中间产物,源区的反应器壁也要处于高温下,以避免在反应器上进行沉积。如 Si 和 I_2 生成 SiI_2 时,中间产物需要在 1150℃的高温下进行:

$$Si(s) + 2I_2(g) \xrightarrow{1150℃} SiI_4(g) \tag{4-2}$$

$$SiI_4(g) + Si(s) \longrightarrow 2SiI_2(g) \tag{4-3}$$

而在衬底区生成硅外延层的歧化反应只需在 900℃下即可进行:

$$2SiI_2(g) \xrightarrow{900℃} Si(s) + SiI_4(g) \tag{4-4}$$

歧化反应发生在低温、低压的近平衡条件下。利用低温低压外延,在重掺杂衬底上生长轻掺杂外延层,可以获得陡峭的掺杂过渡区。近平衡生长避免了硅衬底外来的成核作用,对硅的选择生长是有利的。但是歧化反应存在着一些根本性的缺点:为了在源区生成足够进行歧化反应的中间产物,要求气流流速要低,暴露给输运气体的源的表面积要大;歧化反应的反应效率比较低,源的利用率也不高;由于需要高温的源区和反应壁,增加了来自系统沾污的可能性;反应在闭管系统内进行,在生长过程中引入掺杂剂比较困难。因此,这项技术未能广泛应用在工业生产中。

2. 还原反应

还原反应是用还原剂还原含有欲沉积物质的化合物(大多数是卤化物)。这类反应的特点是具有正的反应热($+\Delta H$),因此它是在高温下进行的。通常用 H_2 作还原剂,同时也用它作载气,如用 H_2 作还原剂则称为氢还原反应。这类反应是典型的可逆反应,因而有较大的工艺适应性。

对于 Si 的外延,卤化物一般采用 $SiCl_4$ 或 $SiHCl_3$,用 H_2 作还原剂和载气。$SiCl_4$ 的氢还原反应是生长 Si 外延层的主要反应,整个反应可表示为:

$$SiCl_4(g) + 2H_2(g) \xrightleftharpoons{1150 \sim 1300℃} Si(s) + 4HCl(g) \tag{4-5}$$

该反应是吸热反应,需要在高温下进行,同时反应是可逆的,中间还包含有生成其他氯硅烷的副反应。

$SiHCl_3$ 也可以用于 Si 外延生长,不管是用于多晶 Si 生产还是单晶外延生长,其化学反应是相同的,有两种反应途径:

$$SiHCl_3(g) + H_2(g) \rightleftharpoons Si(s) + 3HCl(g) \tag{4-6}$$

$$2SiHCl_3(g) \rightleftharpoons Si(s) + SiCl_4(g) + 2HCl(g) \tag{4-7}$$

SiH_2Cl_2 由于成本高未被普遍使用。与 $SiCl_4$ 和 $SiHCl_3$ 相比,SiH_2Cl_2 的还原反应可以发生在较低温度下,反应时 H_2 作为携带气体掺入 SiH_2Cl_2 中,但实际反应并不包括 H_2:

$$SiH_2Cl_2(g) \rightleftharpoons Si(s) + 2HCl(g) \tag{4-8}$$

$SiCl_4$ 和 $SiHCl_3$ 常温下都是液体,一般以 H_2 作为载体,由鼓泡法将其携带到反应室。容器的温度和压力决定于硅源气体与载气 H_2 的体积比,要想维持稳定的生长速率,体积比必须保持恒定,使用 $SiCl_4$ 和 $SiHCl_3$ 所带来的问题是要维持一个恒定的温度。当 H_2 以鼓泡的形式通过液体时,由于蒸发作用使液体冷却。冷却使液体蒸气压降低,并减小硅源气体对氢气的体积比。根据理想气体状态方程:

$$n = PV/RT \tag{4-9}$$

式中,n 为气体的摩尔数;P 为压强;V 为体积;T 为温度;R 为摩尔气体常数。可以看到,维持硅源气体的蒸发速率,便可保持硅源气体与载气恒定的体积比。图4-2为维持其恒定比例的方法示意图[2,6]。该系统监控硅源液体的温度,同时自动调节鼓泡器内的压力,以便维持 P/T 的恒定比值。例如,当液体被冷却时,鼓泡器内的压力降低,温度随压力调节,可以维持一个恒定的 n 值。利用这种方法,由温度与压力之间的失配到控制以及在失配期间生长速率的变化可控制到小于 2%。

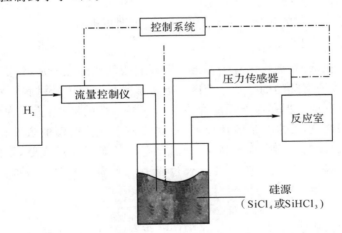

图 4-2　维持硅源气体与氢气恒定比例的方法示意图

由于还原反应本身的特点,采用还原反应进行外延生长时,一般采用简单的冷壁单温区反应器即可,这一点使得在反应器形状的设计、加热系统的选择及供气系统的构成、安装等方面有很大的灵活性。因为气体是稳定地被载气带入反应室的,其分压都是单独控制,所以可以提高载气的流速,为利用大容量系统进行外延生长提供条件,这种系统能够在整个沉积区内实现比较均匀的外延生长。此外,这类反应都是可逆的,可以通过改变生长温度、反应物的分压或加入反应物来控制反应平衡的移动,还可以利用反应的可逆性在外延生长之前对衬底进行原位气相腐蚀,以及用来在深而窄的沟槽内进行平面化的外延沉积[7]。

3. 热解反应

某些元素的的氢化物和金属有机化合物在高温下是不稳定的,它们将发生分解,得到的产物可以沉积为薄膜,这种反应是不可逆的。1963 年,Joyce 等首先使用硅烷高温热分解法进行外延生长[8],生成硅薄膜:

$$SiH_4(g) \longrightarrow Si(s) + 2H_2(g) \tag{4-10}$$

实际上,上述反应并非一步完成的,它是一个多步分解的过程:

$$SiH_4(g) \longrightarrow SiH_3^- + H^+ \tag{4-11}$$

$$SiH_4(g) \longrightarrow SiH_2^= + 2H^+ \tag{4-12}$$

$$SiH_2^= \longrightarrow SiH^= + H^+ \tag{4-13}$$

$$SiH^= \longrightarrow Si(s) + H^+ \tag{4-14}$$

$$H^+ + H^+ \longrightarrow H_2(g) \tag{4-15}$$

对于多晶硅的沉积,生长温度可低至 600℃;对于单晶硅外延生长,生长温度也是比较低的,为 850℃。当需要低温工艺时,硅烷可作为理想的硅源来使用。

热解反应的主要优点是能够在低温下实现外延生长;当然,在低温下进行外延生长也有可能导致外延层的质量不够理想。热解反应是不可逆的,而且不存在卤化物的气相腐蚀作用,因而对衬底的腐蚀不严重,这对异质外延生长尤为有利。热解法存在的主要问题是气态反应物的纯度、成本和安全使用等,这些方面有待于进一步提高和完善。

表 4-1 显示了外延用的各种硅源气体及其基本物理性质[2]。目前以 $SiCl_4$ 源应用最广。对亚微米外延,急需降低沉积温度,必须选择合适的生长源。从高速、低温的观点,硅烷比其他源好,硅烷是亚微米、无缺陷外延的理想源,但是极少量空气参与会与 SiH_4 反应产生 SiO_2 微粒,这对器件不利。在氯硅烷的还原反应中,均有副产物 HCl,但它可去除金属杂质(如 Fe^{3+} 等),这对器件性能是有益的。

表 4-1　CVD 外延用的各种硅源气体的性质

性　　质	$SiCl_4$	$SiHCl_3$	SiH_2Cl_2	SiH_4
常温常压下的形态	液体	液体	气体	气体
沸点(℃)	57.1	31.7	8.2	−112
熔点(℃)	−68	−127	−122	−185
分子量	169.9	135.5	101.0	32.1
源中含硅量(重量%)	16.5	20.7	27.8	87.5
最佳生长温度(℃)	1150~1200	1100~1150	1050~1150	1000~1100
最大生长速率(μm/min)	3~5	5~10	10~15	5~10
在空气中的性质	发烟,氯气味	发烟,氯气味	自燃,氯气味	自燃
高温热分解	小	小	中	大
外延气氛允许含量(ppm)	5~10	5~10	5	2

4.2.2　CVD 热力学分析

对 CVD 体系进行热力学计算与分析工作,对气相外延生长反应的选择、反应器的设计和最佳工艺条件的确定等方面都具有一定的指导意义。对于使用 CVD 方法进行的外延生

长,可利用热化学数据来判断采用何种反应。假设反应为一可逆反应:

$$2A(g)+B(g) \Longleftrightarrow 3C(g)+D(s) \tag{4-16}$$

反应的平衡常数为

$$K_p = \frac{P_C^3 a_D}{P_A^2 P_B} \tag{4-17}$$

式中,P_A、P_B、P_C 分别为气体 A、B、C 的分压;$a_D=1$,为固体 D 的活度。在沉积区 A 和 B 最好能充分作用,生成尽可能多的 C 和 D;在源区则相反。利用 K_p 可判断反应进行的方向:如果 $\lg K_p$ 是很大的正值,则反应向右进行,有利于沉积的进行;如果 $\lg K_p$ 是很大的负值,则反应向左进行,适合源区的要求。

对简单反应

$$A(g) \Longleftrightarrow C(g)+D(s) \tag{4-18}$$

其平衡常数和转化率直接相关。若转化率为 99.9%,则有

$$\lg K_p = \lg \frac{P_C}{P_A} = \lg \frac{0.999}{0.001} \approx +3 \tag{4-19}$$

一般来说,对不同的反应其转化率可能有较大的差别,有些可达 99% 以上,有些其转化率可能仅为百分之几。总的来说,如果沉积区 $\lg K_p \geqslant 3 \pm 4$,源区 $\lg K_p \leqslant -3 \pm 4$,可以认为该反应的转化率是比较高的。

在实际外延生长中,对外延反应的选择是很复杂的。除了考虑上述化学热力学因素外,还应对生长动力学、晶体完整性、合成化合物、两平行反应间的差异、反应物与衬底作用、腐蚀性和安全性等多种因素作全面的综合考虑,才能做出恰当的选择。

平衡分压是最重要的热力学参数之一,在 CVD 系统的化学反应中,指的是在给定的温度和压强下处于一种暂时平衡状态时的各种气体(反应气体、生成气体)的分压。要分析各种气体的平衡分压,必须首先明确反应室中的化学反应方式和存在的气体种类。对于复杂的化学平衡计算,主要有两种方法:自由能最小化方法和质量作用定律方程组法,下面分别予以介绍。

1. 自由能最小化方法

自由能最小化方法也称为平衡分压计算方法,可以利用计算机来处理,也就是利用计算机迭代技术逼近系统的自由能[9,10]。该方法需要把可能存在于该系统的气体物种、标准生成焓、标准熵、各物种热容量的温度函数等参数输入计算机,根据设定的程序,利用迭代法便可以对化学平衡进行计算。表 4-2 列出了 Si-Cl-H 系统中各种蒸气的平衡分压[2],其中总压强为 0.1MPa,Cl 和 H 的分压比为0.1[10,11]。值得指出的是,在低温下没有硅沉积时,$SiCl_4$、$SiHCl_3$ 占优势;而高温下有大量硅沉积时,$SiCl_2$、$SiCl_3$ 占优势。因而对于 Si 沉积和外延生长来说,$SiCl_2$ 和 $SiCl_3$ 为重要的中间产物。

2. 质量作用定律方程组法

这种方法首先是确定在该系统中起主要作用的物质,据此建立一组相关的化学反应方程式,列出反应中各物质摩尔分数或平衡分压与平衡常数 K 之间关系方程[11,12]。平衡常数可通过系统的标准自由能(ΔG)计算

$$\Delta G = (\Delta H - T\Delta S) = -RT\ln K \tag{4-20}$$

式中,ΔH 为系统的形成焓;ΔS 为生成熵;R 为气体普适常数;T 为绝对温度。

表 4-2 Si-Cl-H 系统中各种蒸气的平衡分压 （单位：MPa）

蒸气种类	1000K	1200K	1400K	1600K
H_2	9.3×10^{-2}	9.18×10^{-2}	8.81×10^{-2}	8.75×10^{-2}
HCl	1.07×10^{-3}	3.97×10^{-3}	8.63×10^{-3}	9.02×10^{-3}
$SiCl_4$	3.03×10^{-3}	2.44×10^{-3}	1.22×10^{-3}	1.43×10^{-4}
$SiHCl_3$	1.88×10^{-3}	1.52×10^{-3}	8.89×10^{-4}	2.46×10^{-4}
SiH_2Cl_2	1.43×10^{-4}	1.37×10^{-4}	1.03×10^{-4}	3.07×10^{-5}
SiH_3Cl	5.33×10^{-6}	6.23×10^{-6}	5.88×10^{-6}	2.01×10^{-6}
SiH_4	5.70×10^{-8}	8.20×10^{-8}	9.77×10^{-8}	9.00×10^{-8}
$SiCl_2$	6.62×10^{-6}	1.53×10^{-4}	1.10×10^{-3}	3.30×10^{-3}
$SiCl_3$	3.53×10^{-5}	—	—	4.38×10^{-3}

近年来，采用原位测量等技术分析了 Si-Cl-H 体系 CVD 外延生长的气相成分，其中主要有 8 种物质：$SiCl_4$、$SiHCl_3$、SiH_2Cl_2、$SiHCl_3$、SiH_4、$SiCl_2$、H_2、HCl。要计算硅 CVD 体系达到平衡时这 8 种物质的含量，需要 8 个独立的线性和非线性方程。其中 6 个可由这些物质间的化学反应平衡方程式得出：

$$Si(s) + 4HCl(g) \Longleftrightarrow SiCl_4(g) + 2H_2(g)$$

$$K_{SiCl_4} = \frac{P_{SiCl_4} P_{H_2}^2}{a_{Si} P_{HCl}^4} \tag{4-21}$$

$$Si(s) + 3HCl(g) \Longleftrightarrow SiHCl_3(g) + H_2(g)$$

$$K_{SiHCl_3} = \frac{P_{SiHCl_3} P_{H_2}}{a_{Si} P_{HCl}^3} \tag{4-22}$$

$$Si(s) + 2HCl(g) \Longleftrightarrow SiH_2Cl_2(g)$$

$$K_{SiH_2Cl_2} = \frac{P_{SiH_2Cl_2}}{a_{Si} P_{HCl}^2} \tag{4-23}$$

$$Si(s) + HCl(g) + H_2(g) \Longleftrightarrow SiH_3Cl(g)$$

$$K_{SiH_3Cl} = \frac{P_{SiH_3Cl}}{a_{Si} P_{HCl} P_{H_2}} \tag{4-24}$$

$$Si(s) + 2HCl(g) \Longleftrightarrow SiCl_2(g) + H_2(g)$$

$$K_{SiCl_2} = \frac{P_{SiCl_2} P_{H_2}}{a_{Si} P_{HCl}^2} \tag{4-25}$$

$$Si(s) + 2H_2(g) \Longleftrightarrow SiH_4(g)$$

$$K_{SiH_4} = \frac{P_{SiH_4}}{a_{Si} P_{H_2}^2} \tag{4-26}$$

式(4-21)～式(4-26)各平衡常数可由式(4-20)计算得到。为了准确，计算中的热力学数据要仔细选择。图 4-3 给出了 Si-Cl-H 体系各物质的自由能 ΔG 随温度 T 的变化曲线[2,9,13]，由图可近似估计各个温度下的 K 值。

对于多组分体系，一般采用组分分压比的形式来表示浓度。在 Si 外延体系中，Cl 原子和 H 原子质量是守恒的，其比例由输入体系的初始分压决定。把所有的氯化物的分压加起来，并指定和为氯的分压 P_{Cl}；纯氢和氢化物的分压之和作为氢的分压 P_H。

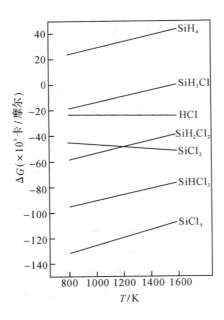

图 4-3 Si-Cl-H 体系中各物质自由能随温度的变化关系

$$\frac{P_{Cl}}{P_{H}} = \frac{4P_{SiCl_4} + 3P_{SiHCl_3} + 2P_{SiH_2Cl_2} + P_{SiH_3Cl} + 2P_{SiCl_2} + P_{HCl}}{2P_{H_2} + P_{SiHCl_3} + 2P_{SiH_2Cl_2} + 3P_{SiH_3Cl} + 4P_{SiH_4} + P_{HCl}} = \frac{(P_0)_{Cl}}{(P_0)_{H}} \tag{4-27}$$

式中,$(P_0)_{Cl}$、$(P_0)_H$ 为氯和氢的初始分压。此外,CVD 体系总的压力一定,设为 P_0,则有:

$$P_{SiCl_4} + P_{SiHCl_3} + P_{SiH_2Cl_2} + P_{SiH_3Cl} + P_{SiH_4} + P_{SiCl_2} + P_{H_2} + P_{HCl} = P_0 \tag{4-28}$$

从而,式(4-21)~式(4-28)共 8 个线性和非线性方程组,原则上可以用迭代法计算出每一种物质的量。

CVD 体系中,在一定的条件(如温度、压强和 P_{Cl}/P_H 比值)下,可认为所有含硅气体平衡分压之和是硅在气相中的溶解度。例如,在 $SiCl_4$ 作为输入气体的系统中,图 4-4 为 Si-Cl-H 体系在总压为 1atm、输入组分 $P_{Cl}/P_H = 0.1$ 时,各组分平衡分压随温度的变化情况[3,14]。在此情况下,Si 的溶解度可表示为:

$$P_{Si} = P_{SiCl_4} + P_{SiHCl_3} + P_{SiH_2Cl_2} + P_{SiH_3Cl} + P_{SiCl_2} + P_{SiCl_3} \tag{4-29}$$

由图可知,当温度 $T < 1200K$ 时,P_{SiCl_4} 基本不变,表明由 $SiCl_4$ 生成 Si 的反应进行的很少;当 $T > 1200K$ 时,反应变得明显,P_{SiCl_4} 迅速下降,与此同时,其他副产物 P_{HCl}、P_{SiCl_2} 的量上升,Si 的沉积量也增加。在不同的总压强下,Si 在气相中的溶解度是不一样的。

图 4-5 给出了在 $P_{Cl}/P_H = 0.06$ 的情况下,对于三种不同的总压强,硅在气相中作为温度函数的溶解度曲线[2,15]。在硅 CVD 外延生长中,输入的氯硅烷分压与硅在气相中溶解度之差称之为 Si 在气相中的过饱和度。它可提供一些生长热力学、动力学和沉积形态方面的信息。过饱和度高,则淀积速率也高,此时薄膜很容易是多晶。在图 4-5 中,平衡分压可用来确定输入含硅气体的合适浓度(或分压),1200~1400K 温度范围内,从图中可以计算得到硅载气的溶解度是总压强的 1.8%~2.6%。为使硅析出,产生硅沉积,输入硅载气的分压应大于这些值。例如,在总压强 $P = 100kPa$ 下,当温度由 1100K 升到 1400K 时,Si 的溶解度由 0.46 降至 0.34,因而过饱和度增加,生长速率增加;但在总压强 $P = 10kPa$ 下,当温度

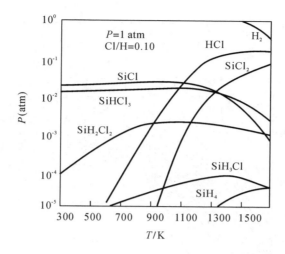

图 4-4　1atm 和 $P_{Cl}/P_H = 0.1$ 条件下平衡气相组成与温度的关系

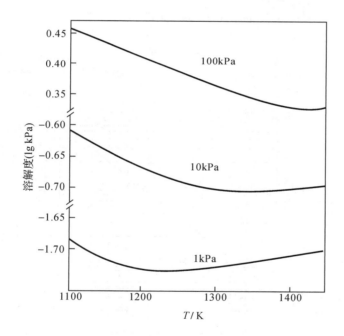

图 4-5　不同总压强下硅在气相中的溶解度与温度的关系曲线

由 1260K 升到 1400K 时,Si 的溶解度几乎保持不变,因而过饱和度可以认为是一个常数,生长速率变化不大,这种情况下温度对生长速率影响减小。

　　作为温度函数的含硅气体的平衡分压,若把 P_{Cl}/P_H 比作为一个参量,解式(4-21)~式(4-28)的方程组,可以得到平衡时系统中各物质的量。平衡分压用硅氯比的形式(P_{Cl}/P_H)来表示。图 4-6 是一组作为温度函数的 P_{Si}/P_{Cl} 和 P_{Cl}/P_H 曲线[2,16]。图 4-7 为 SiHCl$_3$ 和 SiCl$_4$ 的蒸气压强随温度的变化曲线[2]。上述两图可用来估算实际外延生长过程中的过饱和度。如利用 H$_2$ 鼓泡法通过 −20℃ 恒温的 SiCl$_4$(盛在容器内)时,可由图 4-7 查,SiCl$_4$ 的

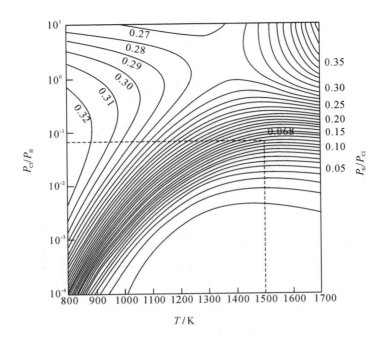

图 4-6　作为温度函数的 P_{Si}/P_{Cl} 和 P_{Si}/P_H 曲线（总压强＝0.1MPa）

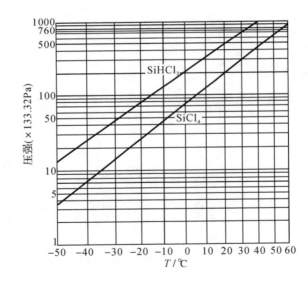

图 4-7　SiHCl$_3$ 和 SiCl$_4$ 的蒸气压随温度的变化曲线

蒸气压在－20℃时约为 25Torr，假定体系总压强为 760Torr，在 SiCl$_4$-H$_2$ 体系中，H$_2$ 的分压可认为是 760－25＝735Torr，则 P_{Cl}/P_H 可计算如下：

$$\frac{P_{Cl}}{P_H} = \frac{4P_{SiCl_4}}{2P_{H_2}} = \frac{4 \times 25}{2 \times (760 - 25)} = 0.068 \tag{4-30}$$

假设沉积发生在 T＝1500K，在图 4-6 中于 1500K 处作垂线，于 P_{Cl}/P_H ＝ 0.068 处作水平

线,交于一点,此处所对应的右侧坐标——$P_{si}/P_{Cl}=0.12$ 便为硅、氯分压比的平衡值。在 $SiCl_4$-H_2 的输入体系中,可以据此计算 $SiCl_4$ 氢还原沉积 Si 的转换效率 η,定义为

$$\eta=\frac{(P_0)_{si}/(P_0)_{Cl}-P_{si}/P_{Cl}}{(P_0)_{si}/(P_0)_{Cl}}\times100\% \tag{4-31}$$

式中,$(P_0)_{si}/(P_0)_{Cl}=1/4=0.25$。由此可得 $\eta=(0.25-0.12)/0.25\times100\%=52\%$。

图 4-5 和图 4-6 中的溶解度曲线对分析 Si-Cl-H 体系外延是很有好处的。当含硅气体的气压在溶解度曲线之上时,外延沉积 Si 薄膜;当含硅气体的气压在溶解度曲线之下时,外延沉积不会发生,这时反而会对硅衬底或先前沉积的 Si 外延层产生腐蚀作用。淀积速率强烈依赖于:P_{Cl}/P_H 比值、温度、压强。当 P_{Cl}/P_H 升高时,过饱和度降低,因而沉积速率降低;压强和温度对沉积速率也有很大的影响。最终这些因素都影响到下面讲到的生长动力学和反应机制。

4.2.3　CVD 动力学分析

应用气相外延制备外延片的质量和数量都与生长机构密切相关。因此了解气相外延生长动力学的基本过程和规律对外延工艺的选择、反应器的设计都具有重要意义。本节我们主要以开管系统为例对其过程进行讨论。

CVD 过程包含两个主要步骤:气体由空间到衬底表面的质量输送;包含吸附和脱附作用的表面反应、表面扩散并结合到晶格中。图 4-8 为 CVD 过程示意图,实际过程中更为细致的划分应包括更多的环节:(1)反应气体和载气运输到薄膜生长室;(2)反应气体扩散到基片衬底;(3)反应气体吸附;(4)发生物理、化学反应产生固体薄膜,同时形成一些反应副产物,这个过程包括固体原子沉积、表面扩散,并结合到晶格中去形成膜层;(5)反应副产物的解吸;(6)反应副产物扩散到主气流;(7)反应副产物排出系统。

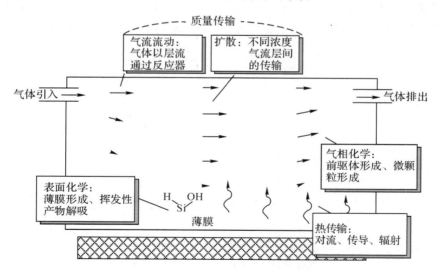

图 4-8　CVD 反应过程示意图

为了描述气体由空间到衬底表面的质量输送过程,人们提出了不同的模型,其中最为广泛接受的是边界层模型。图 4-9 为边界层形成的示意图。边界层的厚度(δ)指的是气流速

度由零增加到容器气流值的距离,也称为速度边界层(δ_V)。它是由反应器内混合体的流体动力学所确定,气体靠强迫对流流动。表征流动有雷诺数 Re:

$$Re = \rho V L / \eta \qquad (4\text{-}32)$$

式中,ρ 是混合气体的密度;V 是混合气体的流速;L 是水平反应器的长度;η 是流体粘滞度。从而可以求得边界层的厚度

$$\delta = 5L(1/Re)^{1/2} \qquad (4\text{-}33)$$

当混合气体的流速增大时,雷诺数增大,从而边界层厚度降低。理论和实验分析表明:$Re < 5400$ 时,气流结构是层流;$Re > 5400$ 时,气流结构是湍流[17]。

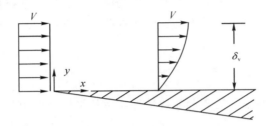

图 4-9　水平外延反应器中衬底上面速度边界层的形成

当载气携带反应剂通过基座上方时,远离基座的气流中反应剂的浓度是均匀的。而在基座和衬底上面,由于发生化学反应,消耗了反应剂,其浓度降低。这样,在其上方一薄层流体中,必然存在着一个浓度梯度的区域,而该区域处于速度边界层内,流体的流动速度很慢,故反应剂的传输主要由分子扩散的方式来实现,这样一个浓度梯度的薄层叫作扩散层或质量边界层(δ_C)。同样,对于发热的基座附近的流体,也存在着一个温度梯度剧烈变化的薄层,在这里热传输也主要靠分子扩散,而不是对流,这个薄层,叫作温度边界层(δ_T)。在通常水平外延反应器中的热基座上方,反应剂浓度、温度和气流速度的分布如图 4-10 所示[32]。

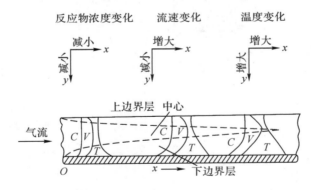

图 4-10　水平外延反应器中衬底上方反应剂浓度(C)、
气流速度(V)和温度(T)分布的剖面图

表面反应的第一步是衬底对各种气体的吸附作用,取决于平衡分压和温度。对于某一给定温度,被吸附的气体质量可以根据 Langmuir 等温线的理论计算出来,即通过该理论可以计算表面格点被占有的部分 Φ。表 4-3 列出了 Si-C-H 系统中在 Si(111) 面吸附微粒的平

衡覆盖范围[2,18]。表面吸附的主要有 Cl 原子和 H 原子，$\Phi = 0.2 + 0.63 = 0.83 = 83\%$；对于 $SiCl_2$ 则为 0.16。

表 4-3　Si-Cl-H 系统中在 Si(111) 面吸附微粒的平衡覆盖范围

气体种类	PC(10^5 N/cm^2)	Φ
H_2	10^{-6}	10^{-4}
HCl	2×10^{-4}	10^{-7}
$SiCl_4$	4	1.5×10^{-11}
$SiHCl_3$	30	1.7×10^{-10}
* $SiCl_2$	7×10^{-2}	0.16
Si	4×10^{-2}	3.1×10^{-7}
* Cl	2×10^{-1}	0.2
* H	10	0.63

　　图 4-11 为各种硅源的生长速率与温度的关系[52]。在低温区，受表面反应速率控制，因而在衬底表面反应剂过剩，生长速率随衬底温度变化很大；在高温区，受扩散速率控制，因而生长速率随温度变化很小，趋向于饱和。从图中可以判断，对某些特定物质，当温度小于一定值时，它的反应速率将为 0。表面反应速率控制和扩散速率控制生长区的转变随着硅源稳定性的提高逐渐向高温方向偏移，所以硅源的选择与生长速率有很大关系。在低温下，得到的是多晶薄膜；单晶薄膜的外延通常是在高温区。以 SiH_4 为硅源，可以在 800℃ 进行外延生长；而以 $SiCl_4$ 为硅源，外延生长必须在 1100℃ 以上才能进行。

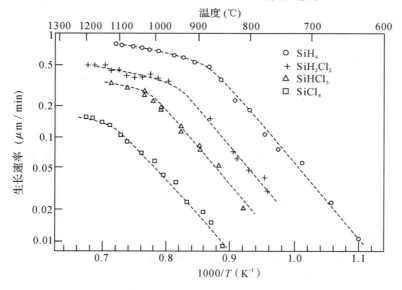

图 4-11　使用不同硅源时外延生长 Si 的速率与温度的关系

　　如果生长受速率步骤控制，那么 Si 沉积速率方程可以推导出来。当通过边界层的质量输运受速率步骤控制时，质量输运速率 J_b 可表示为

$$J_b = \frac{D}{RT} \frac{P_b - P_s}{\delta} \tag{4-34}$$

式中，D 是扩散系数；P_b 是气体中分压；P_s 是表面处分压；R 是气体普适常数；T 是绝对温

度;δ 是边界层厚度。

　　在表面反应中,如果吸附原子的机制是受速率步骤控制的话,那么表面吸附原子的质量输运流量 J_s 可表示为:

$$J_s = \frac{K_d}{RT}(P_s - P_{eq}) \tag{4-35}$$

式中,K_d 是质量输运系数;P_{eq} 是平衡分压。在稳态下

$$J_p = J_s = J \tag{4-36}$$

因而,有

$$\frac{P_b - P_s}{P_s - P_{eq}} = \frac{K_d\delta}{D} = N_{CVD} \tag{4-37}$$

N_{CVD} 称为 CVD 数[19],是一个无量纲量,这个数可用来描绘沉积过程。如 $N_{CVD} \gg 1$,即 D/δ 小,沉积速率由通过边界层的扩散作用所控制,称为扩散控制工艺;若 $N_{CVD} \ll 1$,由于 K_d 小,沉积速率被表面反应所控制,称为表面反应控制工艺;当 N_{CVD} 近似等于 1 时,工艺介于两种速率控制步骤之间。

　　由式(4-34)、式(4-35)和式(4-36)可导出:

$$J = \frac{P_b - P_{eq}}{RT(\delta/D + 1/K_d)} \tag{4-38}$$

这表明,质量输运速率是分压和温度的函数。扩散系数 D 可由下式计算得到

$$D = D_0 \frac{P_0}{P}\left(\frac{T}{T_0}\right)^{1.75} \tag{4-39}$$

式中,"0"表示基准点。边界层厚度 δ 也可由下式计算得到

$$\delta = 5\left(\frac{\eta RT}{\rho MV}X\right)^{1/2} \tag{4-40}$$

式中,M 是混合气体分子量;η 是混合气体的粘滞度;X 是沿外延基座的坐标。

　　最终速率方程是温度、压强、流速的函数:

$$J = \frac{K_d F^{1/2} T^m (P_b - P_s)}{P_{total}} \tag{4-41}$$

式中,F 为气流流速;m 为常数,经验值为 3/2,P_{total} 为总压强。该方程显示了 F 和 P_b 对沉积速率的影响,可以描绘由硅烷和氯硅烷所产生的 Si 沉积过程。

4.2.4　不同硅源的外延生长

1.硅烷外延生长

在 CVD 过程中,利用 SiH_4 进行硅沉积的总的方程式为:

$$SiH_4(g) \Longleftrightarrow Si(s) + 2H_2(g) \tag{4-42}$$

事实上,上述化学反应并非一步完成的,通常可以分为 5 个步骤[20]:

　　(1)容器气体内的硅烷通过边界层扩散;

　　(2)在硅衬底附近,硅烷发生分解:

$$SiH_4(g) \longrightarrow SiH_2(g) + H_2(g) \tag{4-43}$$

式中,SiH_2 为活性中间产物;

　　(3)表面吸附 SiH_2;

(4)SiH_2 扩散到硅表面扭折位置；

(5)H_2 脱附：

$$SiH_2(g) \longrightarrow Si(s) + H_2(g) \tag{4-44}$$

同时，Si 结合到硅晶格位置，完成外延生长。当 $T > 1000\,℃$ 时，在低压下，步骤(2)～(4)发生得非常迅速，而步骤(1)是速率控制步骤；在低温下，硅的表面大量覆盖有氢原子，因此含硅气体在表面的反应(步骤(5))是速率控制步骤。

生长速率 G 与反应速率常数和硅烷分压 P_0 的关系如下[17]：

$$G = K_1 P_0 / (1 + K_a P_0) \tag{4-45}$$

式中，P_0 为硅烷分压；K_1 为式(4-44)反应过程中，被吸附的 SiH_2 原子表面扩散速率常数，其中包括 H_2 解吸的速率；K_a 为 SiH_2 与基体表面晶格结合，吸附到基体表面过程中的吸附速率常数，表征了表面态的能量变化。在上述方程中，通常 K_a 很小，可忽略，因而上式可表述为

$$G = K_1 P_0 \tag{4-46}$$

即生长速率 G 与硅烷分压 P_0 成正比。但当硅烷分压很大时，生长速率会趋向于饱和。

生长速率还受到气体载体种类的影响。比如以 He、Ar 为载气，与 H_2 相比，二者的表面覆盖率较小，因而表面反应要比 H_2 增强许多。如果系统中有 HCl，则对生长速率有相反影响，因为此时硅饱和度降低，从而腐蚀增加。

以 SiH_4 为硅源进行 CVD 外延生长，利用的是热解反应，中间产物是 SiH_2。其实在系统中还会检测到 SiH_3 这一中间产物，但是量比较少，因而在简化的计算中，通常忽略不计。当 SiH_4 超过一定浓度(临界值)时，将产生 Si 粒，呈多面体形状，颗粒较细，均匀成核，然后细 Si 核吸附 SiH_4 产生表面反应，使颗粒尺寸增加。在低温或低压下，可使均相的体反应降低，非均相的表面反应增加，从而使 Si 粒得以细化。

2. 四氯硅烷外延生长

在 CVD 过程中，同 SiH_4 一样，$SiCl_4$ 硅沉积通常也可分为几个步骤，具体包括 6 个步骤：

(1)边界层扩散；

(2)在硅衬底附近，发生气相反应，对于 $SiCl_4$-H_2 体系，存在下述 5 种气相反应：

$$SiCl_4(g) + H_2(g) \Longleftrightarrow SiHCl_3(g) + HCl(g) \tag{4-47}$$

$$SiCl_4(g) + H_2(g) \Longleftrightarrow SiCl_2(g) + 2HCl(g) \tag{4-48}$$

$$SiHCl_3(g) + H_2(g) \Longleftrightarrow SiH_2Cl_2(g) + HCl(g) \tag{4-49}$$

$$SiHCl_3(g) \Longleftrightarrow SiCl_2(g) + HCl(g) \tag{4-50}$$

$$SiH_2Cl_2(g) \Longleftrightarrow SiCl_2(g) + H_2(g) \tag{4-51}$$

在这些气相反应中，均没有 Si 析出；

(3)表面吸附 $SiCl_2$；

(4)$SiCl_2$ 扩散到硅表面扭折位置；

(5)发生表面反应：

$$SiCl_2(g) + H_2(g) \Longleftrightarrow Si(s) + 2HCl(g) \tag{4-52}$$

$$2SiCl_2(g) \Longleftrightarrow Si(s) + SiCl_4(g) \tag{4-53}$$

(6)产物 HCl 和 $SiCl_4$ 脱附，同时 Si 结合到硅晶格位置，完成外延生长。

可以看出，在 $SiCl_4$-H_2 反应体系中，存在 $SiCl_4$、$SiHCl_3$、SiH_2Cl_2、$SiHCl_3$、H_2、$SiCl_2$、Si 7 种物质。当体系中 HCl 含量降低时，有利于 Si 的沉积；当 HCl 含量升高、H_2 含量降低时，反应是逆方向进行的，不利于 Si 的沉积。

3. 三氯硅烷外延生长

对于 $SiHCl_3$ 硅气源而言，CVD 外延沉积的步骤和 $SiCl_4$ 类似，只是具体反应机制有所不同。在 $SiHCl_3$-H_2 体系中，在 $700\sim1000℃$ 范围内发生下列反应沉积出 Si：

$$SiHCl_3(g)+H_2(g)\Longleftrightarrow SiH_2Cl_2(g)+HCl(g) \tag{4-54}$$

$$SiH_2Cl_2(g)\Longleftrightarrow Si(s)+2HCl(g) \tag{4-55}$$

当 $T>1000℃$ 时，生成 $SiCl_2$ 活性中间产物：

$$SiHCl_3(g)\Longleftrightarrow SiCl_2(g)+HCl(g) \tag{4-56}$$

$$SiCl_2(g)+2HCl(g)\Longleftrightarrow SiCl_4(g)+H_2(g) \tag{4-57}$$

上述 2 式为气相反应，Si 依然是在表面反应中产生：

$$SiCl_2(g)+H_2(g)\Longleftrightarrow Si(s)+2HCl(g) \tag{4-58}$$

$$2SiCl_2(g)\Longleftrightarrow Si(s)+SiCl_4(g) \tag{4-59}$$

4. 二氯硅烷外延生长

对于 SiH_2Cl_2 硅气源而言，CVD 外延沉积的步骤也和 $SiCl_4$ 类似，当然，具体反应机制有所不同。在 SiH_2Cl_2-H_2 体系中，一般的化学反应为：

$$SiH_2Cl_2(g)\Longleftrightarrow SiCl_2(g)+H_2(g) \tag{4-60}$$

$$SiCl_2(g)+H_2(g)\Longleftrightarrow Si(s)+2HCl(g) \tag{4-61}$$

图 4-12 为由射频加热卧式反应器所得到的生长速率随 SiH_2Cl_2 输入浓度变化的关系曲线[2,21]。曲线 A 所示为 $800℃$ 的生长温度，生长速率对浓度不敏感，反应由热力学控制；曲线 C 所示为 $1000℃$ 的生长温度，生长速率对浓度敏感，反应由质量输运控制；曲线 B 所示为 $900℃$ 的生长温度，反应机制比较复杂，介于二者之间。

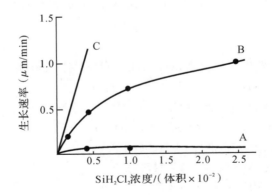

图 4-12　以 SiH_2Cl_2 为硅源外延生长速率随输入浓度变化的关系曲线
A：$800℃$、B：$900℃$、C：$1000℃$

4.2.5　成核

成核机制对于外延来说很重要。不同成膜技术有不同的成核机制，如蒸发、溅射等技术为岛状成膜机制,一般难以形成单晶;而 CVD 和 MBE 外延则较为容易形成单晶。在 CVD 中,气相中发生的为均相的体反应,称为均匀成核;固体表面发生的为非均相的表面反应,称为非均匀成核。在外延生长中,我们希望后者,而不希望前者,因为前者在气相中就有硅颗粒或团簇形成,将妨碍衬底上硅晶的生长。体反应一般在高过饱和度的情况下容易发生,因而可降低过饱和度,使表面反应得以优先发生。外延包括同质外延和异质外延,同质外延容易发生,而异质外延一般需要衬底和外延层晶格参数匹配或很相近。

1. 均匀成核

当硅粒子的核心已达到临界尺寸(临界核),均匀成核成为可能。若胚团小于临界核,则表面能大于成核形成能,此时晶胚是不稳定的。临界核半径 r^* 可表示如下:

$$r^* = \frac{2\mu V}{KT\ln(P/P_{eq})} \tag{4-62}$$

式中,P/P_{eq} 为硅过饱和度;V 为原子体积;μ 为特定表面自由能;K 为波尔兹曼常数;T 为绝对温度。可以看到,当硅过饱和度降低时,临界核半径增加;温度降低时,临界核半径也增加。因而需要低温低压生长,这样才能比较容易避免因体反应等引起的均匀形核。图 4-13 给出了硅烷产生均匀成核的临界分压与温度的关系曲线[2]。

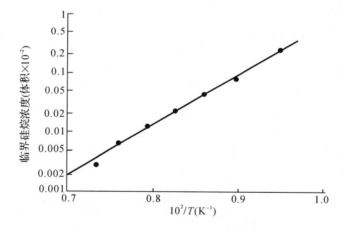

图 4-13　由硅烷产生均匀成核的临界分压与温度的关系

均匀成核速率可由下式求得:

$$\frac{dN}{dt} = C\exp(-\Delta F/KT) \tag{4-63}$$

式中,C 为常数;ΔF 为核形成自由能;K 为波尔兹曼常数;T 为绝对温度。可以看到,对于均匀成核所需的硅烷的临界分压,要求提高生长温度,降低过饱和度;对于均匀成核速率,则要求降低生长温度,增加过饱和度。

2. 非均匀成核

对于非均匀成核,衬底本身作为核心生长,临界核的概念是不存在的。非均匀成核的生长模型包括三个阶段:(1)平台吸附原子,如 Si,$SiCl_2$,$SiCl_4$,SiH_4 等;(2)原子迁移或扩散到微观表面台阶之上,这里的台阶可以来自晶格缺陷,如螺旋位错、低指数晶面近处的邻近面等;(3)原子沿台阶扩散或迁移到缺陷上,并结合到晶格中去。

　　Si(111)晶向的硅表面不包含台阶,称为奇异面。当在奇异面上沉积外延层时,达到平整和光滑生长是很难的,这就是所谓奇异面的不稳定性[22]。外延生长前需二维成核,先形成四面体结构的角锥体,这是因为平台与角锥体的表面提供了表面台阶,这样才能进行进一步生长。对于二维成核,侧向生长比较迅速[23],如以 SiCl₄ 为硅源,在 1200℃ 时,侧向与垂直方向生长速率之比为 2800∶1。但是当以 SiH₄ 为硅源时,则不发生侧向生长迅速的现象,易于成岛状,这是因为硅烷的高过饱和度抑制了大的侧向生长系数,可能导致均匀成核产生,从而外延层容易出现粗糙表面和多晶表面生长。稍微偏离奇异晶向便可形成单原子生长台阶,使得光滑平面生长成为可能,因而在实际生产中,对于(111)硅片,切片时通常朝(110)面偏 3～5°,从而获得稳定的平面生长。

　　在非均匀成核中,需要考虑吸附原子的吸附自由能 ΔF_{ad} 和表面扩散自由能 ΔF_d,因这些自由能不同,成核速率也大为不同,下面公式来表达成核速率 dN/dt 与自由能及有关参数的关系:

$$\frac{dN}{dt} = C\frac{\log S}{\sqrt{T}}P^2 \exp\left(\frac{2\Delta F_{ad} - \Delta F_d - \Delta F}{KT}\right) \tag{4-64}$$

式中,C 为常数;$S = P_0/P_{eq}$,为过饱和度;ΔF 为核形成自由能;K 为波尔兹曼常数;T 为绝对温度。其中,T、P、S 是外延生长参数,ΔF 与外延材料种类有关,ΔF_{ad} 和 ΔF_d 与衬底有关,因此非均匀成核强烈依赖于衬底材料。在给定的温度 T 和含硅气体分压 P_0 条件下,硅的非均匀成核速率 dN/dt 与衬底材料相关的快慢顺序为:单晶硅＞多晶硅＞氮化硅＞氧化铝(蓝宝石)＞二氧化硅。需要指出的是,式(4-64)只有当含硅气体的过饱和度超过非均匀成核的临界值时才是正确的。

　　在临界处,含硅气体的分压叫作临界分压 P_C,令 $dN/dt = 0$,可求得 P_C。临界分压随温度升高而升高,当 $T = 1420K$ 时,$P_C = 2 \times 10^{-3}Pa$;当 $T = 1530K$ 时,$P_C = 5 \times 10^{-3}Pa$。上述公式对于描述表面清洁度对外延的影响十分有用,在外延技术的选择上也会用到。表 4-4 显示了衬底材料和气氛对硅淀积速率的影响[2]。

表 4-4　衬底材料和气氛对硅淀积速率(μm/min)的影响

衬底	SiH₂Cl₂(1000℃)		SiCl₄(1050℃)	
	无 HCl	0.88％HCl	无 HCl	0.77％HCl
单晶硅	0.307	0.242	0.294	0.202
多晶硅	0.270	0.212	0.284	0.200
Si₃N₄	0.245	0.108	部分成核	无淀积
SiO₂	0.243	0.042	很少成核	无淀积

4.2.6　掺杂

　　半导体的特性可以通过掺杂得以改变,获得所需的电学参数,即导电类型(p 型或 n 型)和适当的电阻率。半导体器件的性能取决于掺杂剂浓度的准确控制以及掺杂剂浓度沿该外延层的纵向分布。

　　对于 Si 而言,n 型掺杂剂为 As 和 P,掺杂源为 AsH₃ 和 PH₃;p 型掺杂剂为 B,掺杂源为 B₂H₆。在 CVD 过程中,把微量的掺杂气体和硅源气体相混合,在反应器内高温分解,进而掺入 Si 薄膜中。掺杂效率可由分凝系数 K_{eff} 来衡量:

$$K_{eff} = \frac{N_{dopant}/(5 \times 10^{22})}{P^0_{dopant}/P^0_{Si}} \tag{4-65}$$

式中，5×10^{22} 为单位 cm^3 内的 Si 原子数；N_{dopant} 为掺杂剂掺入浓度；P^0_{dopant} 为掺杂源气体分压；P^0_{Si} 为含硅气体分压。当 $K_{eff} < 1$ 时，部分掺杂剂被排斥在外；当 $K_{eff} = 1$ 时，全部掺杂。

1. 生长参数对掺杂的影响

掺杂效果受下列参数影响：掺杂剂气体的分压、生长温度、生长速率。其中，输入分压是最重要的参数。图 4-14 显示了 Si 中 P 的掺入与 PH_3 输入压力之间的关系[2,24]。在低输入分压时，两者呈线性关系，受质量输运控制；在高输入分压时，两者大致呈抛物线关系，受反应热力学控制。该结果主要是由于低输入压强时，PH_3 和 PH_2 是 Si-H-P 系统中的主要气体种类；对于高输入压强，P_2 则是主要的气体种类。但无论掺杂源输入压力如何，在一定的压力下，温度越高，掺杂系数越小，因而 P 的掺杂多选择在低温下进行。图 4-14 也给出了硅中 B 的掺入与 B_2H_6 输入压力的关系曲线[2,24]。随 B_2H_6 输入分压的增加，B 的掺入浓度增加，但当 B_2H_6 输入分压继续增加时，含 B 物质会发生凝聚，因而掺入的浓度反而降低。图 4-15 显示了硅外延中掺杂剂的掺入系数与生长温度之间的函数关系[2,25,26]。随生长温度的增加，p 型掺杂（B_2H_6）的掺入系数增加，n 型掺杂（PH_3、AsH_3）的掺入系数降低。

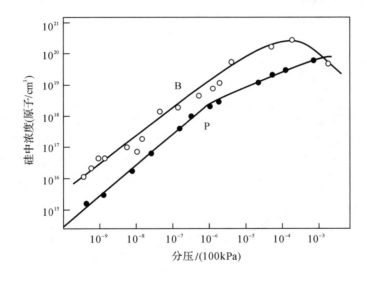

图 4-14 1500 K 时硅中 P(B)的掺入与 $PH_3(B_2H_6)$ 输入压强的关系曲线

2. 非故意掺入杂质的分布

除了故意掺杂之外，部分外延层中的杂质也有无意识引入的，称之为非故意掺杂。对于重掺衬底或埋层外延衬底时，非故意掺杂是十分常见的。这些杂质可能来自：(1)衬底的固态扩散，即固态外扩散；(2)衬底的蒸发，即气相自掺杂；(3)反应器系统的污染，即系统外掺杂。下面主要对前面两种的非故意掺杂，即固态外扩散和自掺杂进行介绍。

固态外扩散指的是衬底元素向外延层的扩散，因此而形成的非故意掺杂层称为外扩散层。外扩散层厚度(X)可由下述公式来计算：

$$X = X_C - X_j \tag{4-66}$$

式中，X_C 为外延薄膜层厚度；X_j 为外延薄膜表面与外扩散层外边缘的间距。根据扩散定律

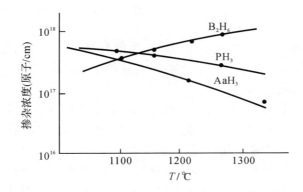

图 4-15　硅外延中掺杂剂的掺入系数与生长温度之间的函数关系

$$K = \frac{X}{2\sqrt{D_f t}} \tag{4-67}$$

式中，D_f 为扩散系数；t 为外延生长时间；K 为常数。从而有：

$$X = 2K\sqrt{D_f t} \tag{4-68}$$

显然，外延层厚度可表示为：

$$X_C = Vt \tag{4-69}$$

式中，V 为外延层生长速率。从而可推导出下式：

$$\frac{X_j}{X_C} = 1 - \frac{X}{X_C} = 1 - \frac{2K\sqrt{D_f}}{V} \cdot \frac{1}{\sqrt{t}} \tag{4-70}$$

上式的 X_j/X_C 可用来衡量外扩散程度。图 4-16 显示了掺 P 的衬底 X_j/X_C 与 $t^{1/2}$ 之间的关系[2,27]，生长温度为 1125℃，所用的生长压强为 101.32kPa。X_j/X_C 的比值越小，外扩散越严重；温度升高时，扩散系数增加，X_j/X_C 减小，外扩散加剧；外延生长时间增加，X_j/X_C 变大，外扩散减小，与 $t^{1/2}$ 成反比；外延生长速度增加，X_j/X_C 变大，外扩散减小，与 V 成反比。

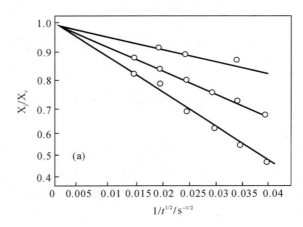

图 4-16　以 P 掺杂 Si 片为衬底外延生长时薄膜中的 P 扩散程度

自掺杂是杂质在从衬底向气相输运的过程中掺入到外延层的。自掺杂产生有三个步骤[28]：掺杂剂和硅原子择优从衬底表面气化；气化元素与输入气体混合重新建立气相浓度；硅和掺杂剂的原子以气相中的比率淀积在外延层上。从界面开始，杂质浓度按指数规律衰减[29,30]：

$$C_{at}(X) = fN_A^0 \exp(-X/X_m) \tag{4-71}$$

式中，f 是捕获因子，是生长速率的函数；N_A^0 是淀积前表面吸附密度；X 是至界面的距离；X_m 是迁移宽度。如果 Si 衬底上有埋层，则有来自埋层局部扩散的自掺杂[31]，包括纵向和横向自掺杂两个方面（如图 4-17 所示）[2]。纵向自掺杂用箭头 A 表示，在这里掺杂剂从埋层气化，并掺入扩散埋层上面的外延层；横向自掺杂用箭头 B 表示，在这里由埋层气化的掺杂剂横向扩散进入外延层。

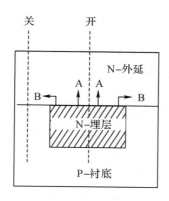

图 4-17　纵向和横向自掺杂

4.2.7　外延层质量

硅外延层薄膜的质量受到衬底特性和生长参数的强烈影响。衬底特性包括晶向、晶格缺陷和表面玷污等因素；生长参数包括生长温度、压强、生长速率、P_{Cl}/P_H、含硅气体的过饱和度等。

1. 表面形态

对于 Si 衬底而言，(100) 或 (110) 晶面可生长光滑平整的外延层，而 (111) 晶面则不行，这主要因为 (111) 面为奇异面。晶体缺陷包括点缺陷、线缺陷、面缺陷等。其中，位错会影响器件性能，但不影响表面形态或平整度；其他的晶体缺陷形式对外延层表面形态都具有较大的影响。表面玷污有来自内部的玷污和外部的玷污。内部玷污如衬底杂质外扩散、氧或金属杂质分凝与微沉淀等。高浓度杂质的衬底通常会使外延层具有高密度的层错和低的少数载流子寿命。外部玷污如表面清洗不彻底而残留的杂质、粒子的玷污、传递过程引起的污染、大气吸附、石墨基座的扰动、衬底表面静电荷对粒子的吸引等。外延堆垛层错和乳突都是表面玷污引起的缺陷。

外延层若表面光滑、平整，强光照射下无亮点，如同镜面一样，则该外延层质量很好；但若外延层表面有小丘、橘皮、雾、棱锥体等形态出现，则一般为多晶硅，外延质量不高。若 Si 外延层的表面存在小丘，则可以用小丘的斜率和密度来表征外延层薄膜的质量。温度升高时，小丘的斜率降低；硅过饱和度增加或 P_{Si}/P_{Cl} 增加时，小丘的斜率增加。表面小丘的密度与生长速率有关,随绝对温度倒数($1/T$)的增加而增加。因而,高温、低压外延可生长平整外延层。低压外延时,可产生层流,获得平滑的外延表面;常压或高压外延时,可产生湍流,外延层表面通常存在乳突或隆起部分。

2. 图形漂移

埋层指的是硅片正面局部区域内通过扩散或离子注入,形成的重掺区域。埋层表面通常降低大约 $100\sim300$nm,在外延生长时,希望重现衬底表面特征,包括埋层。但在实际中,完美的重现是非常困难的,通常会出现图形漂移、图形畸变、图形消失等情况。

图形漂移指的是衬底和外延层之间,图形的任何横向位移。出现这种情况主要是由结晶学平面生长速率各向异性引起的。如图 4-18(a)所示,图形漂移,但不改变外形尺寸。图形畸变指的是两条平行台阶沿相反的方向位移时,外形尺寸发生了改变。图4-18(b)表示了两种最容易出现的变形情况,埋层图形可以畸变为枕型或桶状。在低压外延中,图形尺寸会增长;在常压外延中,图形尺寸会减小。图形消失指的是在外延过程中,发生一个或全部边缘台阶消失。图形漂移、畸变和消失强烈地取决于

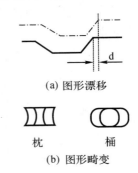

(a) 图形漂移

枕　　　桶

(b) 图形畸变

图 4-18　外延过程中的图形漂移和图形畸变

衬底的晶向和生长参数。图形漂移和畸变在(111)硅片上比(100)硅片上严重;高温生长可减少图形漂移和小平面;低压生长,也可减少小平面;低生长速率,可减少图形漂移和小平面;用含有少量氯硅烷分子的硅源气体,可减少图形漂移。

4.2.8　生长工艺

硅 CVD 外延生长工艺因设备的不同而有较大的差异,这方面的详细内容可参阅相关书籍和专门的文献[1,2,3,32−34],本节仅作简要介绍。

1. 衬底制备

衬底制备是获得原子级干净且完整的表面的必要条件。衬底表面的质量是决定外延生长质量的一个重要因素。硅片制备经过切片、磨片、抛光、清洗等工艺,所得的硅片平整度为$\pm2\mu$m。硅片在使用前要进行清洗,这是一个非常重要的步骤。硅片的清洗包括化学清洗和物理清洗。化学清洗方法可参阅§10.1。

在化学清洗之后,还要进行物理清洗。物理清洗法一般采用的是 RF(13.56MHz)或ECR(2.45GHz)离子溅射结合衬底退火处理的工艺,可形成原子级清洁表面。具体的工艺过程与衬底温度及预处理工艺有关,室温或高温溅射时,硅片表面的清洁效果好。溅射剥离了表面的初始少数原子层,去掉了玷污物。溅射具有很多的优点,如对表面的污染性质不敏感;溅射是物理过程,窗口较宽;衬底由溅射清洗后制得的材料少子寿命增高。但溅射也有缺点,如高能原子会破坏晶格,产生晶格损伤;溅射后的表面不够平滑。因而,在溅射清洗过程中,要控制离子的密度、离子的能量、离子的剂量、衬底温度、压强等工艺参数。衬底溅射之后的退火处理通常采用高温退火,主要是为了修复晶格损伤,还可以除去溅射时俘获的气体原子。退火时要优化选择退火温度、退火气氛、退火时间等工艺参数。

热处理方法也是衬底清洗的一种重要方法,如对硅片在 1250℃左右热处理几秒钟,在表面上的硅产生易挥发的 SiO,从而使表面减薄,清洗表面,去除氧化层。活性离子束也可以用来清洗衬底,如用镓离子束清洗表面,Ga 可与表面的 SiO_2 层反应生成 Ga_2O_3 和 Si,从而减少表面硅化物,形成易挥发的镓氧化物,然后再在 800℃以上热处理,将镓原子层蒸发掉。还可以采用光学清洁处理的方法,硅片表面经脉冲激光辐射,激光辐照束转化为热,可以在极短时间内产生原子级清洁的硅表面,这是一个热过程。在硅 CVD 中,如 SiH_4 作为生长气源时,还可引入少量的 GeH_4,在界面处形成 Ge-Si 合金缓冲层,从而使硅外延层的质量得到改善,其主要原因是 Ge 与 SiO_2 反应生成 GeO_2 和 Si,表面的 SiO_2 被除掉。

为了得到高质量的外延膜,预热周期是外延生长工艺中必不可少的环节。预热可在纯 H_2 气氛中进行,称为 H_2 预热;也可在含有百分之几 HCl 的 H_2 中进行,此时还可进行原位 HCl 腐蚀。在纯 H_2 气氛中,预热是用来消除阻碍单晶膜生长的氧化物,一般在 $1150\sim1200℃$进行 10min 即可完成。预热周期在含有 1%～2% 的 HCl 的 H_2 中进行,可形成硅的非择优腐蚀,去除衬底 $0.1\sim0.5\mu m$ 的表层,便可形成非常洁净和无损的表面,对消除外延层错和乳突非常有效。值得指出的是,HCl 对衬底表面的掺杂杂质存在着择优腐蚀,在实际中这方面要考虑到。至于预热气氛的选择,对于硅烷气源,98% H_2－2% HCl 比纯 H_2好;而对于氯硅烷气源,则纯 H_2 效果更好。

对重掺杂衬底,为防止在 CVD 过程中对外延层的自掺杂,要求衬底背封。利用外延反应器也可以把未掺杂硅沉积到硅片背面,实现背封,这种技术称之为质量传输技术。首先在石墨基座上沉积未掺杂的 Poly-Si,然后把硅片放在基座上,在进行 CVD 外延前,对硅片进行加热。发生质量传输必须是硅片比基座温度低,而且必须存在微量 HCl,因此原位背封和 HCl 腐蚀可快速同时完成,随后进行外延生长。

外延层的质量可利用衬底吸杂技术加以改善。吸杂分为本征吸杂和非本征吸杂两类。本征吸杂指的是在硅片体内的氧沉淀产生位错,利用晶体缺陷吸除杂质。非本征吸杂指的是在硅片背面引入损伤或应力。损伤可采用机械法、喷砂、离子注入等方法产生;应力一般是指在其背面镀一层 Si_3N_4、Poly-Si、Si-Ge 应变层。

2. 外延生长参数

本章的前述章节详细介绍了硅 CVD 外延生长的过程和机理。外延生长可改变的参数包括:硅源气体、生长温度、生长压力、生长速率、气流速率等,这些生长参数的优化取决于外延膜的特殊要求。通常外延膜需要低缺陷密度、杂质外扩散和自掺杂少、图形漂移不严重、无图形畸变等。为了达到这些要求,需要综合考虑,优化生长参数。

对于 SiH_4、SiH_2Cl_2、$SiHCl_3$、$SiCl_4$ 等硅源气体,按照上述的排列顺序,根据大量的研究表明,所需的外延生长温度升高,自掺杂增加,图形漂移减小。对于给定的气体,温度影响外延层缺陷、杂质外扩散和图形漂移。高温外延属于扩散控制工艺范围,缺陷少,杂质扩散增加,图形漂移变大,会导致粗糙和不平整表面形态;低温外延属于反应控制工艺范围,缺陷多,杂质扩散少,图形漂移变小,会形成光滑平面。生长压强也是一个很关键的参数,现在低压外延应用得很多,主要是因为低压外延对 n 型掺杂而言自掺杂会减小,图形漂移小,厚度均匀性好,生长温度降低;但是如果使用的是(100)硅片,则图形畸变会增大,p 型掺杂时的自掺杂增加。生长速率增加时,通常外扩散会降低,但图形漂移加剧。气流流速较低时也不利于外延膜质量的提高,此时薄膜的均匀性变差,通过衬底的转动可予以改善。

§4.3 CVD 技术的种类

广义地来讲，CVD 大致可分为两类：一类是在单晶衬底上气相沉积单晶外延层，这是狭义上的 CVD；另一类是在衬底上沉积薄膜，包括多晶和非晶薄膜。根据所用源气体的种类不同，CVD 可分为卤素输运法和金属有机物化学气相沉积（MOCVD），前者以卤化物为气源，后者以金属有机化合物为气源。按照反应室内的压力，可分为常压 CVD（APCVD）、低压 CVD（LPCVD）和超高真空 CVD（UHV/CVD）三种主要类型。CVD 还可以采用能量增强辅助方法，现在常见的包括等离子增强 CVD（PECVD）和光增强 CVD（PCVD）等。

CVD 实质上是一种气相物质在高温下通过化学反应而生成固态物质并沉积在衬底上的成膜方法。具体地说，挥发性的金属卤化物或金属有机化合物等与 H_2、Ar 或 N_2 等载气混合后，均匀地输运到反应室内的高温衬底上，通过化学反应在衬底上形成薄膜。无论是哪种类型的 CVD，沉积得以顺利进行必须满足下列基本条件：其一，在沉积温度下，反应物必须具有足够高的蒸气压；其二，反应生成物，除了所需的沉积物为固态外，其余都必须是气态；其三，沉积物本身的蒸气压应足够低，以保证在整个沉积反应过程中能使其保持在加热的衬底上；其四，衬底材料本身的蒸气压在沉积温度下也应足够低。

本节我们主要按照反应室压力的分类方式，分别对 APCVD、LPCVD 和 UHV/CVD 这三种沉积方式予以介绍。APCVD 的生长压强约 10^5 Pa，即一个大气压；LPCVD 的生长压强一般为 $10^3 \sim 10^1$ Pa；UHV/CVD 生长室内本底真空压强可达 10^{-8} Pa，生长压强一般为 10^{-1} Pa。

4.3.1 常压 CVD

常压 CVD 是最早使用的一种 CVD 方法，结构简单，容易操作。外延生长可以在若干形状不同的反应器内进行。1961 年，Theuerer 等最早采用了立式反应器[34]（如图 4-19（a）所示），目前仍有许多实验室用这种反应器来进行可行性的实验研究和基本评估。图 4-19（b）所示为水平反应器，它增大了处理硅片的能力。图 4-19（c）为圆盘式反应器。1965 年，Ernst 等研制出圆桶式反应器[35]（如图 4-19（d）所示），它实质是一种垂直安装在转动轴上的多板水平反应器，气流沿圆桶的边缘流过，转动能减小气流的不均匀性。水平式、圆盘式、圆桶式三种反应器都用于工业生产。外延生长的典型加热方法是射频感应加热。它适用性广，对许多形状各异的基座都易适应，但是，每一种几何形状的基座要设计专用的射频感应线圈，以保证基座整个面积加热均匀[35]。

外延生长反应器的温度分布与反应的热效应有关。如用歧化反应生长 Si 外延层时

$$2SiI_2(g) \Longleftrightarrow Si(s) + SiI_4(g) \tag{4-72}$$

反应焓 $\Delta H < 0$，是一放热反应。根据范特霍夫（Vanthoff）方程

$$\frac{d\ln K_p}{dT} = \frac{\Delta H}{RT^2} \tag{4-73}$$

可知，反应的平衡常数随着温度的升高而降低。如果增加 Si 的沉积量，应降低反应温度，同时采用热壁反应器，以抑制 Si 在反应器上的沉积。对于还原反应（式 4-5）和热分解反应（式 4-10），$\Delta H > 0$，是一吸热反应，提高温度有利于 Si 的生长，同时采用冷壁反应器，防止 Si 在

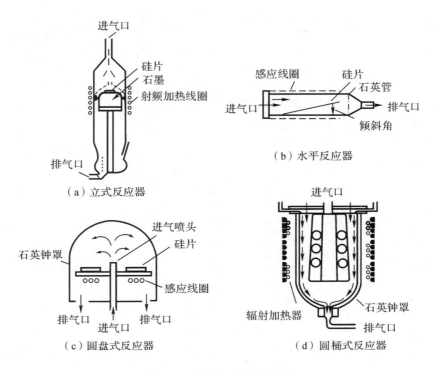

图 4-19 外延反应器的种类

反应器壁上的沉积。

外延沉积可以在相当宽的温度范围内进行,然而,对外延层质量的要求和实际生长条件的限制,迫使有效生长温度局限在狭小的温区之内。这种所谓的"外延温度"一般比材料的熔点约低 30%～50%。表 4-5 汇总了一些半导体薄膜在较常用的外延生长系统中的温度数据[4]。在温度低于外延温度范围的情况下亦可实现外延生长,但此时的外延层质量比较低,甚至沉积得到的是多晶薄膜。

4.3.2 低压 CVD

Boss 等人[37]为了减少硅外延的自掺杂,于 1973 年提出了低压 CVD 外延技术,采用在 $1.33×10^2 ～ 2×10^4$ Pa 的压力下进行硅外延生长。低压外延的生长速率可在 0.1～ 1μm/min 范围内变化。Takahashi 等人[38]的研究结果表明,在低压下 Si 边界层会变薄并获得改善,外延层厚度和电阻率的均匀性也得以改善。采用低压外延,在停止生长时能迅速清除反应室中残存的反应物和掺杂剂,从而缩小多层外延的过渡区,在异质外延和多层结构外延生长中发挥了其特有的作用;低压外延减少了埋层图形的漂移和畸变,并且降低了系统玷污。现在,低压外延已经成为一种比较成熟的工艺,在各种外延生长中得到广泛应用。

低压外延生长的化学反应原理和常压是一样的。因此,低压外延设备和常压外延设备相比,除了增加了反应室压力控制系统、采用辐射加热和在排气端接一个旋转式机械真空泵外,外观上没有太大的差别。但低压设备和常压设备相比,在许多方面的要求提高了,反应室应使用能承受外压的水平式或立式形状,所使用的管道、阀门、流量计都要求有良好的密封性和抗腐蚀性,并且要使用抗腐蚀、抽气速率大的机械泵。

表 4-5　半导体材料的典型外延温度(T)

材料	熔点(℃)	外延温度(℃)	外延温度低于熔点(%)
Si	1420	900~1200	30
Ge	936	600~800	25
SiC	2200~2700	1500~1800	30
BP	2000	1200	40
AlN	2400	1200~1250	50
AlP	2000	1200~1250	40
AlAs	1740	700~900	55
GaN	分解	850~1150	—
GaP	1467	700~850	55
GaAs	1238	650~825	40
InP	1070	700~750	30
InAs	943	650~700	30
ZnO	1975	500~900	70
ZnS	1645	600~800	55
ZnSe	1515	750~850	45
ZnTe	1238	500~800	50
CdS	1750	800~900	50
CdSe	1350	600~850	45
CdTe	1041	500~750	40

低压 CVD 可以外延生长各种半导体薄膜,在此以 SiC 为例进行介绍[39]。SiC 是 Ⅳ-Ⅳ 族二元化合物半导体,常见的有两种晶体结构:α-SiC 为六方纤锌矿结构,β-SiC 为立方结构。实际得到的 SiC 材料为通常包含两种结构的混合体,六方(H)结构和立方(C)结构所占的比例,4H-SiC 中是 1∶1,6H-SiC 中是 1∶2,15R-SiC 中是 2∶3,只有 2H-SiC 是纯粹的六方结构,3C-SiC 是纯粹的立方结构。4H-SiC、3C-SiC、4H-SiC 和 6H-SiC 是这种材料族中比较成熟的宽带隙半导体,应用比较广泛,禁带宽度(T<5K 时)分别为 2.40eV、3.26eV 和 3.02eV[39]。

用 CVD 法在 Si 衬底上异质外延生长 SiC 通常采用高纯 SiH_4、C_2H_2 和 H_2 作为 Si 和 C 的气体源和载气,在 Si(100)或(111)单晶衬底上沉积薄膜。为了提高外延薄膜质量,常采用两步法生长,首先用 H_2 携带 C_2H_2 进入沉积室并在大约 1600K 下与 Si 反应生成一层由 Si 向 SiC 过渡的缓冲层;然后再引入 SiH_4 参加反应生长 SiC 单晶薄膜。仅有后一半过程不能生长出高质量的单晶薄膜。在生长结束后,关闭 SiH_4 和 C_2H_2,反应室在 H_2 中冲洗,并随炉冷却到室温。用 CVD 外延生长 SiC 的气体系统通常是:(1)Si-C-H 系统,包括 SiH_4-CH_4-H_2、SiH_4-C_2H_2-H_2 和 SiH_4-C_3H_8-H_2;(2)Si-C-Cl-H 系统,包括 $SiCl_4$-CCl_4-H_2、$SiCl_4$-CH_4-H_2、CH_3SiCl_3-H_2 和 $(CH_3)_2SiCl_2$-H_2;(3)以 Ar 代替上面的 H_2 作为输运气体的气体系统。CVD 生长 SiC,通常采用的生长温度为<1500K,反应依照下列平衡式进行:

$$SiH_4(g) + CH_4(g) \rightleftharpoons SiC(s) + 4H_2(g) \tag{4-74}$$

$$CH_4(g) \rightleftharpoons C(s) + 2H_2(g) \tag{4-75}$$

$$SiH_4(g) \rightleftharpoons Si(s) + 2H_2(g) \tag{4-76}$$

以系统的压力、温度、源物质和输运气体的浓度作为热动力学参数,通过计算可以得到SiC 相图[39,40],从中可以得知,β-SiC 单相域状态对参数是比较敏感的,几乎在所有的条件下都能沉积,而与凝聚的 C 或 Si 相的共沉积是其主要特征。在低 H_2 载气浓度下,单相 β-SiC是很少的,但随着 H_2 浓度的增加而迅速增加。

4.3.3　超高真空 CVD

超高真空 CVD(UHV/CVD)是在很低压化学气相沉积(VLP-CVD)基础上发展起来的一种新的外延生长技术,其本底真空一般达 10^{-7} Pa。UHV/CVD 是 20 世纪 80 年代后期发展起来的一种新型的薄膜制备技术,最初是由 Donahue 等人在 1986 年提出的[41]。同一年,IBM Watson 研究中心的 Meyerson 正式建立了一套 UHV/CVD 系统[42],用于低温生长 Si薄膜,采用两级泵串联抽真空,本底压强为 10^{-10} Torr,生长时压强在 $1\sim10$ mTorr,生长温度为 $550\sim850$℃,生长速率 8nm/min。很快这种技术就被成功地应用于 Si、Si-Ge 薄膜和量子点、SiGe/Si 应变层超晶格等材料的生长[43-50]。目前,UHV/CVD 技术已十分成熟,被广泛用于生长 SiGe 等半导体材料。

UHV/CVD 在低温、低压下进行,与其他化学气相沉积不同,具有自己独特的地方,主要体现在以下几个方面[49,50]:

其一,超净生长环境的重要性。众所周知,清洗好的 Si 片放在空气中,会很快在表面自然氧化一层 $4\sim8$Å 的 SiO_2 层,24 小时后,氧化层厚度可稳定在 $15\sim20$Å,这层自然氧化层会妨碍 Si 衬底上外延层的生长,所以在生长之前必须加以去除。对一般化学气相沉积而言,高温下加热去除是最为常用的方法,它是基于下式

$$SiO_2(s)+Si(s)\longrightarrow 2SiO(g) \tag{4-77}$$

通过生成挥发性的 SiO 来去除,因此高温生长有利于维持一个无氧干净的外延表面,但是很明显难以获得界面陡峭的 Si 外延薄膜。

图 4-20 是在生长气氛中,获得干净表面生长所必需的最低分压与温度的关系图[50]。将直线推向低温端,可以注意到随着温度的下降,若要维持无氧表面,真空室内的水蒸气的分压必须下降,这意味着在生长前需要有一个较高的本底真空度。UHV/CVD 正是以此来实现的,由于生长室内真空压强可达 10^{-8} Pa,比大气压低 13 个数量级,这意味着在真空室内水蒸气分压低于 10^{-8} Pa,对应图中的直线可以看到,即使生长温度降低到 600℃,硅衬底表面也不会被氧化,因此在超高真空范围内,UHV/CVD 生长所用的 Si 片只需要通过标准RCA 清洗后,再浸入稀释的 HF 溶液中即可。此时在硅片表面就会形成一层 H 钝化层,这层 H 钝化层可以暂时阻止 Si 片表面自然氧化,待 Si 片放入真空室中,H 钝化层的稳定性变得至关重要。经实验验证,这层 H 钝化层在温度较低时能够保持稳定,当温度超过 400℃,表面 H 的脱附速率加快,因此生长气体必须在硅片与环境温度平衡之前通入。

其二,超低生长压强的重要性。在低温生长过程中,生长室内由于通入生长气体压强升高,这时生长气源的纯度就变得非常重要。例如,当生长压强只有 1Torr 时,即使气相中只有1ppm 的氧等杂质时,这些杂质的分压可以达到 10^{-8} Torr,而当生长压强为 10^{-3} Torr 时,分压可降至 10^{-9} Torr。因此,通过超低压生长可以有效避免生长表面受到这些杂质对外延层的干扰。超低压生长另外的一些好处是生长压强的下降,会促使生长室内原本复杂的气流变得更有规律起来。当生长压强从 10Torr 降至 UHV/CVD 的生长压强 10^{-3} Torr 时,反应气体的反

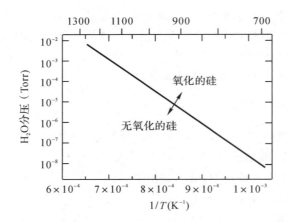

图 4-20　获得干净表面生长所必需的最低水蒸气分压与温度的关系

应常数也降为原来的万分之一,因此生长气体在气相中的碰撞导致的气相成核会在很大程度上得到了抑制。

UHV/CVD 外延生长技术不仅具有高质量薄膜生长能力,较之其他生长方法,还具有产量大、易于工业化生产等优点;而且所生长材料均匀性好,结构完整,界面过渡陡峭,因而促进了应变异质结构、量子阱、超晶格材料和器件的发展。特别是 UHV/CVD 在生长 SiGe 材料方面取得了巨大成功,主要归因于如下几点:(1)UHV 背景有利于保持表面干净和生长高纯材料;(2)非常低的生长压强(10^{-1} Pa),保证在生长过程中洁净的生长表面;(3)气体流动方式介于粘滞流与分子流之间,减少气体之间的干扰,从而减少均相成核;(4)低的粘滞系数,保证多片之间的均匀生长;(5)低温下生长外延层,自掺杂现象得到抑制。

图 4-21 所示为一种典型的用于 Si-Ge 生长的 UHV/CVD 系统[49,50]。系统的主体部分包括反应室、预处理室和进样室;此外,还有辅助部分,包括气路控制及计算机控制等。

UHV/CVD 主体部分采用三室一体结构,由生长室、预处理室和进样室组成,三室均由内抛光超高真空级不锈钢制成。进样室是为了避免高真空室直接暴露大气而设置的,并可用来放置清洗好的硅片。预处理室配有加热系统,可用作 Si 片的加热处理,以去除表面的 SiO_2 或杂质。生长室采用球形结构,可使气体在流动过程中不出现死角;另一方面使生长气体在室内分布空间的有效容积大大增加,可明显地减少气相成核,即使由于高压,气体在器壁上成核,成核微粒也很难沉积在衬底上,从而保证了外延片的清洁。生长室内部有加热器、样品架以及反射高能电子衍射仪(RHEED),荧光屏、观察窗和机械手分布在外围。样品架可放入 3 英寸或 4 英寸的 Si 片,并可实现 $0\sim90$r/min 旋转。生长室内的加热通过计算机严格控制,可以精确到 ±0.1℃。进样室与预处理室之间、预处理室与生长室之间采用高真空阀门隔开,彼此之间可通过磁力杆依次将样品传送到生长室的样品架上。

抽气系统包括 1 台升华泵、2 台离子泵、2 台分子泵和 2 台机械泵。进样室单独由 4L/s 机械泵和 110L/s 的分子泵串联抽真空,极限真空度可达 10^{-4} Pa;预处理室用离子泵维持真空,室内本底真空度可达 10^{-7} Pa;生长室用升华泵和离子泵维持真空,另外还有一套生长时用的机械泵和分子泵。整个系统经烘烤后,本底真空可达 10^{-8} Pa。三室真空呈阶梯状变化,可以有效地避免生长室污染。该系统在生长压强控制方面进行了改进,可以在 0.01～

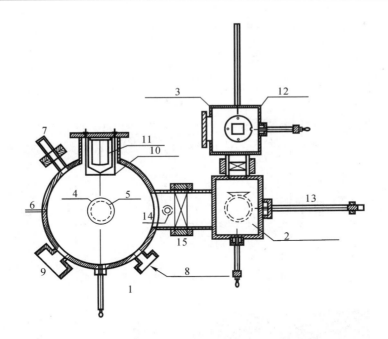

1. 生长室　2. 预处理室　3. 进样室　4. 晶架　5. 加热器　6. 进气口，
7. RHEED　8. 荧光　9. 观察窗　10. 内烘烤　11. 升华泵
12. 样品架　13. 磁力杆　14. 出气孔　15. 闸板阀
图 4-21　UHV/CVD 系统示意图

100Pa 范围内进行薄膜生长，提高了设备的运行能力。

　　供气系统包括四路生长气体和两路载气。四路生长气路分别通硅烷、锗烷、磷烷和硼烷，两路载气分别通氮气和氢气。气路设计采用 run-vent 结构，进气和出气互不干扰，能够实现快速切换气体种类。

　　控制系统采用计算机自动控制方式，主要负责工艺过程控制和数据采集两部分工作。控制系统可以对生长温度、生长时间、转速等生长参数进行精确控制，确保工艺的可重复性；数据采集功能主要是为了便于以后的分析和处理。

　　UHV/CVD 一般都是在低于 850℃ 的温度下进行外延生长，甚至可以在 450～600℃ 的低温下进行 Si-Ge 的外延生长[49−52]。UHV/CVD 通常采用热分解方式外延生长 Si-Ge 合金薄膜：

$$x\mathrm{SiH_4(g)} + (1-x)\mathrm{GeH_4} \rightarrow \mathrm{Si_xGe_{1-x}(g)} + 2\mathrm{H_2(g)} \tag{4-78}$$

　　典型的外延过程周期过程如图 4-22 所示。在 400℃ 左右加热，去除硅片表面吸附的水蒸气；在 500℃ 左右进行热处理，去除表面含碳杂质，使其以 CO 或 CO₂ 形式脱附；外延开始前，在 800℃ 左右对硅片进行短时间处理，以去除表面氧化物，得到洁净表面；然后在设定温度开始单层或多层外延。

　　图 4-23 为 UHV/CVD 生长的 Si/SiGe…/Si/SiGe/Si-buffer/Si-sub 超晶格结构，各层锗含量相同（锗为 0.16）。外延生长温度为 570℃；所有硅外延层生长时硅烷流量为 2sccm，生长时间分别为 300s（最初的硅缓冲层生长时间为 120s）；所有锗硅外延时硅烷与锗烷气体流量分别为 6sccm 和 1sccm，生长时间为 100s。多层结构的周期为 120nm，其中 SiGe 层厚

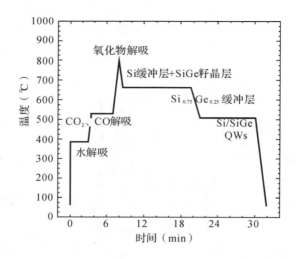

图 4-22　SiGe 外延过程周期图

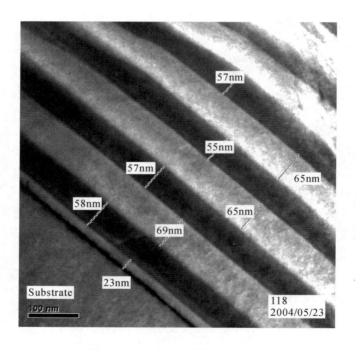

图 4-23　Si/GeSi 超晶格 XTEM 图

度为 57nm，Si 层厚度为 65nm。硅界面与锗硅界面之间有明显的界线。由于在 570℃温度
下进行外延，生长厚度已超过它的二维生长临界厚度，已表现为岛状生长，因此 SiGe 层上界
面处具有一定的起伏，但样品仍具有明显的周期性结构，随后的硅层生长后，界面平整度提
高，SiGe/Si 界面处的质量要高于 Si/SiGe 界面处的质量。在后面的周期中可以看出，各层
之间的界限比前几层较为模糊，这是由于生长周期较长，各层原子之间的互扩散较为严重，
已经影响到了界面的突变性及平整度。

§4.4　能量增强 CVD 技术

在上一节,我们对常压、低压和超高真空 CVD 进行了介绍。CVD 技术是目前工业上应用最为广泛的半导体薄膜外延技术[53,54],图 4-24 是一种典型的工业应用 CVD 系统示意图[53]。CVD 的控制系统已经实现了计算机操作和自动化,图4-25是一种典型的工业化计算机控制界面示意图[53]。为了进一步实现 CVD 外延技术的低温生长,提高外延薄膜的质量和器件性能,人们开发了能量增强 CVD 技术,主要有等离子增强和光增强两种工艺[3,32,55]。

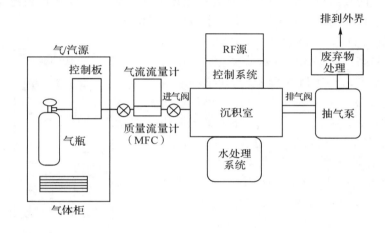

图 4-24　工业上应用的典型 CVD 系统

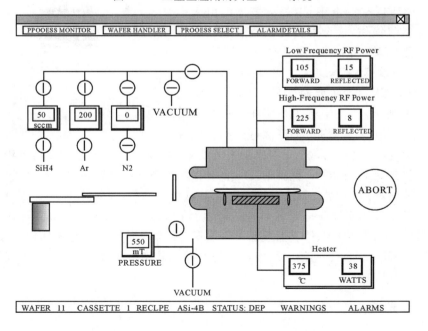

图 4-25　工业上应用的 CVD 系统计算机控制界面

4.4.1 等离子增强 CVD

随着外延生长的低温化和等离子技术的发展,出现了等离子体增强 CVD(PECVD)技术。PECVD 技术是将硅外延生长之前的衬底表面原位处理和随后的外延生长都放在低压辉光放电产生的等离子体中进行。辉光放电产生的等离子密度约为 10^{10} cm^{-3},属于低温等离子体。常压硅外延工艺所要求的高温($\geqslant 1000℃$),实际上并不是硅外延化学反应本身所要求的,而主要是硅原子表面迁移克服障碍所需要的。辉光放电产生的等离子体有以下作用:(1)可以通过溅射衬底表面来除去玷污,包括原生 SiO_2 膜,进行原位清洁处理;(2)在生长时用于产生新的吸附位置,这样使界面上的吸附原子由随机位置迁移到稳定位置所必须走的距离缩短了;(3)离子轰击的能量提高了表面原子的迁移率。

PECVD 和 UHV/CVD 很相近,但 PECVD 具有低生长温度和高沉积速率的优点。Nagai 等人[56]在 650℃ 下得到了 Si 单晶外延膜。Hirayama 等人[57]甚至在 300℃ 下也得到了 Si 单晶外延膜。可见 PECVD 的沉积温度较常压 CVD 外延工艺有很大幅度的降低,较之 UHV/CVD 也有一定的降低。PECVD 生长时采用等离子体使得生长速率较 UHV/CVD 大大增加,Donahue 和 Reif 的研究采用 SiH_4 作反应物[58],600℃ 下外延 Si 单晶薄膜,在无等离子体的情况下生长速率为 2.5nm/min,在有等离子体的情况下为 5.7nm/min,生长速率明显加快。但是 PECVD 有一个不足:等离子体的引入会在衬底表面引起损伤,这个损伤可以通过适当调节等离子体的能量来尽量减小,但很难完全消除。

PECVD 的设备由于加入了产生等离子体部分,较之 UHV/CVD 系统要略微复杂,系统的结构示如图 4-26 所示[3]。用上图所示的设备进行 PECVD 生长,其工艺大致是:将清洗好的硅衬底片

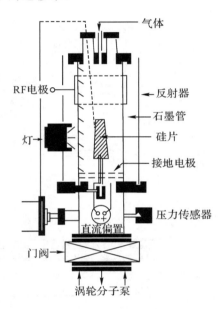

图 4-26 等离子增强 CVD 外延
生长装置

装入反应室中,抽真空至 $1.33×10^{-5}$ Pa,打开灯泡加热反应室。当温度升到沉积温度时,在基座和射频接地之间加 300V 直流偏压。在沉积温度下,用 50W 的 Ar 等离子体清洁处理硅衬底片。清洁处理后,将 SiH_4 通入反应室,降低射频功率,并停止供 Ar。断开直流电路,使基座在外延生长期间处于电浮置状态。若进行掺杂外延生长,掺杂前要用 SiH_4 等离子体使反应室及其内部的各部件表面覆盖上一层硅,目的是为下一步的硅外延生长提供硅的环境,还可以消除外延生长期间温度出现大的波动。外延生长完成后,停止供气,切断射频功率,最后关闭灯泡。

4.4.2 光增强 CVD

光增强 CVD(P-CVD)是利用一定波长的光照射衬底区及源气进口到衬底之间的区域,使源气分子发生光激活和光分解,导致能够发生反应,同时光照衬底区也产生新的吸附效应

和提高原子的表面迁移率,最终在较低的温度下发生反应,形成外延薄膜。P-CVD 技术在 20 世纪 60 年代被首次应用于半导体工业[59,60]。80 年代以来,由于微电子学、LSI 及 VLSI 的迅速发展和工艺技术低温化的要求,P-CVD 受到了人们极大的关注。美国 Tylan 公司 1978 年研制的 P-CVD 装置[61],可用于低温低压(50～200℃,0.3～1.0Torr)沉积所有常压 CVD 所能沉积的材料,如 Si、SiO_2、Si_3N_4 等。

图 4-27 为 P-CVD 的装置示意图[32],用 Hg-Xe 远紫外光经反射器反射后聚焦于衬底上,石墨基座用卤素－钨灯辐射加热。生长过程为:在 H_2 中辐射加热到沉积温度,然后打开 Hg-Xe 灯光;为了减少温度波动和制备清洁的衬底表面,紫外照射 30min 对衬底进行原位清洁处理;通入 SiH_2Cl_2 等硅源,在常压下进行外延生长。P-CVD 方法不需要高真空,设备比较简单。和 PECVD 相比,P-CVD 没有高能粒子产生的衬底损伤;使用单色光时,能激励特定的反应过程,反应的可控性好。作为光源,可以使用低压汞灯、氙灯以及从紫外线到红外线的各种激光器,可以在气相中混入汞蒸气以提高激励的灵敏性。

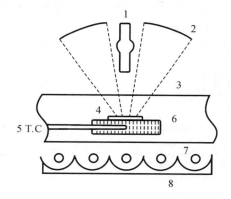

1.Hg-Xe 灯　2.反射镜　3.反应室　4.Si 片　5.热电偶
6.衬底　7.IR 灯　8.反射体
图 4-27　光增强 CVD 外延生长装置

Nishida 等人[62]在 200℃ 的生长温度下,利用 P-CVD 技术外延生长了 Si 单晶层,生长源为 $Si_2H_2Cl_2$、SiH_2F_2 和 H_2 的混合气体,采用低压汞灯辐射,光强 30mW/cm^2。经 RHEED、Raman、XRD 和 Hall 测试,显示在 200℃ 下生长的外延层有良好的晶体质量。目前,P-CVD 技术已广泛用于制备各种半导体薄膜,如 GaN、ZnO 等。

§4.5　卤素输运法

CVD 外延根据化学反应过程的不同又可分为氢化物法、氯化物法和金属有机化学气相沉积(MOCVD)法等。氢化物法和氯化物法所依据的总的化学反应是基本相同的,而且大都利用了卤化物来输运源,所以这两种方法统称为卤素输运法,又称为卤素气相外延(VPE)[32,55,63]。

4.5.1　氯化物法

图 4-28 为生长 GaAs 外延层的 Ga-AsCl₃-H₂ 系统的示意图[55]。纯 H₂ 流经 AsCl₃ 鼓泡器,携带 AsCl₃ 进入源区。在源区内,AsCl₃ 分解放出 HCl 和 As 蒸气,

$$4AsCl_3(g)+6H_2(g) \Longleftrightarrow As_4(g)+12HCl(g) \tag{4-79}$$

金属 Ga 源首先和 As 形成饱和溶液,然后在源表面上形成固态外壳 GaAs,置于 750～850℃ 温度下,氯化氢与 GaAs 反应生成输运 Ga 的氯化物 GaCl,

$$4GaAs(s)+4HCl(g) \Longleftrightarrow As_4(g)+4GaCl(g)+2H_2(g) \tag{4-80}$$

GaAs 衬底置于 650～760℃ 温度下,当 As 蒸气和 GaCl 气体被 H₂ 携带到达衬底所在的区域时,将发生以下反应

$$As_4(g)+4GaCl(g)+2H_2(g) \Longleftrightarrow 4GaAs(s)+4HCl(g) \tag{4-81}$$

在不断供给源气体的情况下,即在衬底上沉积 GaAs 薄膜,实现晶体的外延。利用这种方法,若将源材料换作 Al、In 以及 PCl₃、NCl₃、SbCl₃ 等,可以外延 InAs、GaN、GaSb 等化合物薄膜以及 GaInAsP、AlGaInN 等合金薄膜。

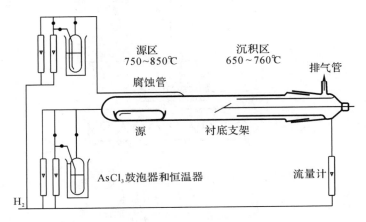

图 4-28　氯化物 VPE 系统

在这种外延技术中,因采用了 AsCl₃、PCl₃ 等氯化物作为源,故称为氯化物法。该方法外延的生长速度较慢,由于 HCl 的存在,还会出现选择生长的现象。但该方法所采用的 AsCl₃ 和 PCl₃ 等源的纯度可以很高,因而能够获得高纯度和高质量的外延层。利用氯化物方法外延生长 GaAs,需要指出两点:其一,在 GaAs 外延生长前,必须用 As 去充分饱和 Ga 源,如在 850℃ 通入 AsCl₃ 处理 24 小时,直至 Ga 源表面覆盖一层完整的 GaAs 为止;要获得优质的外延层,生长前要对衬底进行原位腐蚀表面处理,沉积区温度提高到 800℃ 即可实现,因为式(4-81)的反应在高温下向左进行,另外,也可以在系统中通入 HCl 或 AsCl₃ 直接腐蚀衬底表面。

4.5.2　氢化物法

氢化物系统工作原理与普通系统相同。图 4-29 是用来生长 InGaAsP 合金的反应系统示意图[55]。通常,In 源和 Ga 源是分开的,也有使用 In-Ga 熔体作为金属源。H₂ 和 HCl 混

合物与这两种源反应生成一氯化物,氢、砷、磷化氢和各种杂质的气流通过源区,最后形成外延合金薄膜。以生长 GaAs 为例,AsH_3 在外延系统中发生分解,生成 As 蒸气:

$$4AsH_3(g) \Longrightarrow As_4(g) + 6H_2(g) \tag{4-82}$$

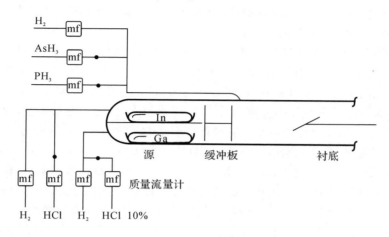

图 4-29 氢化物 VPE 系统

Ga 是由其卤化物(GaCl)来输运的,在加热的 Ga 源上通过 HCl 即产生 GaCl:

$$2Ga(s) + 2HCl(g) \Longrightarrow 2GaCl(g) + H_2(g) \tag{4-83}$$

这些反应所提供的 As 和 GaCl 在衬底上反应形成 GaAs 薄膜:

$$As_4(g) + 4GaCl(g) + 2H_2(g) \Longrightarrow 4GaAs(s) + 4HCl(g) \tag{4-84}$$

可见,氢化物外延所依据的化学反应与上述氯化物法相同,只是获得气体组元的方法有所不同。在该方法中,气体的气压由通入系统的 AsH_3 和 HCl 的流量来决定。

在这种方法中,所使用的源是 As、P 等 V 族元素的氢化物(AsH_3、PH_3 等),因而称为氢化物法。该方法的外延特性类似于氯化物法,所发生的反应也是表面催化反应,能以 0.2～0.5μm/min 的生长速度沉积出外延膜。氢化物法的特点在于能很好地控制 HCl 与 III 族元素(In、Ga 等)的化学反应,Ga 与 Cl 之比可在宽广的范围内变化;V 族元素的含量可由 AsH_3、PH_3 等气体的流量来控制,而且这些氢化物是气体,可较好地进行控制,因而能够在较宽的范围内控制外延长的参数。氢化物法中,III 族和 V 族元素的化学含量可独立予以控制,比氯化物法多出一个工艺控制的自由度,有更大的灵活性。而且,Ga(或 In)与 HCl 的反应通常可彻底进行,反应后几乎不残存 HCl,所以不存在氯化物法中那种生长速度慢、易发生选择生长的弊端,因而应用比较广泛。但是氢化物法有一个不足,气体源的纯度有限,获得像氯化物法那样高纯度的外延层比较困难。

§4.6 MOCVD 技术

4.6.1 MOCVD 简介

MOCVD 又称为 MOVPE,是生长化合物半导体薄膜最常用的技术,该技术于 1968 由

Manasevit 首先提出[64]。MOCVD 采用金属有机化合物（MO）和氢化物等作为晶体生长的源材料，以热分解反应的方式在衬底上进行气相外延，生长Ⅲ-Ⅴ族、Ⅱ-Ⅴ族等化合物半导体外延层。和一般的 CVD 一样，MOCVD 也分为卧式和立式两种，生长压强有常压和低压的，加热方式有高频感应加热和辐射加热两种，从反应室来看有热壁和冷壁的。目前所用的 MOCVD 大多是冷壁高频感应加热设备。

对于 MOCVD 而言，MO 源的选择十分重要。从实用的角度来看，MO 源通常应当具有两种基本特性[55]：在适当的温度（-20～20℃）下，它们必须具有相当高的蒸气压（≥133.3Pa）；在典型的生长温度下，它们必须分解，以产生所需的生长元素。图 4-30 表示了几种常用的 MO 源的蒸气压与温度的关系[55,65-67]。一般来说，优先考虑具有最高蒸气压的烷基化合物，这类烷基化合物通常具有最低的分子量。对于Ⅲ、Ⅱ族金属有机化合物，一般使用它们的甲基或乙基化合物，如 Ga(CH₃)₃、In(CH₃)₃、Al(CH₃)₃、Cd(CH₃)₂、Ga(C₂H₅)₃、Zn(C₂H₃)₃ 等，通常略写为 TMGa、TMIn、TMAl、DMCd、TEGa、DEZn 等形式。这些金属有机化合物中，大多数是具有高蒸气压的液体，也有的是固体。可以采用氢气或惰性气体等作为载气通入该液体的鼓泡器，将其携带后与Ⅴ族或Ⅵ族元素的氢化物（如 NH_3、PH_3、AsH_3、SbH_3、H_2S、H_2Se、H_2O）混合后再通入反应器。混合气体流经加热的衬底表面时，在衬底表面上发生反应，外延生长化合物晶体薄膜。

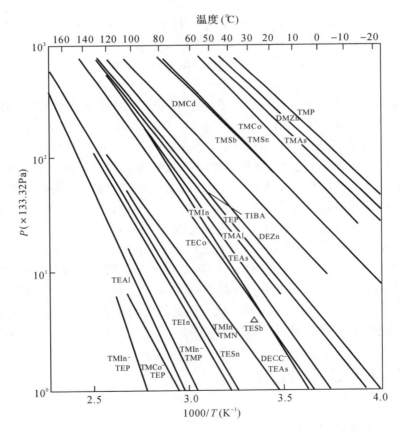

图 4-30　金属有机源的蒸气压与温度的关系

因为 MOCVD 生长使用的源材料一般都是易燃、易爆、毒性很大的材料,并且经常要生长多组分、大面积、薄层或超薄层异质材料。因此,MOCVD 要求系统密封性好,流量、温度可精确控制,组分变换迅速,系统紧凑等。一般说来,MOCVD 设备由源供给系统、气体输运和流量控制系统、反应室及温度控制系统、尾气处理系统、安全防护报警系统、自动操作及控制系统等部分所组成[3]。图 4-31 是一种典型的 GaAs 的 MOCVD 系统[63]。

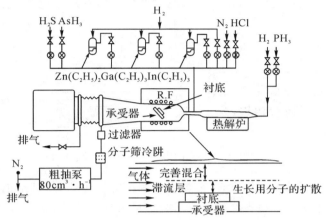

图 4-31　生长 GaAs 基薄膜的 MOCVD 系统

（一）源供给系统。MOCVD 的源供给系统包括金属有机化合物、氢化物及掺杂源的供给装置。MO 源装在特制的不锈钢鼓泡器中,鼓泡器置于电子恒温器中,以保证 MO 源有恒定的蒸气压,通常以 H_2 或 N_2 为载气用鼓泡方式将其携带输运至反应室。氢化物经高纯 H_2 稀释到 5%～10% 的浓度后装入钢瓶,使用时再用 H_2 稀释到所需浓度,然后输运到反应室。掺杂源有两类,一类是 MO 源,另一类是氢化物掺杂源,其输运方式分别与基体源材料的输运方式相同。

（二）气体输运系统。气体输运系统的功能是向反应室输送各种反应物,并精确控制其流量、送入的时间和顺序。气体输运管道采用不锈钢管道,内壁进行电解抛光,以防止存储效应的发生,管道的接头要进行正压检漏。MOCVD 设备组装的关键之一就是确保系统无泄露,泄露速率应低于 $10^{-9}\text{cm}^3/\text{s}$。气体输运管路的多少视源的多少而定,为了清洁处理系统和在 Si 衬底上生长化合物半导体薄层,还可以设有 HCl 管路。为了能够迅速变换反应室内的反应气体,而不引起反应室内压力的变化,设置“RUN”和“VENT”管道。为了使反应气体在均匀混合后再进入反应室,在反应室前一般设置有混合室。如果使用的源材料在常温下是固态的,为防止源材料在管路中沉积,可以在管路上加绕热电炉丝并覆盖以保温材料。

（三）反应室和加热系统。反应室是反应物在衬底上进行沉积薄膜的场所,一般由石英管和石墨基座组成。反应室的结构对外延层的厚度、组分的均匀性、本底杂质浓度以及外延膜的质量都有极大的影响。一般来说,生长室的设计需要满足:气体流动能够呈层流状态,这要求生长室内无死角、管道无锐角;基座无温度梯度;气体残留效应小,没有气体热对流和旋涡产生。为了生长组分均匀、超薄层、异质结构的化合物半导体材料,设计出了各种不同结构的反应室（如图 4-32 所示）。加热方式多采用高频感应加热,少数采用辐射加热。由热

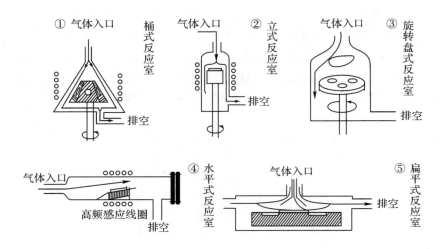

图 4-32　常用的 MOCVD 生长室

电偶和温度控制器来调节控制温度,一般温度控制精度可达 0.2℃甚至更低。

(四)尾气处理系统。源材料经过反应后会形成气体生成物,这些气体通过泵被从生长室抽出。MO 源和副产物大多数是易燃、有毒,因此反应后的尾气必须经过处理,符合环保要求后才可以排到大气中。目前,处理尾气的方法有很多种,如通入高温炉再热分解,随后用硅油或高锰酸钾溶液处理;或者把尾气直接通入装有 H_2SO_4 和 H_2O 及装有 NaOH 溶液的吸滤瓶处理;也可以把尾气通入固体吸附剂中吸附处理,以及用水淋洗尾气管等。

(五)控制系统。整个 MOCVD 系统一般由多个流量控制器、压力控制计、温度控制器和电磁—气动阀门等控制部件组成。较为复杂一点的 MOCVD 系统无法通过人工进行调节,需要采用微计算机控制系统加以控制。微机控制系统的使用有助于提高生产的重现性,有助于获得超晶格、量子阱和组分或掺杂梯度层,也有助于消除人为误操作。

(六)安全保护及报警系统。为了安全起见,一般 MOCVD 系统还备有高纯 N_2 旁路系统。在断电或其他原因引起的不能正常工作或停止生长的期间,需要通入高纯 N_2 保护生长的片子或系统内的清洁。设备还需要装备 AsH_3、PH_3 等毒气泄漏检测仪及 H_2 泄漏检测器,通过声光来报警。MOCVD 设备还必须放置在具有强排风的工作室内。

MOCVD 的成膜原理和反应过程可用图 4-33 加以说明,以 TMGa 与 NH_3 反应生成 GaN 为例:(1)MO 源和其他反应物被引入反应器;(2)反应物混合并被输运到沉积区域;(3)沉积区域的高温使得源分解并有其他一些气相反应,形成对薄膜沉积有利的前驱体;(4)反应前驱体被输运到反应表面;(5)反应表面吸收前驱体;(6)反应前驱体扩散进入生长晶格;(7)通过表面反应,原子加入了生长中的薄膜;(8)表面反应的副产物被吸收,离开表面;(9)副产物离开反应区,进入主气流区,被抽走。MOCVD 外延生长其他薄膜的成膜过程与 GaN 类似。

从上述可以看到,MOCVD 具有下列特点:(1)生长化合物晶体的各组分和掺杂剂源以气态通入反应器,可以通过精确地控制各种气体的流量来控制外延层的成分、导电类型、载流子浓度、厚度等特性,也可以生长薄层材料和多层材料;(2)由于反应器中气体流速快,所以在需要改变多元化合物的成分和杂质浓度时,反应器中的气体成分改变迅速,从而可以使

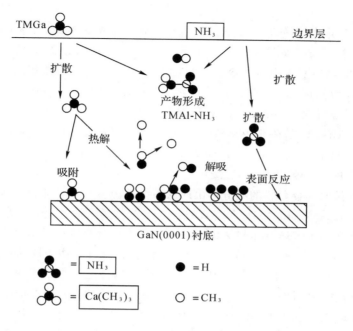

图 4-33 MOCVD 外延 GaN 的原理示意图

外延层中的杂质分布很陡、过渡层很薄,这对于生长异质结构和多元结构是很有利的;(3)晶体生长是以热分解方式进行的,属于单温区外延生长,需要控制的参数少,只需对衬底温度进行控制,从而设备简单,便于多片和大片外延生长,有利于批量生产;(4)晶体的生长速率与 II、III 族源的供给量成正比,因此只要改变 II、III 族源的输运量,就可以大幅度地改变外延生长速度(0.05~1μm/min);(5)源材料及反应产物中不含有 HCl 一类腐蚀性的卤化物,因此生长设备和衬底不会受到腐蚀;(6)与其他外延方法相比,MOCVD 容易实现低压外延生长,从而能减少自掺杂;(7)MOCVD 方法减少了外延生长过程的存储效应和过渡效应,从而可以获得在衬底—外延层界面附近杂质分布更陡的外延层。

4.6.2 MOCVD 生长 GaAs

MOCVD 技术是人们在对 GaAs 外延生长研究的基础上发展起来的。图 4-31 是其典型的 MOCVD 系统[63]。V 族氢化物都是气态物质,容易控制其输运到生长室中的流量。当 III 族和 V 族的源气体输运到加热的衬底表面时,即沉积出 III — V 族半导体外延层。以 TMGa 和 AsH$_3$ 为源材料时,发生如下反应,生成 GaAs,

$$Ga(CH_3)_3(g) + AsH_3(g) \longrightarrow GaAs(s) + 3CH_4(g) \tag{4-85}$$

具体来讲,可分解为三个反应。TMGa 在气相中发生热分解反应,

$$2Ga(CH_3)_3(g) + 3H_2(g) \longrightarrow 2Ga(g) + 6CH_4(g) \tag{4-86}$$

AsH$_3$ 发生的也是热分解反应,但相对于 TMGa,反应速率慢得多。AsH$_3$ 主要是在衬底表面上通过表面催化而发生分解,

$$4AsH_3(g) \longrightarrow As_4(g) + 6H_2(g) \tag{4-87}$$

最后在衬底表面上生长 GaAs,

$$4Ga(g) + As_4(g) \longrightarrow 4GaAs(s) \tag{4-88}$$

这些反应是不可逆的,因而外延生长温度可以在较宽的范围内变动,一般选择 550~750℃。在这个温度范围内,GaAs 生长速率与温度无关,与 AsH$_3$ 的流量无关,与 TMGa 的流量成正比[68]。在 MOCVD 中,TMGa 等金属有机物的分压是限制生长速率的主要因素,因而外延生长 GaAs 时,为保证 Ga 全部反应完,Ga/As 比值常取为 8~30,并且适当地控制好 TMGa 的分压,可获得 0.1~0.5μm/min 的生长速率。

如果要生长 AlGaAs 等外延层,可在系统中再通入 TMAl,外延反应是

$$xAl(CH_3)_3(g) + (1-x)Ga(CH_3)_3(g) + AsH_3(g) \longrightarrow$$

$$Al_xGa_{1-x}As(s) + 3CH_4(g) \tag{4-89}$$

用 MOCVD 法生长的合金薄膜的组分可由通入系统的源材料之比来确定,具体分为三种情况[63]:(1)对 $Al_xGa_{1-x}As$、$In_xGa_{1-x}As$、$Al_xGa_{1-x}Sb$ 等外延薄膜,组分 x 等于到达衬底表面的 Al(In) 有机化合物源气体分压与 Al(In) 和 Ga 有机化合物源气体分压之和的比值(如图 4-34(a)所示)。(2)对 $InAs_{1-x}P_x$、$GaAs_{1-x}P_x$ 等外延层,组分 x 由 PH$_3$ 的热分解速率决定,在低温(如 600℃)下,PH$_3$ 的分解速率比 AsH$_3$ 慢得多,外延层中的 P 含量很低;随着温度的升高,PH$_3$ 的分解加快,外延层中 P 含量也增加;在 850℃时,x 趋近于 1(如图 4-34(b)所示)。(3)对 $InAs_{1-x}Sb_x$ 外延层,组分 x 由化学热力学过程来决定,因为这时通入系统的所有源材料(TMIn、TMSb、AsH$_3$)的热分解速率都很快,合金的组分要通过平衡化学反应方程式来计算(如图 4-34(c)所示)。

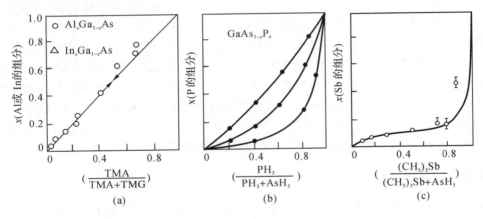

图 4-34　合金薄膜外延层组分与源气体分压之间的关系

4.6.3　MOCVD 生长 GaN

1986 年,Amano 等人首次利用 MOCVD 技术制备出高质量的 GaN 外延薄膜[69]。对于 GaN 材料的生长,一般用三甲基镓(TMGa)和氨气分别作为 Ga 源和 N 源,氢气和氮气则作为载气,GaN 的 MOCVD 生长的最适宜温度大约为 1050℃,典型的生长速率大约为 2μm/h[70,71]。图 4-35 是 GaN 的 MOCVD 设备原理图[70,71],包括气体输送、系统腔体、尾气排放、控制系统等部分。新型的 MOCVD 设备大都采用计算机自动控制系统,由一台计算机与相关的串行、并行通信设备组成。系统的各种生长参数,包括气体的流量、有机源鼓泡器流出

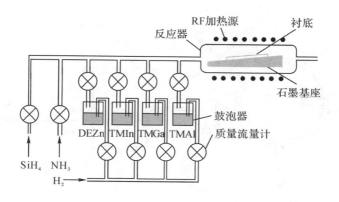

图 4-35 典型的 GaN 外延用 MOCVD 设备原理图

气体的压力、生长室的生长压力、各气路的开关状态等,均可由控制系统加以精确地控制。

图 4-36 为 MOCVD 系统的气体输送部分的原理图[70,71]。气路由Ⅲ族源(TMGa、TMAl、TMln)的鼓泡系统(包括流量控制、有机源的温度控制、鼓泡压力控制)、p 型掺杂剂(Cp$_2$Mg、DeZn)、n 型掺杂气体(SiH$_4$)、氨气及其载气、清洗管路所组成。各路有机源及气体的流量可以通过计算机编程来实现材料生长全程自动控制。气体分别由水平与垂直两个方向进入反应腔。水平方向为主气流,基本平行于衬底流动,所输送气体为参与反应的气体;垂直方向为副气流,所输送气体为惰性气体,一般为 N$_2$ 与 H$_2$ 混合气体,副气流的作用是克服由于衬底的高温而在其上方形成的气体对流,把主反应气体压向衬底,促进表面薄膜的二维生长。

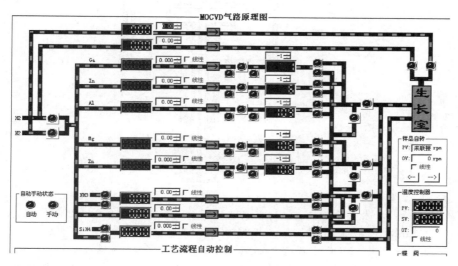

图 4-36 MOCVD 系统气路图

MOCVD 系统腔体分为生长室与样品预处理室两个部分,图 4-37 为其结构简图[70,71]。生长前,衬底放入样品预处理室(B),抽真空,而后打开中间的闸板阀,再由机械手送入生长室(A),这样可以大大地减少系统暴露大气而受污染的机会。图 4-38 为系统的生长室部分。[70,71]生长室中间为样品架,上面可放 2 英寸衬底。样品架通过石墨加热器加热(最高可

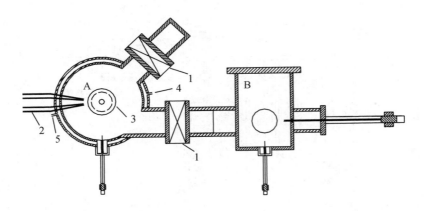

1.闸板阀　2.输送反应气体的水平主气路管道　3.水平样品架
4.进水口　5.出水口　A.生长室　B.进样室

图 4-37　MOCVD 系统腔体示意图

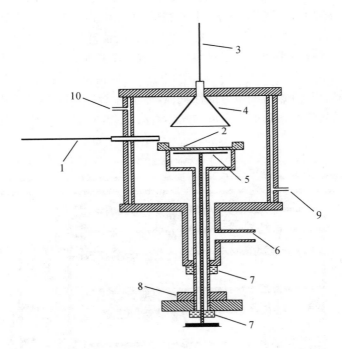

1.水平主气路管道　2.水平样品架　3.副气路管道　4.锥形石英罩
5.石墨加热器　6.尾气抽气口　7.磁流体密封装置　8.电机　9.进水口　10.出水口

图 4-38　MOCVD 系统生长室示意图(图中显示了双气流输入布局)

达 1200℃),由马达带动磁流体密封转轴实现高速旋转(0~1500rpm),从而调节样品生长时的气体流动状态,改善材料生长的均匀性。样品架上方为石英罩,可以用来约束与控制副气路的气体,使水平方向的反应气体均匀地压向样品表面,保证反应气体在衬底表面充分反应。这是目前常用的是双气流结构[72]。实验证实,如果没有这路非反应气流,GaN 的生长则不连续,只能获得几个岛状的生长,因此这路气流对于高质量 GaN 膜层的获得十分重要,可以促使 GaN 膜层的生长。

在实验中往注要涉及有机源的流量计算。有机源鼓泡器是放置在冷阱中，并设定在一定的温度，有机源载气通过鼓泡器带出有机源的蒸气。有机源的摩尔流量是由有机源的温度、鼓泡器的压力、载气的流量决定的。图 4-39 为有机鼓泡器的示意图[70,71]。有机源的流量 F(mol/min) 为

$$F = \frac{P_{MO}}{P_{Bubbler} - P_{MO}} \cdot \frac{V}{22.4} \tag{4-90}$$

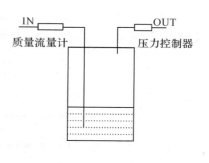

图 4-39　有机源鼓泡器

式中，V 为进口处流量计所设定的载气流量(L/min)；P_{MO} 为一定温度下有机源的蒸气压；$P_{Bubbler}$ 为出口处压力控制器所设定的压力。在生长三元合金时，摩尔流量还可以用来计算各组分的成分。如生长 AlGaN 时，Al 的组分可以表示为：

$$x_{Al} = \frac{F_{Al}}{F_{Al} + F_{Ga}} \tag{4-91}$$

有机源的蒸气压可通过以下公式计算：

$$\log P = B - A/T \tag{4-92}$$

式中，T 为鼓泡器的温度，即冷阱的温度；A、B 为常数，可从表 4-6 中查得，不同生产商的数据略有不同。

表 4-6　常用有机源的蒸气压常数

有机源		20℃下蒸气压(Torr)	A	B	熔点(℃)
Al(CH$_3$)$_3$	TMAl	8.7	2134	8.22	15.4
Al(C$_2$H$_5$)$_3$	TEAl	0.041	3625	10.78	−52.5
Ga(CH$_3$)$_3$	TMGa	182	1703	8.07	−15.8
Ga(C$_2$H$_5$)$_3$	TEGa	5.0	2162	8.08	−82.3
In(CH$_3$)$_3$	TMIn	1.70	3014	10.52	88.4
In(C$_2$H$_5$)$_3$	TEIn	0.21	2815	8.94	−32
Zn(C$_2$H$_5$)$_2$	DEZn	12	2109	8.28	−28
Mg(C$_5$H$_5$)$_2$	Cp$_2$Mg	0.04(25℃)	—	—	176

以 TMGa 和 NH$_3$ 为源材料时，GaN 外延生长的最基本的反应是：

$$Ga(CH_3)_3(g) + NH_3(g) \longrightarrow GaN(s) + 3CH_4(g) \tag{4-93}$$

在 MOCVD 系统进行 GaN 的实时掺杂的源是气态源。Si 在 GaN 中是浅施主，GaN 的 n 型掺杂源是硅烷(SiH$_4$)，掺杂浓度最大可以到 10^{20} cm^{-3}。最适合的 p 型掺杂元素是 Mg，在生长中掺杂源是 Cp$_2$Mg，同样掺杂浓度最大可以达到 10^{20} cm^{-3}，不过为重新激活被氢钝化的 Mg 受主，在生长后需要进行 700℃的热退火。

图 4-40 所示是蓝宝石衬底上外延 GaN 典型的生长工艺[70,71]。衬底在 H$_2$ 中热处理的温度与时间分别为 1100℃、10min；缓冲层生长温度为 620℃，生长时间为 110s；缓冲层生长完成后衬底温度在 10min 内升至外延层生长温度(1060～1100℃)；外延层生长过程中，Ga 源的流量为 54μmol/min，氨气为 4.0L/min。缓冲层与外延层的生长压力均为 760 Torr。材料生长完成后，外延片以 1℃/s 的速率降温至 900℃，然后随炉冷却至室温。与此类似，在 Si 衬底上外延 GaN 薄膜也有其典型的工艺，与在蓝宝石衬底上的相似，只是采用高温

AlN 缓冲层（1100℃）。以此工艺在 Si 衬底上可以外延生长 GaN 单晶薄膜，其横截面 SEM 图如图 4-41 所示[70,71]，外延层厚度约为 $3.0\mu m$，没有明显的晶界。

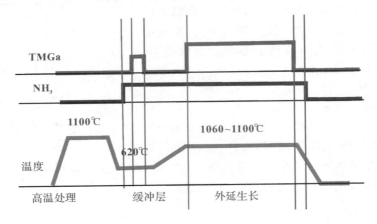

图 4-40　蓝宝石衬底上 GaN 外延生长工艺

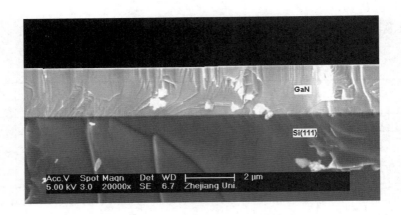

图 4-41　以高温 AlN 为缓冲层外延 GaN 单晶薄膜横截面 SEM 图

4.6.4　MOCVD 生长 ZnO

由于 MOCVD 技术本身的优点，MOCVD 被广泛用于 ZnO 材料和相关器件的制备研究。根据 ZnO 研究和应用方向的不同，MOCVD 技术生长 ZnO 薄膜的研究有两个不同的时期。在 1997 年以前，MOCVD 技术生长的 ZnO 薄膜主要应用于透明导电电极和表面声波滤波器等。1997 年以后，随着 ZnO 受激辐射和 p 型掺杂的研究取得了一些进展，MOCVD 技术制备 ZnO 薄膜主要为研究 ZnO 的半导体性质和光电器件服务。

ZnO 外延生长的 MOCVD 系统和其他材料（如 GaAs、GaN 等）的 MOCVD 系统也大致相同，自然，因各自的目的不同，具体配置也会有所差异。为了满足对性能和生长工艺重复性的要求，人们设计了多种各具特色的 MOCVD 系统。图 4-42 为一种采用射频等离子体辅助掺杂的 MOCVD 系统的框架图。图 4-43 为该系统的生长室结构示意图。这是一种 ZnO 薄膜外延生长专用 MOCVD 系统，具有如下特点[73]。

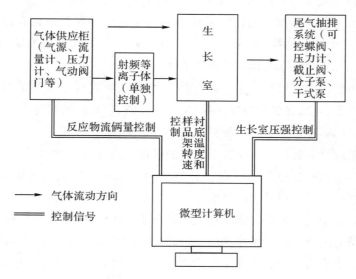

图 4-42　射频等离子体辅助 MOCVD 系统的框架

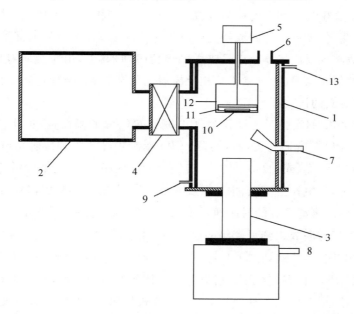

1.生长室　2.手套箱　3.射频等离子体　4.活开门　5.带动衬底旋转的电机
6.排气口　7.DEZn 载气进气管　8.气体进口　9 和 13.冷却水进出口
10.衬底　11.样品加热器　12.样品架
图 4-43　等离子体辅助 MOCVD 生长室配置结构

其一,该系统专门为 ZnO 基材料的生长而设计,有 Zn、Mg、Al 等有机源,有 N_2O、NO 等气源,高纯 N_2 为载气,还设置有备用气路源,可以满足本征 ZnO、n 型 ZnO、p 型 ZnO 及 ZnO 合金等薄膜材料的制备。

其二,增加了射频等离子体发生器。该等离子体发生器可以在较低的生长室压强下工作,它将含 N 气体活化成具有高活性氮原子,使得 ZnO 薄膜 N 掺杂生长在远离平衡态下进行,从而可以提高 N 的掺杂浓度;另外,采用的射频等离子体发生器具有自身的特殊性,而不同于一般的等离子体发生器,即:在适当的工作条件下可以获得高浓度的 N 原子和低浓度的高能带电离子,从而可以提高有效掺杂浓度。

其三,配有微型计算机控制系统。该 MOCVD 系统可以通过计算机对衬底温度、气体流量、衬底转动速度、金属有机源源瓶压强、生长室压强、生长时间和电磁—气动阀门等工艺部件和参数进行控制,有利于实现超晶格和量子阱的生长。

其四,样品架通过电机转动。一方面使得薄膜能够生长得比较均匀;另一方面,在一般的低压(10～100mmHg)条件下生长 ZnO 材料时,可以加速衬底表面气体的流动,促进气体在边界层的扩散传质过程,而且可以降低生长室内部的气体热对流。

其五,排气口置于生长室的上侧。这基本避免了气体的热对流,即有利于实现超晶格和量子阱生长,也降低了反应物的均相反应,从而减少了形成的颗粒对薄膜的污染。

其六,增加了手套箱。衬底和样品进出生长室的过程是通过手套箱进行的,这避免了生长室腔体直接暴露于大气环境,使得生长室更为清洁,消除了空气中灰尘和水汽的污染。

其七,采用衬底生长面朝下的样品放置方式。这种结构有两个优点:其一,配合排气口设计在生长室上侧,气体可以比较流畅地从下面进入生长室,然后从上部抽走,顺应气体热对流的方式,有效减少反应气体在生长室中的停留时间;其二,由于金属有机源 DEZn 物性非常活泼,极易被氧化,在气相中发生均相反应后会生成颗粒,倒置衬底表面可以减少颗粒掉到样品表面后对其的污染。

该系统外延 ZnO 的实验工艺过程为:(1)调节 MO 源的温度,根据实验要求的 MO 源摩尔流量来计算 MO 源合适温度,然后打开 MO 源冷阱冷却水和冷阱总电源,设定冷阱温度,最后开启冷阱的制冷(或加热)电源。(2)编辑工艺程序,在确定实验目的后,设计实验中每个工序的操作时间、生长室压强、生长温度和各种气体流量等参数,并使用计算机编辑工艺程序。(3)装衬底,将清洗好的衬底通过手套箱传递到生长室,并固定到样品架上。传递的具体过程是:先将衬底放入到手套箱的过渡室,对过渡室抽真空,充入高纯 N_2 气,然后再抽真空,反复 3～5 次,再传递到主手套箱,打开生长室活开门,将衬底从主手套箱送入生长室。(4)开机,先打开生长室、分子泵、射频等离子体所用的冷却水,然后合上系统总电源,开启控制计算机。(5)生长室抽本底真空,开启干式机械泵,当生长室真空度达到 10Pa 以下时,开启分子泵,继续抽真空,使得本底真空度达到 1×10^{-3} Pa 以下。(6)外延生长,有 2 种模式,一是使用分子泵维持生长室的真空度,开启射频电源并增加功率到所需值,然后运行计算机中的工艺程序,开始生长材料,这主要是生长 p 型 ZnO 薄膜;二是关闭分子泵,充入高纯氮气使生长室达到所需压强,然后运行计算机中的工艺程序,开始生长材料。(7)停机和取样,生长结束后,关闭各种反应气体,降低衬底温度至 100℃ 以下后将生长室充高纯氮气使之恢复至常压,停止程序运行后关闭计算机,待衬底温度降至 50℃ 以下,通过手套箱取出样品,最后关闭总电源和各路冷却水。

通过选择合适的衬底和生长工艺,人们能够制备较高晶体质量的 ZnO 薄膜。由于有机锌源和氧源之间反应激烈,会导致严重的预反应并在薄膜表面形成颗粒,所以一般采用低压 MOCVD 技术生长 ZnO 薄膜,并需要将有机锌源和氧源各自独立进入到衬底表面[74,75];另外,为了避免预反应,还可以通过使用活性较低的先驱体,二乙基锌(DEZn)是最常使用的 Zn 有机源,活性较低的氧源包括 CO_2、H_2O、N_2O 和乙醇等[76-80]。电学性能可调的 n 型和 p 型 ZnO 薄膜的生长是制备 ZnO 基光电器件的基础。目前,MOCVD 技术比较容易生长 n 型 ZnO 薄膜,可以通过掺入 Al、Ga 等元素获得高电子浓度和低电阻率的 n 型 ZnO 薄膜[81,82]。但是,由于 ZnO 晶体中存在多种空穴补偿机制,如锌间隙(Zn_i)、氧空位(V_O)、锌反位缺陷(Zn_O)和两性的氢元素等对空穴的补偿作用[83-85],以及普通 MOCVD 技术本身存在的一些局限:如它是一种近平衡态的生长过程,一般需要使用气态或液态的掺杂源,有机反应物中存在氢元素,这些因素导致了普通 MOCVD 技术比较难以制备 p 型 ZnO 薄膜。利用特殊设计的 MOCVD,如上述的射频等离子体辅助 MOCVD,采用高活性氮源(NO)掺杂和磷元素掺杂等方法可以获得 p 型 ZnO 薄膜[86,87]。MOCVD 技术还可以实现 ZnO 基多元合金 MgZnO 和 ZnCdO 的生长[88,89],它们是实现 ZnO 基发光器件结构制备的基础之一。

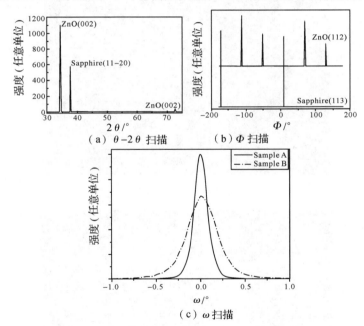

图 4-44 采用缓冲层技术在 a 面蓝宝石衬底上沉积的 ZnO 外延薄膜的的 XRD 图谱

图 4-44 显示的是采用上述 MOCVD 系统以缓冲层技术在 a 面蓝宝石衬底上沉积的 ZnO 外延薄膜的的 XRD 图谱[73],包括 θ-2θ 扫描、Φ 扫描和 ω 扫描。ZnO 薄膜生长工艺为:先在衬底温度为 350℃的条件下,生长一层厚度约 10nm 的 ZnO 薄膜;然后将衬底温度升高到 850℃,退火 20 分钟;最后,将衬底温度降低到 350℃,生长厚约 500nm 的 ZnO 薄膜。在整个生长过程中,生长压强为 50Torr,N_2O 的体积流量为 10sccm,DEZn 的摩尔流量为 13.0μmol/min。在 XRD 图中,θ-2θ 扫描图谱显示了 ZnO 的(002)与(004)衍射峰和蓝宝石的(1120)衍射峰,说明 ZnO 薄膜是沿着[0001]方向垂直于衬底生长的。在 ZnO 薄膜和蓝

宝石衬底的 Φ 扫描图谱中，ZnO(112)面的反射峰具有六次对称性，而且和蓝宝石的(113)面的反射峰有固定的对应关系，所以，ZnO(001)薄膜是外延生长在蓝宝石(1120)衬底上的。高分辨率 X 射线衍射 ω 扫描曲线的半高宽是衡量外延薄膜的晶体缺陷多少和取向一致性高低的重要指标，所得数值为 0.15°，具有较好的晶体质量。图4-45是上述 ZnO 外延膜 SEM 平面图和剖面图。ZnO 晶粒都具有明显的六角形貌，符合 ZnO 六角纤锌矿晶体结构关于 c 轴六次的对称性；而且对应棱角相互之间有固定平行关系，证实了 ZnO 薄膜是外延生长在 a 面蓝宝石衬底上的。晶粒均匀，棱角明显；ZnO 薄膜的晶粒已经完全愈合在一起了，没有明显的柱状晶粒结构，结合 XRD 图，在 a 面蓝宝石衬底上低温外延得到的是单晶 ZnO 薄膜。

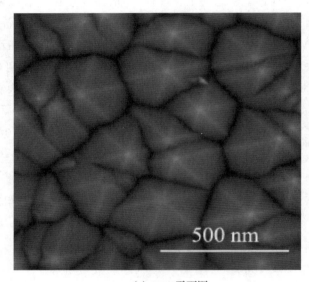

(a) SEM平面图

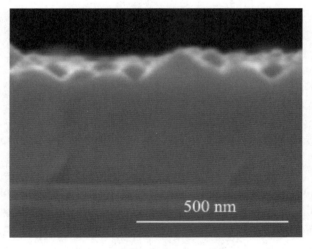

(b) SEM剖面图

图 4-45 采用缓冲层技术在 a 面蓝宝石衬底上沉积的 ZnO 外延薄膜的 SEM 图像

§4.7 特色 CVD 技术

4.7.1 选择外延 CVD 技术

选择外延(SAE)是在衬底上限定的区域内进行外延生长的一种技术。1962 年,Joyce 和 Baldrey 发表了第一篇硅选择外延的研究论文[90]。随着器件尺寸的减小,能够实现自对准结构的选择性外延生长技术越来越受到重视。这种在带有图形的 Si 片上选择性生长 Si 或 SiGe 层的技术,可以减小异质结双极晶体管(HBT)的 CB 寄生电容,也可以减小 MOSFET 的源漏电阻,从而可有效地提高器件的性能[47-49]。

对于 Si 外延薄膜生长而言,选择外延生长的通常模式为:以 Si 为衬底,用 SiO_2 或 Si_3N_4 为掩膜,利用光刻技术开出窗口,窗口内硅单晶表面的生长是立即开始的,而在窗口外的掩膜上生长不能立即开始,只有在超过"成核"时间后才开始多晶生长,通过控制工艺,从而实现只在窗口内暴露出来的硅衬底上进行外延生长,这种方法也称为差分外延生长。选择外延生长可以用晶体成核理论来解释,Si 在清洁的硅表面上外延生长是同质外延,而在 SiO_2 或 Si_3N_4 上生长是异质外延,因而后者的晶核形成能高,成核需要更大的过饱和度,有时即使在掩膜上形成少量的晶核,由于不稳定也容易被生长体系中的 HCl 等腐蚀掉。此外,窗口处或其他要进行硅外延生长的硅表面处于凹进的位置,这种凹槽具有降低晶核形成能的凹陷效应,甚至能使在凹陷处的晶核在未饱和条件下保持稳定,这也能促进选择外延生长的实现。

利用 UHV/CVD 差分外延生长方法,在 550℃ 甚至更低的温度下就可以实现 Si 或 SiGe 的选择性外延。这开辟了一条获得高 Ge 组分和良好表面形貌 SiGe 外延层的工艺途径,由于生长温度较低,可以实现陡直分布的外延层掺杂,而且能够完全避免工艺中氯化物的存在。图 4-46 是 UHV/CVD 差分外延生长的示意图[48]。图 4-46(a)表示的是初始状态。在成核时间内,衬底的 Si 窗口内生长速率为 $1\sim10\text{nm/min}$,但 SiO_2 上的生长速率为零,因而 Si 只在窗口内外延生长,如图 4-46(b)所示。当超过成核时间后,Si 和 SiO_2 表面同时进行生长,Si 窗口上继续进行单晶生长,但 SiO_2 表面生长的是多晶薄膜,如图 4-46(c)所示。成核时间是指 Si 在 SiO_2 表面从成核到形成连续的籽晶层所需的时间。在 $450\sim550℃$ 温度范围内,Si 在 SiO_2 上沉积的成核时间强烈依赖于生长温度。在 550℃ 的生长温度下,SiO_2 掩膜层厚度为 200nm 时,成核时间为 72min,Si_3N_4 的成核时间低于 SiO_2。如果成核时间越长,选择外延就越容易控制,会有更大的生长层厚度的差异。反应气体中增加 GeH_4 将增加成核时间,即意味着以 UHV/CVD 的沉积速率,可以实现任何厚度的应变 SiGe 薄膜的选择外延生长。在 CVD 体系中加入一定量 HCl 或 HBr,可以有效防止 Si 在掩膜上成核,其效果等同于增加成核时间,可以在低温下进行选择性外延生长。

在人们的研究中,还有一些新的外延工艺技术,如横向外延过生长(Epitaxial Lateral Overgrowth,ELOG)、悬空外延(Pendo Epitaxy)等,这些在某种程度上也可以称之为选择性外延。ELOG 是利用外延薄膜不同晶向具有的不同生长速率,在有图形的衬底上进行选区生长,外延准无缺陷单晶薄膜材料的一种方法。1997 年,Davis 课题组[91]首次采 ELOG

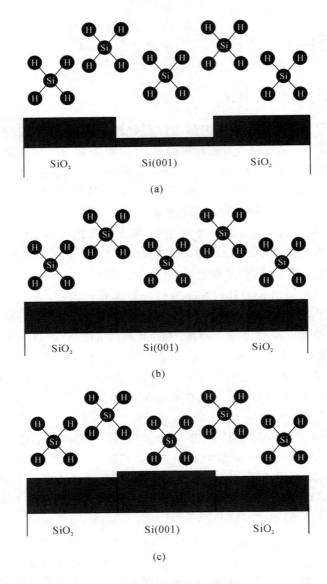

图 4-46 差分外延生长过程

方法在 Al_2O_3 衬底上获得了准无缺陷的 GaN 基材料,面缺陷密度由 $10^{10}\,cm^{-2}$ 降低到 $10^6\,cm^{-2}$,大大提高了 GaN 基外延薄膜的质量。其生长过程如图 4-47 所示:先在蓝宝石或 Si 衬底上生长 $0.2\mu m$ 的 GaN 层,然后淀积一层 $0.1\mu m$ 多晶态的 SiO_2 或 SiN_x 掩膜层;再利用光刻技术,刻蚀成 $4\mu m$ 宽的条纹窗,刚好露出 GaN 薄膜,由 $7\sim8\mu m$ 的 SiO_2 条纹掩膜层间隔开来。GaN 外延层生长在 GaN 薄膜的开窗区域,进行同质外延。典型的掩埋层方向是沿着 $<11\bar{2}0>$ 或 $<1\bar{1}00>$ 方向,后者表现出了更快的过生长速率。随着外延层的厚度不断增加,GaN 薄膜横向生长在 SiO_2 条纹掩膜层上。当厚度大约 $10\mu m$ 时,生长在 SiO_2 条纹掩膜层两个边缘的 GaN 外延层合并,在刻有图案的衬底上形成连续而又平坦的 GaN 薄膜。生长在 SiO_2 条纹掩膜层上的 GaN 外延层的缺陷密度很低,仅为 $10^6\,cm^{-2}$。根据 SiO_2 掩埋层的宽度,平面化需要总厚度达到 $10\sim20\mu m$。在 SiO_2 掩埋层上面的材料的晶体质量得到了很大的提高,有非常低的线形位错密度,这是因为缓冲层与衬底间的晶格失配所形成的线缺陷在生长过程中有向上延伸的趋势。当形成过生长,即产生横向生长后,线缺陷的一部分在横向生长区被截断、消失,一部分向横向过生长区弯曲 90°,继续延伸,使表面的线缺陷大大减少,从而达到了降低缺陷密度的目的。

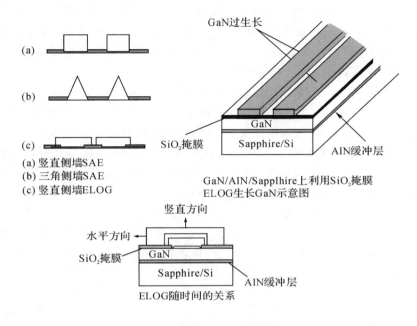

图 4-47　横向外延过生长(ELOG)过程

悬空外延方法也是用来生长大面积低缺陷密度的 GaN 外延薄膜的[92],其生长过程如图 4-48 所示。GaN 并没有成核在刻蚀后的 Si(111) 表面,它仅仅在 GaN 柱的侧壁上成核,然后横向生长,远离相对的成核侧壁,生长表面相互接近并最终相遇,形成(0001)顶面,然后 GaN 开始垂直生长在(0001)面上。当 GaN 生长到与 SiN_x 掩埋层顶部水平时,它开始横向

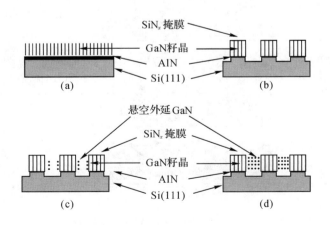

图 4-48　悬空外延(Pendo Epitaxy)

生长覆盖在掩埋层上。薄膜不在衬底或有很大缺陷的 GaN 上成核,位错密度保持很低,从而生长出大面积低缺陷密度的 GaN 外延层。

4.7.2　原子层外延

原子层外延(ALE),也称为原子层沉积(ALD),于 1974 年由 Suntola 和 Anston 首次提出。早期,ALE 技术主要用于沉积平板显示器上的 ZnS:Mn 等场致发光薄膜;20 世纪 80 年代中期,该技术开始用来制备多晶薄膜、Ⅲ-Ⅴ和Ⅱ-Ⅵ族半导体薄膜,以及非晶 Al_2O_3 薄膜;20 世纪末,该技术开始用来制备高介电常数(k)的材料,代替 SiO_2 作为 MOS 晶体管的栅介质,用于集成电路,在工业上获得了应用。

ALE 本质上是一种 CVD 技术,是建立在连续的表面反应基础上的一门新兴技术。与传统 CVD 不同的是,ALE 技术是交替脉冲式地将反应气体通入到生长室中,使其交替在衬底表面吸附并发生反应,并在两气体束流之间清洗反应室,每个生长周期只沉积一个单原子层,其生长是自限制的。具体来说,每一个 ALE 反应循环可分为 4 个步骤(图 4-49)[93]:(1)第一种反应前体以脉冲的方式进入生长室,化学吸附在衬底表面;(2)待表面吸附饱和后,用惰性气体将多余的反应前体吹洗出生长室;(3)随后,第二种反应前体以脉冲的方式进入生长室,并与上一次化学吸附在表面上的前体发生反应;(4)待反应完成后再用惰性气体将多余的反应前体及其副产物吹洗出生长室。ALE 薄膜生长的基础是交替饱和的气相—固相表面反应,当表面化学吸附饱和后,表面反应前体的数量不再随时间增加,因此每次循环生长的薄膜都只是一个单原子层。

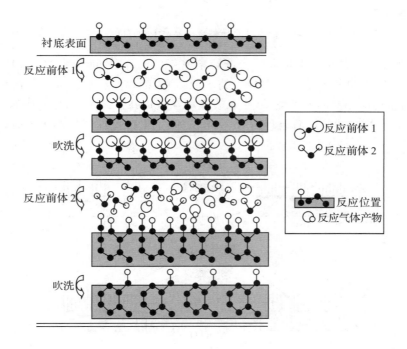

图 4-49　一个完整的 ALE 反应循环

相对于普通 CVD,ALE 的优点是反应气的利用率很高,可进行原子层操作,因而可以方便地生长超薄外延层和各种异质结构,获得陡峭的界面过渡,外延层均匀性好,生长易于控制。此外,ALE 还具有很好的保形性,不论基片是平整的还是具有纳米多孔结构,都可以在不改变基片原有表面形貌的前提下沉积薄膜。相对于其他沉积方法,ALE 技术制备的薄膜非常纯,而且能够精确地控制薄膜厚度和组分。ALE 技术最初主要用于制备ⅢA 族及镧

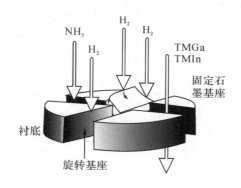

图 4-50　ALE 旋转基座

系金属氧化物薄膜,如 Y_2O_3、Ga_2O_3、La_2O_3 等;目前研究最多的则是用于存储器电容的 Ta_2O_5、TiO_2 以及用作 MOS 栅介质层的 Al_2O_3、ZrO_2、HfO_2 等。此外,利用 ALE 技术对典型半导体材料的研究也逐步开展起来,如 In_2O_3、ZnO、GaN 等。2003 年,国际半导体发展蓝图(ITRS)把 ALE 列为 45nm 及以下技术集成电路的关键技术。

　　ALE 技术通常使用旋转基座。图4-50为Ⅲ-Ⅴ族半导体薄膜 ALE 外延生长的基座示意图[63]。反应室中的反应气流可连续流动且在空间中彼此分离,基座保持连续旋转,以达到改变Ⅲ族或Ⅴ族反应气体流量的目的。反应室的这种结构设计可以保证限制 ALE 生长速率的过剩反应物和反应产物快速有效地流动,还可以对中央的 H_2 气流加以控制,以便减少 NH_3 对 TMGa 气流的交叉污染。利用这种基座生长 GaAs、InP、GaN 等Ⅲ-Ⅴ族化合物,可以使表面的单甲基金属团更具活性,氢化物很容易分解。对于三元化合物(如 AlGaN)而言,蒸气压不必太高既可获得合金组分 x 在 0~1 之间的材料。

　　Asikainen 等人[94]利用 ALE 技术,以高纯 N_2 为载气和清洗气,生长压力为 10^{-3} Pa,$InCl_3$ 蒸气和水蒸气为反应前体,于 400~500℃在玻璃衬底上制备出 In_2O_3 薄膜,电阻率约为 $3×10^{-3}$ Ωcm、可见光区域透射率大于 90%。利用 ALE 方法,以水蒸气、$InCl_3$ 和 $SnCl_4$ 为反应前体,还可制备出 ITO 薄膜[95],可见光区域透射率超过 90%,Sn 掺杂量为 2~6at.%时,ITO 薄膜电阻率为 10^{-4} Ωcm。Yousfi 等人[96]利用 ALE 技术制得 ZnO 薄膜,DEZn 和 H_2O 为反应气体,N_2 为清洗气体,气流按(DEZn:N_2:H_2O:N_2)200:500:200:500ms 的时间间隔依次通入,沉积主要在 150~160℃之间进行,生长速率与温度的关系如图 4-51 所示,当温度由 130℃升至 180℃时,生长速率保持恒定,自动达到饱和,具有明显的自限制机制。采用 Al 或 B 掺杂后,电阻率可以降至 10^{-4} Ωcm,是一种典型的透明导电氧化物(TCO)薄膜[96,97]。

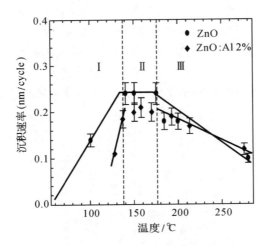

图 4-51　ALE 沉积 ZnO 和 ZnO：Al 薄膜的生长速率与温度的关系

参考文献

[1] H. C. Theuerer, J. J. Kleimack, H. H. Loar, et al. Proc. IRE 48, 1642(1960).

[2] (美)B. Jayant Baliga 著；任丙彦，李养贤等译；徐岳生，刘化合校. 硅外延生长技术. 石家庄：河北科学技术出版社(1992).

[3] 阙端麟，陈修治. 硅材料科学与技术. 杭州：浙江大学出版社(2000).

[4] (荷) S. P. Killer 著；罗英浩，杨遇春，温铎民，丁道云译. 半导体材料及其制备. 北京：冶金工业出版社(1985).

[5] H. Schaefer. Chemical Transport Reactions. New York：Academic Press(1964).

[6] J. W. Rose. U. S. Patent, 4517220(1985).

[7] R. K. Smeltzer, J. Electrochem. Soc. 122, 1666(1975).

[8] B. A. Joyce, R. R. Bradley. J. Electrochem. Soc. 110, 1235(1963).

[9] L. P. Hunt, E. Sirtl. J. Electrochem. Soc. 119, 1741(1972).

[10] C. S. Herrick, R. A. Sanchez-Martinez. J. Electrochem. Soc. 131, 455(1984).

[11] V. S. Ban. J. Electrochem. Soc. 122, 1389(1984).

[12] T. Arizumi. Curr. Top. Mater. Sci. 1, 343(1975).

[13] V. S. Ban, S. L. Gilbert. J. Electrochem. Soc. 122, 1382(1975).

[14] P. van der Putte, L. J. Giling, J. Bloem. J. Cryst. Growth 31, 299(1975).

[15] J. Bloem, W. A. P. Claasen. Philips Tech. Rev. 41, 60(1983).

[16] T. Arizumi. Curr. Top. Mater. Sci. 1, 343(1975).

[17] J. Bloem, L. J. Giling. Curr. Top. Mater. Sci. 1, 147(1978).

[18] A. A. Chernov. J. Cryst. Growth 42, 55(1977).

[19] C. H. J. van den Brekel. Phillips Res. Rep. 32, 118(1977).

[20] H. H. Lee. J. Cryst. Growth 69, 82(1984).

［21］ R. B. Herring. Solid State Technol. 22(11)，75(1979).

［22］ D. L. Rode，W. R. Wagner，N. E. Schumaker. Appl. Phys. Lett. 30，75(1977).

［23］ J. Nishizawa，T. Terasaki，M. Shimbo. J. Cryst. Growth 17，241(1972).

［24］ L. J. Gilling. Mater. Chem. Phys. 9，117(1983).

［25］ P. Rai-Choudhury，E. Salkovitz. J. Cryst. Growth 7，361(1970).

［26］ P. Rai-Choudhury，E. Salkovitz. J. Cryst. Growth 7，353(1970).

［27］ J. B. Price，J. Goldman. J. Electrochem. Soc. 126，2033(1979).

［28］ C. O. Thomas，D. Kahng，R. C. Manz. J. Electrochem. Soc. 109，1055(1962).

［29］ M. Wong，R. Reif. IEEE Trans. Electron Devices ED－32，83(1985).

［30］ M. Wong，R. Reif，R. Srinivasan. IEEE Trans. Electron Devices ED－32，89 (1985).

［31］ G. R. Srinivasan. J. Eletrochem. Soc. 127，1334(1980).

［32］ 杨树人，丁墨元. 外延生长技术. 北京：国防工业出版社(1992).

［33］ 魏希文，陈国栋. 多晶硅薄膜及其应用. 大连：大连理工大学出版社(1988).

［34］ H. C. Theuerer. J. Electrochem. Soc. 108，649(1961).

［35］ E. O. Ernst. Electrochem. Soc. Meeting，Oct. 1965.

［36］ W. A. Emmerson. Solid State Tech. 10，50(1967).

［37］ D. W. Boss et al. Patent issued Oct. 16(1973).

［38］ R. Takahashi，K. Sugawara，Y. Nakazawa，et al. J. Electrochem. Soc. 117，C107 (1970).

［39］ 郝跃，彭军，杨银堂. 碳化硅宽带隙半导体技术. 北京：科学出版社(2000).

［40］ A. I. Kingon，L. J. Lutz，P. Liaw，et al. J. Am. Ceram. Soc. 66，558(1983).

［41］ T. J. Donahue，R. Reif. J. Electronchem. Soc. 81，1691(1986).

［42］ B. S. Meyerson. Appl. Phys. Lett. 48，797(1986).

［43］ B. S. Srikanth，E. A. Fitzgerald. J. Appl. Phys. 81，3108(1997).

［44］ S. R. Sheng，M. Dion，S. P. Mcalister，et al. J. Vac. Sci. Technol. A 20，1120 (2002).

［45］ J. A. Floro，E. Chason，M. B. Sinclair，et al. Appl. Phys. Lett. 73，951(1998).

［46］ B. S. Meyerson，K. Uram，F. Legoues. Appl. Phys. Lett. 53，2555(1988).

［47］ F. K. Legoues，B. S. Meyerson，J. F. Morar. Phys. Rev. Lett. 66，2903(1991).

［48］ 徐世六，谢孟贤，张正播. SiGe 微电子技术. 北京：国防工业出版社(2007).

［49］ 崔继锋. UHV/CVD 外延生长薄硅及锗硅单晶薄膜（硕士学位论文）. 浙江大学 (2004).

［50］ 吴贵斌. 基于 UHV/CVD 的选择性外延锗硅与金属诱导生长多晶锗硅的研究（博士学位论文）. 浙江大学(2006).

［51］ Z. Z. Ye，Y. Liu，Z. Zhou，et al. J. Electron. Mater. 22(2)，247(1993).

［52］ 叶志镇. 半导体学报 15，832(1994).

［53］ A. Sherman. Chemical Vapor Deposition For Microelectronics：Principles，Technology，and Applications. New Jersey：Noyes Publications(1987).

[54] D. M. Dobkin, M. K. Zuraw. Principles of Chemical Vapor Deposition. Norwell: Kluwer Academic Publishers(2003).

[55] (美) W. T. Tsang 著;江剑平译. 半导体材料生长技术. 广州:广东科技出版社 (1993).

[56] I. Nagai, T. Takahagi, A. Ishitani, et al. J. Appl. Phys. 64, 5183(1988).

[57] M. Hirayama, W. Shindo, T. Ohmi. Jpn. J. Appl. Phys. 33, 2272(1994).

[58] T. J. Donahue, R. Reif. J. Appl. Phys. 57, 2757(1985).

[59] R. G. Frieser. J. Electrochem. Soc. 115(4), 401(1968).

[60] M. G. Collet. J. Electrochem. Soc. 116, 110(1969).

[61] J. P. Duchemin. J. Cryst. Growth 45, 181(1978).

[62] S. Nishida et al. Appl. Phys. Lett. 49(2), 79(1986).

[63] 谢孟贤,刘诺. 化合物半导体材料与器件. 成都:电子科技大学出版社(2000).

[64] H. M. Manasevit. Appl. Phys. Lett. 12, 156(1968).

[65] T. Fukui, Y. Horikoshi. Jpn. J. Appl. Phys. 19, L53(1980).

[66] D. Battat, M. M. Faktor, I. Garrett, et al. J. Chem. Soc., Faraday Trans. I 70, 2267 (1974).

[67] G. Constant, A. Lebugle, G. Montel, et al. Proc. Electrochem. Soc. 79-3, 239(1979).

[68] G. B. Stringfellow. Annu. Rev. Mater. Sci. 8, 73(1978).

[69] H. Amano, N. Savaki, I. Akasaki, et al. ibid 48, 353(1986).

[70] 倪贤锋. MOCVD 方法生长硅基 GaN 与 AlxGa1-xN 薄膜及其性能研究(硕士学位论文). 浙江大学(2004).

[71] 赵浙. MOCVD 方法硅基 GaN 的生长及其 p 型掺杂研究(硕士学位论文). 浙江大学 (2004).

[72] S. Nakamura. Appl. Phys. Lett. 58, 2021(1991).

[73] 徐伟中. MOCVD 方法生长单晶 ZnO、p 型掺杂及同质 ZnO-LED 室温电致发光研究 (博士学位论文). 浙江大学(2006).

[74] Y. Kashiwaba, K. Sugawar, K. Hag, et al. Thin Solid Films 411, 87(2002).

[75] B. M. Ataev, W. V. Lundin, V. V. Mamedov, et al. J. Phys.: Condens. Matter 13, L211(2001).

[76] D. C. Oh, A. Setiawan, J. J. Kim, et al. Current Appl. Phys. 4, 625(2004).

[77] S. Shirakat, K. Saeki, T. Terasako, J. Cryst. Growth 237/239, 528(2002).

[78] B. S. Li, Y. C. Liu, Z. S. Chu, et al. J. Appl. Phys. 91, 501(2002).

[79] Th. Gruber, C. Kirchner, A. Waag. Phys. Stat. Sol. (b) 229, 841(2002).

[80] Y. Fujit, R. Nakai. J. Cryst. Growth 272, 795(2004).

[81] A. R. Kaul, O. Yu. Gorbenko, A. N. Botev, et al. Superlattices Microstruct. 38, 272(2005).

[82] J. D. Ye, S. L. Gu, S. M. Zhu, et al. J. Cryst. Growth 283, 279(2005).

[83] E. C. Lee, Y. S. Kim, Y. G. Jin, et al. Phys. Rev. B 64, 085120(2001).

[84] C. H. Park, S. B. Zhang, S. H. Wei. Phys. Rev. B 66, 073202(2002).

[85] X. N. Li, B. Keyes, S. Asher, et al. Appl. Phys. Lett. 86, 122107(2005).

[86] W. Z. Xu, Z. Z. Ye, T. Zhou, et al. J. Cryst. Growth 265, 133(2004).

[87] F. G. Chen, Z. Z. Ye, W. Z. Xu, et al. J. Cryst. Growth 281, 458(2005).

[88] W. Liu, S. L. Gu, S. M. Zhu, et al. J. Cryst. Growth 277,416(2005).

[89] Th. Gruber, C. Kirchner, R. Kling, et al. Appl. Phys. Lett. 83, 3290(2003).

[90] B. D. Joyce, J. A. Baldreg. Nature 195, 485(1962).

[91] O. H. Nam, M. D. Bermser, T. S. Zheleva, et al. Appl. Phys. Lett. 71, 2638 (1997).

[92] T. Gehrke, K. J. Linthicum, E. Preble, et al. J. Electron. Mater. 29, 306(2000).

[93] 卢红亮,徐敏,张剑云,等. 功能材料 6,809(2005).

[94] T. Asikainen, M. Ritala, M. Leskela. J. Electrochem. Soc. 141, 3210(1994).

[95] T. Suntola, J. Hyvarinen. Annu. Rev. Mater. Sci. 15, 177(1985).

[96] E. B. Yousfi, B. Weinberger, F. Donsanti, et al. Thin Solid Films 387, 29(2001).

[97] A. Yamada, B. Sang, M. Konagai. Appl. Surf. Sci. 112, 216(1997).

第5章

脉冲激光沉积

脉冲激光沉积(pulsed laser deposition,简称 PLD)法制备薄膜,将脉冲激光器产生的高功率脉冲激光聚焦于靶材表面,使其表面产生高温及烧蚀,并进一步产生高温高压等离子体($T>10^4$K),等离子体定向局域膨胀在衬底上沉积成膜。PLD 技术起步于 20 世纪 60 年代,但直到 80 年代末才得到迅速发展。人们随即发现这种技术在超导体、半导体、铁电体、金刚石或类金刚石以及一些有机薄膜的制备中具有不可替代的优势,而且在制备低维结构材料(纳米颗粒、量子点等)方面也得到了运用。

§5.1 脉冲激光沉积概述

PLD 是 20 世纪 80 年代后期发展起来的新型薄膜制备技术。典型的 PLD 装置如图 5-1 所示。一束激光经透镜聚焦后投射到靶上,使被照射区域的物质烧蚀(ablation),烧蚀物(ablated materials)择优沿着靶的法线方向传输,形成一个看起来像羽毛状的发光团——羽辉(plume),最后烧蚀物沉积到前方的衬底上形成一层薄膜。在沉积的过程中,通常在真空腔中充入一定压强的某种气体,如淀积氧化物时往往充入氧气,以改善薄膜的性能。

PLD 技术的起始想法来自 20 世纪 60 年代中期即世界第一台激光器问世不久对激光与物质相互作用的研究,由于发现强激光能将固态物质熔化并蒸发,人们于是想到将蒸发物沉积在基片上以获得薄膜。由于当时材料研究水平和激光器性能的限制,PLD 技术在 80 年代末以前并没有受到广泛关注,但在制备诸如电介质、半导体薄膜等方面得到了一定的经验。

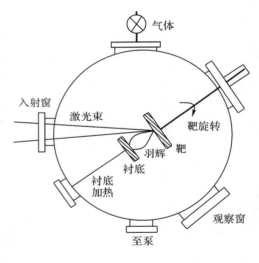

图 5-1 典型的 PLD

PLD 技术的每一次发展都伴随着新型激光器的产生和研究激光与物质相互作用的进展。20 世纪 70 年代起,短脉冲 Q 开关激光器出现,其瞬时功率可达到 10^6 W 以上,可以用于复合成分薄膜的沉积,这为 PLD 的广泛应用奠定了基础[1]。1987 年,D. Dijkkamp 等人[2]应用高能准分子脉冲激光成功地制备出高质量的高温超导 $YBa_2Cu_3O_{7-x}$ 薄膜。随后,PLD 技术又被用于制备日益重要的微电子和光电子领域用的多元氧化物,也被用于制备氮化物、碳化物、硅化物以及一些有机物,甚至有机—无机复合材料薄膜等广泛领域;在制备一些难以合成的材料,如金刚石薄膜、立方氮化碳薄膜,PLD 技术也取得了很大进展[3,4];PLD 还扩展到了制备纳米颗粒和半导体量子点等其他领域[5,6]。同时,PLD 制备薄膜的机制也得到广泛的研究,许多提高 PLD 薄膜质量的技术得到了发展和运用。如近年来人们发展了一种基本原理与 PLD 类似,但可在薄膜生长过程中进行单原子层水平监测与控制的基础上实现单原子层生长的激光分子束外延(L-MBE)技术。

二十几年来,PLD 技术已成为制备用于研发下一代应用的多种具有潜力的薄膜材料普遍采用的沉积技术之一。该种技术工艺简单,灵活多变,其适用范围相当广泛,几乎所有薄膜材料,从简单金属到二元化合物到多组分的高质量单晶体,均可以用 PLD 来沉积,覆盖了绝缘体、半导体、金属、有机物,甚至生物材料。很少有一种材料合成技术可以如此快速而又广泛地渗入研究和应用领域,其商业应用的目标已被提上日程。目前,PLD 仍然是方兴未艾的薄膜制备技术。今后发展的主要方向,一是 PLD 技术本身朝着超短脉冲、更高峰值、多脉冲发展;二是与其他技术相结合,如上文提到的激光分子束外延技术(L-MBE)、与真空弧沉积技术结合的脉冲激光真空弧沉积技术等。

同其他制膜技术相比,PLD 具有如下优点:1)采用高光子能量和高能量密度的紫外脉冲激光作为产生等离子体的能源,因而无污染又易于控制;2)烧蚀物粒子能量高,可精确控制化学计量,实现靶膜成分接近一致,简化了控制膜组分的工作,特别适合制备具有复杂成分和高熔点的薄膜;3)生长过程中可原位引入多种气体,可以在反应气氛中制膜,这为控制薄膜组分提供了另一条途径;4)多靶材组件变换灵便,容易制备多层膜及异质结;5)工艺简单,灵活性大,可制备的薄膜种类多;6)可用激光对薄膜进行多种处理等。但 PLD 技术也存在一些有待解决的问题:1)不易于制备大面积的膜。这个问题可以通过激光束的光栅扫描或/和衬底的旋转得到较好的解决。2)在薄膜表面存在微米—亚微米尺度的颗粒物污染,所制备薄膜的均匀性较差。这是 PLD 技术难以实现商业化的主要因素之一,也是 PLD 技术亟待解决的难题。3)某些材料靶膜成分并不一致。对于多组元化合物薄膜,如果某些种阳离子具有较高的蒸气压,则在高温下无法保证薄膜的等化学计量比生长。

§5.2　PLD 的基本原理

PLD 是一种真空物理沉积方法,当一束强的脉冲激光照射到靶材上时,靶表面材料就会被激光所加热、熔化、气化直至变为等离子体,然后等离子体(通常是在气氛气体中)从靶向衬底传输,最后输运到衬底上的烧蚀物在衬底上凝聚、成核至形成薄膜。因此,整个 PLD 过程可分为三个阶段:(1)激光与靶的作用阶段,(2)烧蚀物(在气氛气体中)的传输阶段,(3)到达衬底上的烧蚀物在衬底上的成膜阶段。

5.2.1　激光与靶的相互作用

激光与靶的作用决定了烧蚀物的组成、产率、速度和空间分布,而这些直接影响和决定着薄膜的组分、结构及性能。PLD 拥有一些重要的特点,如能保持靶膜成分一致,烧蚀物呈现 $\cos^n\theta$ 形式的空间分布,烧蚀物有很高的离子和原子能量等都是激光与靶作用的结果。特别重要的是,限制 PLD 方法应用的颗粒物问题也是由于激光与靶作用导致的。因此,研究激光与靶的作用对于提高薄膜质量,特别是减少甚至完全消除薄膜中的颗粒物具有重要的意义。

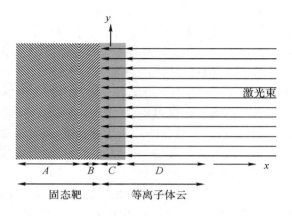

A. 固态靶 B. 熔化的液态层 C. 气态和等离子体层 D. 膨胀后的等离子体

图 5-2　激光烧蚀靶材表面的结构[7]

　　当激光辐射在不透明的凝聚态物质上被吸收时,被照射表面的一个薄层被加热,结果使表面温度升高,同时对物质的内层进行热传导,使被加热层的厚度增加。由于热传导引起的热输运随时间而减慢,因此热传导不能使足够的热量进入物质内部,这将导致表面和表面附近的物质温度持续上升,直到蒸发开始,从这以后,表面的温度仅由蒸发机制控制。在 PLD 常用的功率密度下,蒸气的温度可以很高,足够使相当多的原子被激发和离化,于是蒸气开始吸收激光辐射,导致在靶表面出现等离子体。这时等离子体效应从根本上确定了整个过程的动力学,最终结果是在靶表面附近形成复杂的层状结构(如图 5-2 所示[7])。这个层状结构随时间向靶的深处推进,同时在最外层靶材以等离子体状态喷出。实际烧蚀物中还包含众多的原子和分子,以及少量的团簇和微米尺度的液体和固态颗粒物。

　　激光和靶相互作用的最大特征是在靶表面形成所谓的努森(Knudsen)层[8]。在激光辐照下靶面发生蒸发时,若蒸发物粒子的密度不够高,它们之间的碰撞可以忽略,那么激光使材料蒸发就与热蒸发没有什么区别。然而在典型的 PLD 条件下,激光辐照使靶材料蒸发出的粒子密度可达 $10^{16} \sim 10^{21}$ cm^{-3},如此高密度的粒子能够发生可观的相互碰撞,结果使得蒸发物粒子的速度重新进行了调整和分布,这导致蒸发物从 $\cos\theta$ 形式的空间分布变为 $\cos^n\theta$ 形式的沿靶法线方向的高度择优分布,n 在约 $4 \sim 30$ 之间变化,典型值为 $5 \sim 10$。研究表明,这些碰撞发生在靶表面约几个气体平均自由程的区域内,该区域中的过程是高度非平衡的,称之为 Knudsen 层。Knudsen 层的存在从根本上使激光对靶的作用不同于蒸发,而人们常称之为烧蚀。这是 PLD 能保持靶膜成分一致的根本原因。通常烧蚀机制在 PLD 中占主导地位,但蒸发机制也总是同时存在,只不过在不同条件下蒸发机制所占的比例有所不同。

　　在激光脉冲辐照靶材期间,靶表面约 $1 \sim 10\mu$m 的范围内将形成密度可达 $10^{16} \sim 10^{21}$ cm^{-3}、温度达 2×10^4 K 的致密的等离子体,它能吸收后继激光的能量而使自身的温度迅速升高[7]。等离子体对激光的吸收程度敏感地依赖于本身的密度,密度的稍微增加即可引起对激光的强烈吸收,称为等离子体的屏蔽效应[8]。屏蔽效应使激光与靶相互作用期间等离子体的温度大大提高,从而增强了等离子体的辐射,而固体对这种辐射的吸收效率要比激光辐射的吸收率高,因此实际上固态和液态靶表面的温度将会显著升高,这使得靶表面形成锥状体的结构。屏蔽效应还使得等离子体中的粒子获得了更高的能量,提高了它们的活性,有利于获得高质量的薄膜。靶材离化蒸发量与吸收的激光能量密度之间的关系如下式:

$$\Delta d_t = (1-R)\tau(I-I_{th})/(\rho\Delta H) \tag{5-1}$$

式中,Δd_t 为靶材在束斑面积内的蒸发厚度;R 为材料的反射系数;τ 为激光脉冲持续时间;I 为入射激光束的能量密度;I_{th} 为激光束蒸发的阈值能量密度,它与材料的吸收系数等有关;ρ 为靶材的体密度;ΔH 为靶材的汽化焓。

激光与靶的相互作用是一个极其复杂的过程,它涉及固态物质对激光的吸收、等离子体与激光的相互作用、蒸发物与烧蚀物的非稳态膨胀等,这些过程大多是非平衡或非线性的,而且往往交织在一起,这使得了解它十分困难。有关这方面内容,文献[7]有深入的论述。

5.2.2　烧蚀物的传输

如前所述,烧蚀物在空间的传输是指激光脉冲结束后烧蚀物从靶表面到衬底的过程。在 PLD 制备薄膜时往往有一定压强的气氛气体存在,因此烧蚀物在传输过程中将经历诸如碰撞、散射、激发以及气相化学反应等一系列过程,而这些过程又影响和决定了烧蚀物粒子到达衬底时的状态、数量、动能等,从而最终影响和决定了薄膜的晶体质量、结构及其性能[9]。研究等离子体羽辉传输的动力学和其中的微观过程对提高薄膜质量以及拓宽 PLD 的应用范围具有重要意义。

众所周知,任何物体在气体中的运动将在气体中激发声波,若物体的运动比声波还快,那么声波前沿与物体之间的距离会不断缩小,其间的气体则会不断受到压缩并因此导致其温度、密度、压强不断增加。经过充分的压缩距离后,物体与声波前沿之间的气体已被压缩到最大的限度而不能再被压缩,这时依赖于物体运动速度与声波速度的比即马赫数和气体的性质(绝热指数),被压缩气体的温度可达上万度,密度可比未压缩气体提高数倍,压强也相应地激增。而在声波前沿处气体的温度、密度则突然下降到未压缩气体的水平,形成一个气体状态的间断面。这个间断面就是所谓的激波(shock wave)。在 PLD 中就会形成这种过程。每当激光脉冲结束,速度高达 $10^5\sim10^6$ cm/s 和密度可达 $10^{18}\sim10^{21}$ cm^{-3} 的烧蚀物则开始高速压缩气氛气体,结果是在典型的制备氧化物的条件下,在距靶 $1\sim2$cm 的位置形成强激波。激波一旦形成将独立在气体气氛中传输。图 5-3 给出了激波的结构。激波的前沿到烧蚀物之间是密度、温度和压强突变增加了的区域,其厚度约为一个生长气氛的气体分子平均自由程(μm 数量级)。激波形成时该区域的温度可达 2×10^4K,烧蚀物则紧挨该薄层。

传输时激波薄层中可达上万度的高温。以最常用的 O_2 为例,这意味着其中的 O_2 分子将被激发、离解乃至电离而以氧原子、氧离子等化学活泼状态存在。来自靶材的烧蚀物紧挨着该区域,其中的金属元素能容易地和上述的化学活性氧发生气相化学反应。随着传播的继续,激波将越来越弱,直至最后衰减成声波,气相化学反应也将不再发生。通常显著的气相化学反应发生在激波形成后约 5mm 的范围内。进入声波阶段后,烧蚀物基本上失去了定向运动的速度而进入在重力作用下的热扩散阶段。总之,在强激波形成的条件下,羽辉的传输可分为三个阶段[10]:1)激波的形成阶段;2)激波的传输阶段;3)声波阶段。其中最重要的是激波的传输阶段,该阶段中将产生一系列的诸如激发、离解和电离,以及气相化学反应

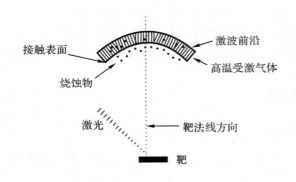

图 5-3　激波传输时

等微观过程,这些对氧化物薄膜中的氧空位和对反应性沉积以及制备其中含变价元素的薄膜有重要意义。

5.2.3　烧蚀粒子在衬底上的沉积

烧蚀粒子在空间经过一段时间的运动到达衬底表面,然后在衬底上成核、长大形成薄膜。为了提高薄膜的质量必须对衬底加温,一般要几百度。这一阶段中,有几种现象对薄膜的生长不利,其一是从靶材表面喷射出的高速运动粒子对已成膜的反溅射作用,其二是易挥发元素的挥发损失,其三是液滴的存在导致薄膜上产生颗粒物。关于抑制颗粒物的一些方法将在接下来的章节中加以介绍。

传统 PLD 技术研究中常用的激光器参数列在表 5-1 中[11],以供参考。

表 5-1　PLD 技术中常用激光器的典型参数[11]

激光器类型	波长/nm	脉冲能量/J	脉冲频率/Hz	脉冲宽度/s
CO_2 TEA 激光器	10600	7.0	10	$(2\sim3)\times10^{-6}$
Nd：YAG 激光器	1064	1.0	20	$(7\sim9)\times10^{-9}$
二次谐波激光器	532	0.5	20	$(5\sim7)\times10^{-9}$
三次谐波激光器	355	0.24	20	$(4\sim6)\times10^{-9}$
XeCl 准分子激光器	308	2.3	20	40×10^{-9}
ArF 准分子激光器	193	1	50	$(1\sim4)\times10^{-9}$
KrF 准分子激光器	248	1	50	$(1\sim4)\times10^{-8}$

§5.3　颗粒物的抑制

在 §5.1 中提到,颗粒物是限制 PLD 技术获得广泛应用的主要因素之一,是 PLD 技术得以商业化应用迫切需要解决的难题。颗粒物的大小和多少强烈依赖于沉积参数,如激光波长、激光能量、脉冲重复频率、衬底温度、气氛种类与压强以及衬底与靶材的距离等。为减少颗粒物的密度与尺寸,研究者提出了许多解决方案,争取从源头上减少液滴的产生或在烧蚀物质的传输过程中减少液滴到衬底的沉积[12]。

首先是使用高致密度的靶材,同时选用靶材吸收高的激光波长,因为液滴产生的情况在激光渗入靶材越深时越严重。靶材对激光的吸收系数越大,则作为液滴喷射源的熔融层越薄,产生的液滴密度越低。

其次,由于 PLD 产生的颗粒物的速率要比原子、分子的速率低一个数量级,因此可以通过基于速率不同的机械屏蔽技术来减少颗粒物。常用的方法有:1)在靶材与衬底之间加一个速率筛(velocity filters),只让速率大于一定值的物质通过并沉积在衬底上,而速率较慢的颗粒物则被拦截下来;2)偏轴激光沉积(off-axis laser deposition),即衬底与靶材不同轴(轴不平行甚至垂直)地进行薄膜的沉积,通过烧蚀物粒子与粒子之间以及粒子与气氛的相互碰撞与散射作用来减少较大颗粒物到衬底的沉积[13];3)瞄准阴影掩模板(line-in-sight shadowmasks),即通过同轴的掩模板来阻挡液滴到达衬底;4)在靶材与衬底间加一个偏转电场或磁场来减少液滴的沉积,等等。其他降低颗粒物污染的沉积技术有:1)双光束激光沉积技术(dual-beam pulsed laser deposition),采用两个激光器或通过对一束激光进行分光得到两束激光,沉积时先让一束光使靶材表面局部熔化,然后让另一束光照射熔区使之转变为等离子体,从而减少液滴的产生。Mukherjee 等先用脉冲 CO_2(10.6μm,200ns)激光使一浅层的靶材表面熔化而不蒸发,紧接着用 KrF(248nm,20ns)脉冲准分子激光使熔区蒸发形成等离子体,结果使沉积的 Y_2O_3 薄膜颗粒密度降低了 3 个数量级[14];2)交叉束沉积技术(cross-beam technique),让两束激光从不同角度同时照射到各自靶材上,各自轰击出的烧蚀物质在一定区域内交叉并相互作用(碰撞、散射、反应等),通过附加一个光阑,可以产生一个没有颗粒物的区域,将衬底置于该区域内,即可获得无颗粒物污染的优质薄膜(如图 5-4 所示)。但是这种技术要求两台激光器在时间上要精确同步,设备很复杂。

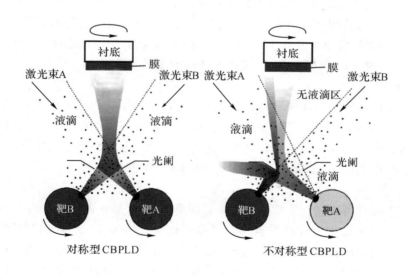

图 5-4　交叉束 PLD(CBPLD)操作原理[12]

虽然上述这些机械法对减少沉积薄膜的颗粒物污染有一定效果,但同时也牺牲了 PLD 高能量的优点,大大降低了薄膜的沉积速率。实质上的解决方法要从激光与靶材的相互作用的物理过程着手,深入研究液滴的产生机理,进而调整沉积参数,从根本上减少薄膜颗粒物的污染。随着时间的推移,新近发展的激光技术对颗粒污染的减少颇有成效,如采用新型的超快脉冲(ps 和 fs)激光器。超快脉冲激光沉积技术(ultra-fast pulsed laser depostion)采用低脉冲能量(微焦量级)和高重复频率(几十 MHz)来实现优质薄膜的生长。每一个这样低能量、高强度的脉冲只能蒸发出相对少量(约 $10^{11} \sim 10^{12}$)的原子,因而在快速的非平衡膨胀过程中可以阻止大密度颗粒的生成[15]。fs 激光器的应用确实从本质上降低了颗粒物密度[16]。在 fs 状态下,激光脉冲的能量瞬间消耗于化学键的断裂,不会产生热效应。这一特征已得到实验证实,等化学计量比的 ZnO 薄膜甚至可以在真空中生长[17]。然而,相比于用 ns 激光器生长的薄膜,fs 激光器沉积的薄膜质量更差。这可以从激光烧蚀产生的物质所具有的动能不同加以解释,fs 脉冲激光产生的烧蚀物,其最高动能接近 1keV,而 ns 脉冲激光产生的只有几百 eV[18]。

§5.4　PLD 在 II-VI 族化合物薄膜中的应用

本节阐述的是 PLD 技术在 II-VI 族化合物薄膜制备中的应用。本节将主要以 ZnO 为代表,简述 PLD 生长 ZnO 薄膜的历史发展、工艺参数对薄膜质量的影响、三元合金的生长及 p 型掺杂研究等内容。对其他 II-VI 族化合物(如 ZnSe、CdS、CdTe 等)薄膜的 PLD 生长予以简单介绍。

5.4.1　ZnO 薄膜的 PLD 生长

ZnO 作为新型的宽禁带光电半导体材料是近二十年来的事情。1996 年,ZnO 室温光泵浦紫外激光发射现象的发现,引发了世界范围内 ZnO 光电应用研究的热潮[19]。这种高温稳定存在的激子激射现象就是在 PLD 生长的 ZnO 微晶薄膜中发现的。之后,研究者们纷纷采用这一技术对 ZnO 薄膜的生长、掺杂等进行了广泛的研究。

1. 发展历史

PLD 技术用于生长 ZnO 薄膜的最早报道见于 1983 年。Sankur & Cheung 使用 CO_2 脉冲激光束(10.6μm)来"蒸发"ZnO 靶,在不同衬底上均获得平行于衬底表面的透明 ZnO 薄膜,薄膜具有高度的(0002)择优取向性。所得的薄膜导电性能与生长时的氧压有关,低压生长的薄膜导电性良好;较高压力下生长的薄膜,即使经过退火处理,仍表现出半绝缘性[20]。

PLD 沉积 ZnO 薄膜接下来的一个主要进展是使用 ns 脉冲激光器——Nd:YAG 和准分子激光器,它们比脉冲 CO_2 激光器具有更多的优点。用 ns 激光器沉积的薄膜质量大大提高,特别是采用 KrF(248nm)准分子激光器生长的薄膜。S.L. King 等用 KrF 激光器,在不同衬底上均获得高度 c 轴择优取向的 ZnO 薄膜。他们发现,衬底种类、生长温度和激光重复频率对薄膜的结晶质量有很大影响。在石英衬底、$5J/cm^2$ 的激光密度、5Hz 重复频率、1.3mTorr 氧压、500℃衬底温度生长条件下沉积得到的薄膜,其(0002)面的摇摆曲线半高宽($\Delta\omega_{0002}$)只有 1.2°[21]。衬底的性质对外延 ZnO 薄膜的结晶性影响很大。有报道使用晶格失配只有0.09% 的 $ScAlMgO_4$(SCAM)作衬底生长 ZnO 薄膜,其结晶质量大大提高,$\Delta\omega_{0002}$ 减小至 39arcsec(0.62°)[22]。如果在 SCAM 衬底上加一层退火 ZnMgO 缓冲层,所得的 ZnO 薄膜的 $\Delta\omega_{0002}$ 进一步减小,小于仪器的分辨率 12arcsec(约 0.2°)[18]。

近年来,有研究者开始采用超快(fs)脉冲激光器来生长 ZnO 薄膜[16]。fs 激光器能量低、频率高的特点,使靶表面没有热效应,从而抑制了微米尺寸颗粒物的形成。在衬底温度 $500\sim700$℃范围内,氧压为 $10^{-6}\sim10^{-3}$ mbar 时生长的 ZnO 薄膜光滑、致密;氧压高于 10^{-3} mbar 时生长的 ZnO 薄膜,由于微纳尺度颗粒在气相中凝聚成形沉积在衬底上,导致薄膜表面粗糙。而 ns PLD 生长的 ZnO 采用的氧压范围更大($10^{-6}\sim10^{-1}$ mbar)。尽管 fs PLD 生长的薄 ZnO 薄膜表面颗粒物污染得到了有效控制,但遗憾的是,由于激光烧蚀物动能的差异,超快脉冲激光沉积技术生长的 ZnO 薄膜的结晶质量比用传统的 ns PLD 技术生长的薄膜差。蓝宝石上 ZnO 薄膜的摇摆曲线测试结果对比发现 fs PLD 薄膜的半高宽值($1°\sim1.5°$)比 ns PLD 的($\ll1°$)要大。

2. 液滴问题[23]

对 PLD 薄膜表面液滴(颗粒物)污染的解释多种多样,如相爆炸、喷射效应、表面剥离等,这些解释有的是相互矛盾的。因此颗粒物的来源仍是科学家们继续探讨的问题。现在普遍认为薄膜表面液滴的存在是激光与物质相互作用过程中,在靶的表面产生热效应,使液态材料从被辐照的靶材熔区中喷射出来造成的后果。从这个角度考虑,ZnO 被认为是用 PLD 法生长无液滴薄膜的最好材料,因为 ZnO 在 2248K 熔化和升华,从熔融液态到蒸发羽辉之间没有相转变。熔融层的缺失应该可以避免液滴的喷射。但是实验表明,尽管 ZnO 在熔点升华,由于其熔融态的存在有一定时间,仍可以成为液滴的喷射源[14]。前文已经提到,靶材对激光的吸收系数越高,薄膜表面的颗粒物密度则越低,因此靶材对激光波长的高吸收系数是制备少颗粒或无颗粒物污染薄膜的必要条件。对于 ZnO 来说,只要激光波长小于 380nm(ZnO 的禁带宽度为 3.3eV)就满足条件了。这也是通常采用 ArF(193nm)、KrF(248nm)准分子激光器和四次谐波 Nd：YAG(266nm)激光器来生长 ZnO 薄膜的原因,当然使用超短脉冲(fs)激光器的特例除外。

3. 工艺参数的影响

PLD 的主要工艺参数如衬底温度、背景气压、靶材—衬底间距、脉冲重复频率和激光能量等,或多或少对 ZnO 薄膜的生长和性能起着重要作用。

PLD 技术的一个特征是生长晶体薄膜所需要的衬底温度较低,衬底温度是影响薄膜结晶质量的重要因素。例如,采用 PLD 技术可以在 200℃的低温下获得 ZnO 晶体薄膜[24]。衬底温度升高,薄膜的结晶质量提高[21]。这是由于激光从靶材表面剥离的物质具有很高的动能($10\sim100$eV,大大高于在别的气相生长方法中观测到的动能),使到达衬底的物质具有较高的迁移率,有助于晶体薄膜的生长。低温生长晶体薄膜的功能使得 PLD 技术可应用于许多特殊领域,如显示技术、太阳能电池、传感器等。发射物质具有高动能的另一个好处是使低温生长的晶体薄膜表面粗糙度比较低。模拟研究显示高能粒子沉积(如 PLD)的粗糙度要比热蒸发沉积的低,它们之间的差距随衬底温度的升高而减小[25]。

PLD 生长薄膜过程中,通常会往真空室通入一定压强的背景气氛。背景气氛主要影响烧蚀物质飞向衬底这一过程,其对沉积薄膜的作用分为两种:一是气氛不参与反应,气压主要影响烧蚀物质的内能和动能,从而降低薄膜的沉积速率;二是气氛参与反应,则气压不仅影响薄膜的沉积速率,更重要的是会影响薄膜的成分与结构。例如,氧气氛对 PLD 生长等化学计量比的晶体氧化物薄膜通常是必需的。在激光烧蚀过程中,在低氧压下(从真空到 0.5mbar),原子和离子从被激光辐照的靶面喷射出来,然后在衬底表面凝聚形成薄膜。而在较高气压下（1～20mbar），喷射的物质会与气体分子发生多次碰撞并在气相中凝聚，导致纳米尺度颗粒的生成，从而阻碍了衬底表面上光滑、致密薄膜的生长。用同位素跟踪技术对氧结合到 PLD 氧化物薄膜中的机制进行了研究[26]，发现薄膜当中的氧只有一部分是来自靶材，其余部分来自背景气氛。因此，在真空条件下（10^{-6}mbar）PLD 生长的 ZnO 薄膜会含有大量氧空位缺陷，氧空位对薄膜的电学性能和结晶质量都有很大的影响[27]。事实上，缺氧 ZnO 薄膜表现出较差的结晶质量和大的粗糙度。氧的缺失主要是由于氧比锌具有更高的挥发性；另外一个原因是，被激光照射后的靶材，锌富集在表面区域[28]。锌在 ZnO 靶表面的富集可能是因为激光重复照射后锌原子在靶面重新凝聚，而氧因真空泵作用或高温低压条件下 ZnO 靶的表面还原而流失。

为了避免偏离化学计量比、低结晶性的 ZnO 薄膜的生长，PLD 过程必须在氧气氛下进行。不同的 PLD 系统上研究获得的最佳氧压值各不相同，这主要跟不同系统中靶材与衬底间距不同有关。研究表明，PLD 生长氧化物过程中，氧压 P 和衬底与靶材间距 d 之间存在一个关系式[29]：

$$Pd^{\gamma} = 常数$$

式中，γ 由氧化物确定。这个关系式可以简单理解为到达衬底成膜的物质有一个最佳的动能值。能量太低会影响物质的表面扩散，难以形成高质量的晶体薄膜；相反，能量过高会导致表面溅射，在生长的薄膜中产生缺陷。P 与 d 的关系式表明，气压 P 的增大会引起烧蚀物质同气体分子的碰撞，从而降低了它们的动能，为了维持最佳的动能，必须减小靶材与衬底之间的距离 d。

在 PLD 过程中激光能量密度要超过一定阈值才能使材料烧蚀溅射，在靶表面形成 Knudsen 层，使激光与靶的作用从本质上区别于热蒸发过程，这是保证靶膜成分一致的根本原因。激光能量在 ZnO 薄膜的生长中起着很重要的作用[30]。激光能量低时，ZnO 的沉积速率低且以 3D 岛状模式进行生长。因为在这样的生长条件下，物质的动能比较低，表面迁移率小，从而导致岛状生长模式[25]。反之，激光能量太高，高能粒子在生长的薄膜中爆炸，引起 ZnO 薄膜结晶质量和光电性能的退化。用于生长高质量 ZnO 薄膜的激光能量的一个理想窗口为 1.2～2.5J/cm²。

综合考虑以上这些因素，PLD 法生长高质量 ZnO 薄膜的典型实验条件如下：采用准分子（ArF 或 KrF）或 4 次谐波激光器，激光能量约 2J/cm²，衬底温度在 600～800℃ 范围内，氧压在 10^{-6}～10^{-1}mbar 之间，相应的靶材与衬底间距为 5～10cm。

4. 外延生长

尽管 ZnO 薄膜的许多应用只要多晶材料就足够了，但 ZnO 基光电器件的研发却需要外延薄膜。这是因为多晶薄膜中存在大量的晶界，晶界既是补偿缺陷的来源，又是电子传输的势垒，因而晶界对高性能半导体器件是有害的。要实现外延生长，衬底的选择是首先需要考虑的问题。文献报道的用于 PLD 生长 ZnO 薄膜的衬底多种多样。尽管蓝宝石（Al_2O_3）与 ZnO 之间的晶格失配高达 18%，但由于高质量、大尺寸、低成本的 Al_2O_3 单晶很容易得到，因而 Al_2O_3 成为 PLD 外延 ZnO 薄膜最常使用的衬底材料。实验发现，c 轴取向的 ZnO 薄膜与 Al_2O_3（0001）衬底之间存在单一的外延关系，即 $[10\overline{1}0]_f$//$[11\overline{2}0]_s$。外延生长在其他相似的六方结构晶体衬底，如 $LiNbO_3$（0001）（失配度 9.4%）[31]、$LiTaO_3$（0001）（失配度

9.3％)[31]、SCAM(0001)(失配度 0.09％)[32]上的 ZnO 薄膜与衬底间也存在着类似的外延关系。而生长在立方晶体(如 Si、GaAs、InP)(100)或(111)晶面上的 ZnO 薄膜虽然也具有高度的 c 轴择优取向性,但薄膜与衬底之间没有明确的外延关系,取向杂乱或存在面内旋转畴[23]。

大多数衬底与 ZnO 的晶格失配比较大,在这种衬底上生长的薄膜由许多亚微米尺度的晶粒组成,晶粒被晶界隔开。如此高密度的晶界会影响薄膜的结构与光电性能。事实上,在蓝宝石衬底上生长的 ZnO 薄膜其室温霍尔迁移率一般小于 $100cm^2/Vs$,比体单晶的迁移率(约 $230cm^2/Vs$)低得多[33]。这主要是由于电子在带负电的晶界处发生散射的缘故。对 ZnO/Al_2O_3(0001)薄膜随衬底温度变化的研究发现,衬底温度越高,晶粒尺寸越大,薄膜的霍尔迁移率越大[22]。所得的最高迁移率为 $120cm^2/Vs$。如果能够获得更大晶粒尺寸和更低的背景载流子浓度,则霍尔迁移率还可能进一步提高。对于 Al_2O_3(0001)衬底上生长的 PLD ZnO 薄膜,报道的最高霍尔迁移率是 $155cm^2/Vs$[34]。

值得一提的另一种衬底是 SCAM(0001)晶体,它与 ZnO 的晶格失配非常小,只有 0.09％,是 ZnO 异质外延生长的理想衬底。与 Al_2O_3(0001)衬底相比较,SCAM(0001)衬底上生长的 ZnO 薄膜质量大大提高,结晶性和表面形貌均得到极大的改善,$\Delta\omega_{0002}$ 从 378arcsec 降为 39arcse(见图 5-5),表面粗糙度由 20nm 变成原子级光滑(0.26nm)[22]。低温光致荧光(PL)谱中可以清楚地看到激子 A 和 B 的发光峰,表明薄膜内的缺陷很少。电学性能测试得到薄膜的背景载流子浓度很低(约 $10^{15}cm^{-3}$),迁移率很高

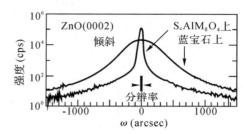

图 5-5　$ScAlMgO_4$ 和蓝宝石衬底上 ZnO[22]
薄膜的摇摆曲线[22]

(约 $100cm^2/Vs$)。若在 SCAM 上插入一层退火 ZnMgO 缓冲层,其霍尔迁移率甚至可以高达 $440cm^2/Vs$,是蓝宝石衬底上薄膜的 4 倍,也高于体单晶的迁移率[18]。这是因为采用晶格匹配的 SCAM 作衬底,外延薄膜的纯度比体单晶的高,且薄膜中的缺陷密度比体单晶的低。

5. 合金化

PLD 技术一个主要优点是能够生长成分分布广泛的薄膜,尤其适合复杂组分化合物的生长。如果在 PLD 生长 ZnO 薄膜的过程中,晶格位置上的 Zn^{2+} 被半径相近的二价阳离子 M^{2+}(如 Mg^{2+}、Cd^{2+}、Be^{2+}、Co^{2+}、Mn^{2+} 等)所取代,则生长成三元合金晶体薄膜 $Zn_{1-x}M_xO$。其中 Co、Mn 替代形成的合金薄膜具有铁磁性,这里不作介绍。本节着重介绍的是 Mg、Cd 的替代,形成的三元合金薄膜可以实现 ZnO 能带的裁剪。我们知道,ZnO 的禁带宽度为 3.3eV,MgO 的禁带宽度为 7.9eV,CdO 禁带宽度为 2.3eV。往 ZnO 中掺入适量的 MgO 形成 $Zn_{1-x}Mg_xO$ 合金晶体薄膜能使 ZnO 的带隙展宽[35,36]。与之相反,往 ZnO 中掺入适量的 CdO 形成 $Zn_{1-y}Cd_yO$ 合金能使 ZnO 的带隙变窄[37]。理论上,改变掺入的 Mg、Cd 的量,合金的禁带宽度可以从 2.3eV 变化到 7.9eV。然而,为了适用于 ZnO 异质结、量子阱和超晶格结构的生长,希望合金材料的晶体结构与基体相同,晶格常数相近。受到 MgO、CdO 在 ZnO 薄膜中固溶度的限制,单一六方相合金薄膜的带隙只能实现从 2.8eV 到 4.0eV 范围内

的调节。这里需要注意的是,薄膜中的固溶度不等于热力学中体材料的固溶度。因为经过 PLD 技术复杂的非平衡过程,掺杂物质在薄膜当中的固溶度往往远大于热力学固溶度。

1998 年,A. Ohtomo 首次报道了用 PLD 方法在蓝宝石衬底上生长 $Zn_{1-x}Mg_xO$ 合金薄膜。XRD 分析结果表明,单一相的 x 值可以高达 33%,远远大于根据热力学计算得到的 MgO 在 ZnO 中的固溶度——4%。合金的禁带宽度 E_g 随着 x 值的增大而变宽,最大值为 3.87eV[35]。采用组合 PLD 技术,可以生长 $x=0$ 到 $x=1$ 的 $Zn_{1-x}Mg_xO$ 晶体薄膜[38]。从图 5-6 可以看到,当 $x<37\%$ 时,$Zn_{1-x}Mg_xO$ 晶体薄膜为单一六方相结构,带宽与 x 呈线性关系;当 $x>62\%$ 时,$Zn_{1-x}Mg_xO$ 晶体薄膜为单一的立方相结构;中等含量区域为 $Zn_{1-x}Mg_xO$ 合金的相过渡区,六方相和立方相共存。

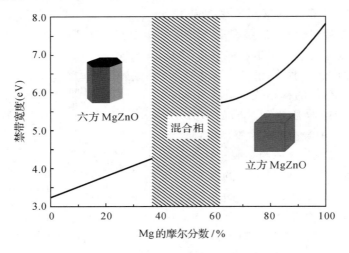

图 5-6　$Zn_{1-x}Mg_xO$ 禁带宽度随 Mg 含量 x 的变化[38]

用 $Zn_{1-x}Mg_xO$ 薄膜实现了性能优异的光电导型紫外探测器的研制。美国马里兰大学 T. Venkatesan 等[39]用 PLD 法在蓝宝石衬底上生长的 $Zn_{0.66}Mg_{0.34}O$ 薄膜制作了金属—半导体—金属结构(M—S—M)的紫外探测器。在 5V 偏压下,探测器的光响应度为 1200A/

W,上升沿的时间 8ns,下降沿的时间为 1.4μs。不过 ZnMgO 薄膜的 XRD 分析显示出 MgO(111)衍射峰,说明薄膜已出现分相。研究还发现衬底的性质对 M—S—M 光电导型探测器的性能有很大影响[40]。紫外/可见抑制比是光响应的一个表征,比值越高越好。用 PLD 法分别在蓝宝石和石英衬底上制备了 $Zn_{0.85}Mg_{0.15}O$ 紫外探测器,以 Cr/Au(150nm)双金属层作接触电极,测得其紫外/可见比值分别为 10^4 和 10^3,说明结晶性衬底对薄膜的结晶性能有利。

用 PLD 技术在 Al_2O_3(0001)和 SCAM(0001)衬底上均获得了具有 c 轴择优取向的

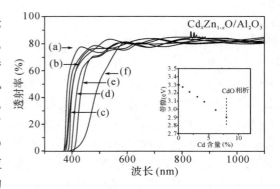

图 5-7　$Zn_{1-x}Cd_xO$ 薄膜的透射谱　插图是带隙随 Cd 含量的变化[41]

$Zn_xCd_{1-x}O$ 合金晶体薄膜[41]。与 $Zn_{1-x}Mg_xO$ 合金薄膜的情况类似,尽管 CdO 在 ZnO 中的热力学溶解度约 2%,经过 PLD 的非平衡生长过程,实际在 ZnO 薄膜中 Cd 的固溶度可以达到 7%～8%且不出现 CdO 分相。随着 Cd 含量 x 的增加,薄膜的吸收边逐渐红移。当 x >8%,薄膜的吸收边突然变化,不再陡峭(见图 5-7),这可归因于 CdO 的析出。图 5-7 中的插图是 $Zn_xCd_{1-x}O$ 的带宽与 Cd 含量 x 的关系,带宽从 2.9eV($x=8$%)变化到 3.3eV($x=$ 0)。Cd 含量增加,$Zn_xCd_{1-x}O$ 薄膜的结晶质量变差,这主要是由于 Cd^{2+} 半径(0.074nm)与 Zn^{2+} 的(0.06nm)差别较大,Cd 替代 Zn 位会引起晶胞体积的增大。

6. p 型掺杂

ZnO 基光电器件应用研究中的一个瓶颈就是低电阻高稳定性的 p-ZnO 薄膜难以获得。对 ZnO 而言,n 型电导可以很容易地通过掺入 Al、Ga 或 In 等Ⅲ族元素获得,而且非故意掺杂的 ZnO 本身就是 n 型的。相反的,由于受主在 ZnO 中的固溶度比较低,能级较深,且 ZnO 中本征施主缺陷的高补偿作用等原因,使得 ZnO 的 p 型掺杂困难。目前,ZnO 的 p 型掺杂已取得了相当的进展。根据文献报道,Ⅴ族元素 N[42,43]、P[44]、As[45]、Sb[46]和Ⅰ族元素 Li[50-53]、Na[55]、Ag[56]均成功实现了 PLD 生长 ZnO 的 p 型电导转变。

N 是最先用于 PLD 生长 ZnO p 型掺杂研究的元素,可实验的结果并不理想。单纯使用含 N 气体作 N 源无法实现 ZnO 的 p 型转变。只有将气体经过活化处理以增加 N 的活性,才有 p 型电导的出现,如以电子回旋共振(ECR)活化的 N_2O 为掺杂源[42]。依据Ⅴ族元素与Ⅲ族活性施主(Ga、Al、In)的共掺杂理论制备的 N-Ga 共掺杂 p-ZnO 薄膜,电阻率 $\rho=$ $0.5\Omega cm$,空穴浓度 $h=5\times10^{19}cm^{-3}$,霍尔迁移率 $\mu=0.07cm^2/Vs$,这是利用 N-Ga 共掺技术得到的最好结果[43]。然而,N 掺杂获得的 p 型 ZnO 薄膜,其电学性能很不稳定,而且重复性也不好。

其他Ⅴ族元素也被尝试用于 ZnO 的 p 型掺杂,如 P、As 和 Sb,虽然与 Zn 和 O 的尺寸失配很大,但是仍然能够实现 ZnO 的 p 型转变[44-46]。理论研究认为对于与基体具有大尺寸失配的掺杂元素,如 As 掺入 ZnO 中,As 并非如我们通常认为的替代 O 的位置,而是占据 Zn 的位置,同时诱生 2 个 Zn 的空位 V_{Zn},形成 $As_{Zn}-2V_{Zn}$ 的复合体,这种复合体具有低的形成能(1.59eV),且为浅受主能级,其电离能为 150meV[47]。实验也给出了 As 并非替代 O 的位置而是占据 Zn 位置的直接证据[48]。P 与 Sb 情况与此类似,这是 ZnO：M(M=P, As,Sb)薄膜显示较好 p 型导电性能的原因。

根据理论计算,Ⅰ族元素在 ZnO 中形成的受主能级相对Ⅴ族元素的较浅[49]。如 Li 受主能级位于价带顶 0.04～0.09eV 处,受主电离能比较低。但由于 Li 的离子半径很小,极易进入 ZnO 的晶格间隙,作为浅施主 Li_i 存在。之前文献报道的 Li 掺杂 ZnO 都呈 n 型或高电阻半绝缘性。因此,Li 在 ZnO 中起受主还是施主作用备受争议。然而利用 PLD 高能量的优点和复杂的非平衡过程,成功制备出了 Li 掺杂 p 型 ZnO 薄膜[50]。在此基础上,对 ZnO 薄膜进行了 Li-N 双重受主共掺杂,进一步提高了 p-ZnO 的稳定性(能够稳定维持 15 个月以上),改善了薄膜的 p 型电导性能,电阻率很低($\rho<1\Omega cm$)。该薄膜与 Al 掺杂的 n-ZnO 构成的同质 p-n 结表现出良好的整流特性[51]。国际 ZnO 资深专家 D. C. Look 教授高度评价了该工作,认为这是"the most encouraging results"。但是 Li-N 双重受主共掺杂的机理还有待进一步的研究[54]。D. C. Look 等对 Li 掺杂的 p 型 $Zn_{1-x}Mg_xO$ 合金薄膜的 PLD 生长也进行了探索,研究了沉积参数如衬底温度、氧压、Mg 含量等对 $n-Zn_{1-x}Mg_xO$：

Li 薄膜的结构、电学、光学性能的影响[52,53]。最近,采用 PLD 法实现了稳定的 Na 掺杂 p 型 ZnO 薄膜,并且观察到了 p-ZnO：Na/n-ZnO：Al 同质 p-n 结在 160K 的电致发光[55]。另外,以 Ag 作为受主掺杂剂,在 Al_2O_3(0001)衬底上也获得了 p 型 ZnO(p-ZnO：Ag)薄膜[56]。研究发现,p 型电导转变有一个窗口,只在 200～250℃ 这一狭小的温度范围内发生。事实证明,Ⅰ族元素原子半径较小,能级较浅,也是 ZnO 受主掺杂剂的一种理想选择。

5.4.2 其他Ⅱ-Ⅵ族化合物的 PLD 生长

1. ZnSe 薄膜

ZnSe 也是一种直接宽带隙的Ⅱ-Ⅵ半导体材料,禁带宽度为 2.67eV(464nm),是制备蓝一绿发光器件的候选材料。同时其特征吸收峰位于太阳光谱最强烈的区域,又是一种理想的太阳能电池材料。ZnSe 可以替代 CdS 作太阳能电池的缓冲层,这样制备的无 Cd 太阳能电池更经济、更环保。制备 ZnSe 薄膜的技术有 MOCVD、MBE、PLD、蒸发法等等。本章主要涉及的是 PLD 技术,简单例举在 GaAs 衬底上生长 ZnSe 薄膜,它与 GaAs 的晶格失配约为 0.27%。

复旦大学许宁等[57]用 248nm 的 KrF 准分子脉冲激光烧蚀 ZnSe 靶材沉积 ZnSe 薄膜。靶采用多晶 ZnSe 片,衬底采用抛光 GaAs(100)。原子力显微镜(AFM)观察显示在 GaAs(100)上沉积的 ZnSe 薄膜的平均粗糙度为 3～4nm。X 射线衍射(XRD)结果表明,ZnSe 膜(400)峰的半高宽(FWHM)为 0.4～0.5°。印度 T. Ganguli 等[58]采用偏轴 PLD 技术在 GaAs(100)衬底上得到准应变 ZnSe 外延薄膜,测试分析发现薄膜的结晶质量比普通 PLD 的好,这主要是由于偏轴生长时烧蚀粒子的能量较低。

2. CdTe、CdS 薄膜

波兰 A. Bylica 等[59]在 ITO 衬底上 PLD 生长 CdTe、CdS 及 CdTe/CdS 多层结构,使用的是 YAG：Nd^{3+} 激光器,波长 1046nm,脉宽 40ns,能量 400mJ。靶材为 CdTe、CdS 晶体,靶材与衬底间距 30mm,衬底温度 470K。生长的 CdTe 薄膜为多孔结构,柱状晶粒之间互不接触,薄膜具有良好的光吸收性能。未经过退火处理的 CdTe/CdS 多层结构表现出光电二极管典型的 I-V 特性,表明基于这种结构的 CdTe/CdS 结光伏器件无需经过退火处理。因此,制作周期能够被大大缩短并降低制作成本。

参考文献

[1] T. Znotins. Industrial applications of excimer lasers. In Excimer Lasers and Optics, T. S. Luk. ed. , Proc. SPIE 710, 55(1986).

[2] D. Dijkkamp, T. Venkatesan, X. D. Wu, et al. Appl. Phys. Lett. 51(8), 619 (1987).

[3] R. Diamant, E. Jimenez, E. Haro-Poniatowski, et al. Dimond Relat. Mater. 8, 1277 (1999).

[4] M. Yoshimoto, K. Yoshida. Nature 399, 340(1999).

[5] C. B. Collins, F. Davanloo, E. M. Juengerman, et al. Appl. Phys. Lett. 54(3), 216(1989).

［6］吴锦雷,吴全德.几种新型的薄膜材料.北京:北京大学出版社(1999).

［7］R. K. Singh, J. Narayan. Phys. Rev. B 41(13), 8843(1990).

［8］M. Von 奥尔曼著.漆海滨,胡洪波,谢柏林,彭健译.激光束与材料相互作用的物理原理及应用.北京:科学出版社(1994).

［9］J. W. Hastie, D. W. Bonnel, A. J. Paul, et al. Mater. Res. Soc. Symp. Proc. 334, 305(1994).

［10］教育红,胡少六,龙华,等.激光技术 27(5),453(2003).

［11］X. Y. Chen, Z. G. Liu. Appl. Phys. A S69, S523(1999).

［12］D. B. Chrisey, G. K. Hubler. Pulsed Laser Deposition of Thin Films(2nd ed.). USA: John Wiley & Sons(1994).

［13］R. J. Kennedy. Thin Solid Films, 214, 223(1992).

［14］P. Mukherjee, S. Chen, J. B. Cuff, et al. J. Appl. Phys. 91, 1828(2002).

［15］R. Eason. Pulsed laser deposition of thin films: Applications-Led growth of functional materials, New York: Wiley-Interscience(2007).

［16］E. Millon, O. Albert, J. C. Loulergue, et al. J. Appl. Phys. 88, 6937(2000).

［17］M. Okoshi, K. Higashikawa, M. Hanabusa. Appl. Surf. Sci. 154-155, 424 (2000).

［18］A. Ohtomo, A. Tsukazaki. Semicond. Sic. Technol. 20, S1(2005).

［19］Z. K. Tang, G. K. L. Wong, P. Yu, et al. Appl. Phys. Lett. 72(25), 3270 (1998).

［20］H. Sankur, J. T. Cheung. J. Vac. Sci. Technol. A 1, 1806(1983).

［21］S. L. King, J. G. E. Gardeniers, I. W. Boyd. Appl. Surf. Sci. 96-98, 811(1996).

［22］K. Tamura, A. Ohtomo, K. Saikusa, et al. J. Cryst. Growth, 214-215, 59(2000).

［23］R. Triboulet, J. Perriere. Prog. Cryst. Growth Charact. Mater. 47, 65(2003).

［24］V. Craciun, J. Elders, J. G. E. Gardeniers, et al. Appl. Phys. Lett. 65, 2963 (1994).

［25］S. G. Mayr, M. Moske, K. Samwer, et al. Appl. Phys. Lett. 75, 4091(1999).

［26］R. Gomez-San Roman, R. Perez Casero, C. Maréchal, et al. J. Appl. Phys. 80, 1787(1996).

［27］S. Im, B. J. Jin, S. Yi. J. Appl. Phys. 87, 4558(2002).

［28］F. Claeyssens, A. Cheesman, S. J. Henley, et al. J. Appl. Phys. 92, 6886(2002).

［29］H. S. Kwok, H. S. Kim, D. H. Kim, et al. Appl. Surf. Sci. 109-110, 595 (1997).

［30］R. D. Vispute, S. Choopun, R. Enck, et al. J. Electron. Mater. 28, 275(1999).

［31］G. H. Lee. Solid State Commun. 128, 351(2003).

［32］A. Ohtomo, K. Tamura, K. Saikusa, et al. Appl. Phys. Lett. 75, 2635(1999).

［33］D. C. Look, J. W. Hemsky, J. R. Sizelove. Phys. Rev. Lett. 82, 2552(1999).

［34］E. M. Kaidashev, M. Lorenz, H. von Wenckstern, et al. Appl. Phys. Lett. 82, 3901(2003).

[35] A. Ohtomo, M. Kawasaki, T. Koida, et al. Appl. Phys. Lett. 72, 2466(1998).

[36] L. Zou, Z. Z. Ye, J. Y. Huang, et al. Chin. Phys. Lett. 19(9), 1350(2002).

[37] T. Makino, Y. Segawa, M. Kawasaki, et al. Appl. Phys. Lett. 78, 1237(2001).

[38] W. Yang, S. S. Hullavarad, B. Nagaraj, et al. Appl. Phys. Lett. 82, 3424 (2003).

[39] W. Yang, R. D. Vispute, S. Choopun, et al. Appl. Phys. Lett. 78(18), 2787 (2001).

[40] S. S. Hullavarad, S. Dhar, B. Varughese, et al. J. Vac. Sci. Technol. A 23(4), 982(2005).

[41] T. Makino, Y. Segawa, M. Kawasaki, et al. Appl. Phys. Lett. 78(9), 1237 (2001).

[42] X. L. Guo, H. Tabata, T. Kawai. J. Cryst. Growth 223, 135(2001).

[43] M. Joseph, H. Tabata, T. Kawai. Jpn. J. Appl. Phys. 38, L1205(1999).

[44] V. Vaithianathan, B.-T. Lee, S. S. Kim, J. Appl. Phys. 98(4), 043519(2005).

[45] V. Vaithianathan, B.-T. Lee, S. S. Kim, Appl. Phys. Lett. 86, 062101(2005).

[46] T. Aoki, Y. Shimizu, A. Miyake, et al. Phys. Stat. Sol. (b) 229(2), 911(2002).

[47] S. Limpijumnong, S. B. Zhang, S. H. Wei, et al. Phys. Rev. Lett. 92, 155504 (2004).

[48] U. Wahl, E. Rita, J. G. Correia, et al. Phys. Rev. Lett. 95, 215503(2005).

[49] C. H. Park, S. B. Zhang, S. H. Wei. Phys. Rev. B 66, 073202(2002).

[50] B. Xiao, Z. Z. Ye, Y. Z. Zhang, et al. Appl. Surf. Sci. 253, 895(2006).

[51] J. G. Lu, Y. Z. Zhang, Z. Z. Ye, et al. Appl. Phys. Lett. 88, 222114(2006).

[52] D. C. Look, Proc. SPIE 2007 6474, 647402(2007).

[53] M. X. Qiu, Y. Z. Zhang, Z. Z. Ye, et al. J. Phys. D: Appl. Phys. 40(10), 3229 (2007).

[54] M. X. Qiu, Z. Z. Ye, H. P. He, et al. Appl. Phys. Lett. 90, 182116(2007).

[55] S. S Lin, Z. Z. Ye, J. G. Lu, et al. J. Phys. D: Appl. Phys. 41, 155114(2008).

[56] H. S. Kang, B. D. Ahn, J. H. Kim, et al. Appl. Phys. Lett. 88, 202108(2006).

[57] 许宁, 李富铭, Boo Bong-Hyung, 等. 中国激光 28(7), 661(2001).

[58] T. Ganguli, S. Porwal, T. Sharma, et al. Thin Solid Films 515, 7834(2007).

[59] A. Bylica, P. Sagan, I. Virt, et al. Thin Solid Films 511-512, 439(2006).

第6章

分子束外延

§6.1 引 言

分子束外延(Molecular Beam Epitaxy,简称 MBE)是晶体薄膜的一种外延生长技术。它是指在清洁的超高真空(UHV)环境下,使具有一定热能的一种或多种分子(原子)束流喷射到晶体衬底,在衬底表面发生反应[1]的过程,由于分子在"飞行"过程中几乎与环境气体无碰撞,以分子束的形式射向衬底,进行外延生长,故此得名。

就方法而言,分子束外延方法是属于真空蒸镀方法,它是在 20 世纪 50 年代发展起来的真空淀积Ⅲ-Ⅴ族化合物的三温度法[2]和 1968 年 Arthur 对镓和砷原子与 GaAs 表面相互作用的反应动力学研究[3]的基础上,由美国 Bell 实验室的卓以和在 20 世纪 70 年代初期开创的。

它不仅可在多种半导体衬底上直接生长出外延层厚度、掺杂和异质界面平整度能精确到原子量级的超薄多层二维结构材料(如超晶格、量子阱和调制掺杂异质结等)和器件(如量子阱激光器和高电子迁移率晶体管等),并且通过与光刻、电子束刻蚀等工艺技术相结合或采用在一些特定衬底晶面直接生长的方法,还可制备出一维和零维的纳米材料(量子线和量子点)等。MBE 不仅可以制备Ⅲ-Ⅴ族化合物半导体(如 GaAs),还可以制备Ⅱ-Ⅵ(如 CdTe)族、Ⅳ-Ⅳ族等材料以及金属和绝缘体薄膜等。

到 20 世纪 90 年代初,MBE 在如何减少椭圆缺陷,克服杂质堆积、异质外延,调制掺杂,选择区域外延等方面都取得了重大的进步,技术日趋成熟,并已走向生产实用化。

目前一些二维的量子微结构材料和用它们制备的高性能的微电子、光电子器件已得到广泛应用,并已形成批量生产,成为当前信息技术发展的重要方面。相应的生产型 MBE 设备则向进一步提高生产效率、降低材料成本的方向发展。

本章将对这一最为先进的薄膜制备技术——分子束外延进行讨论。

§6.2 分子束外延的原理和特点

MBE 的基本原理如图 6-1 所示[4],在超高真空($<10^{-10}$ Torr)系统中相对地放置衬底和多个分子束源炉(喷射炉),将组成化合物(如图中的 GaAs)的各种元素(如 Ga、As 等)和掺杂剂元素(如 Si、Be 等)分别放入不同的喷射炉内,加热使它们的分子(或原子)以一定的热运动速度和一定的束流强度比例喷射到加热的衬底表面上,与表面相互作用(包括在表面迁

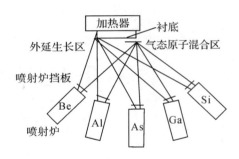

图 6-1　MBE GaAs－$Al_x Ga_{1-x}$As 原理图

移、分解、吸附和脱附等)进行单晶薄膜的外延生长。各喷射炉前的挡板用来改变外延膜的组分和掺杂。根据设定的程序(或手动)开关挡板、改变炉温和控制生长时间,则可生长出不同厚度的化合物或不同组分比的三元、四元固溶体以及它们的异质结,制备各种超薄微结构材料。以 GaAs-$Al_x Ga_{1-x}$As($0 \leqslant x \leqslant 1$)材料的生长为例,从镓喷射炉蒸发出的 Ga 原子束射到 GaAs 衬底表面,在合适的生长温度范围(500~600℃)被表面吸附,黏附系数(指入射束中被稳定吸附在表面上的原子所占的比例)为 1。而对于从砷喷射炉中升华出来的 As_4 分子束或再经热裂解形成的 As_2 分子束,其黏附系数取决于 GaAs 衬底表面上 Ga 原子的吸附情况。当表面没有被吸附的 Ga 原子时,砷分子的黏附系数为零。有 Ga 原子时则砷分子遇到成对的 Ga 原子会分解为 As 原子而被吸附,从而在衬底上生长出 Ga、As 组成比为 1：1 的 GaAs 单晶薄膜。若同时打开 Al 炉挡板,Al 原子的黏附系数和 Ga 原子一样也是 1,则生成 $Al_x Ga_{1-x}$As 膜。x 值的大小在一定的生长温度范围内主要由 Ga 和 Al 的原子束流强度比决定。因此,如果快速和周期地开关 Al 炉挡板,则可生长出每层厚度仅零点几到几个纳米的 GaAs/$Al_x Ga_{1-x}$As 超晶格材料。

　　分子束外延技术是在超高真空环境下完成单晶薄膜生长的,因此它与一般的真空蒸镀和气相沉积镀膜相比,具有以下典型的特点:

　　(1)从源炉喷出的分子(原子)以"分子束"流形式直线到达衬底表面。因此通过石英晶体膜厚仪监测,可严格地控制生长速率。

　　(2)分子束外延的生长速率比较慢,大约 0.01~1nm/s。可实现单原子(分子)层外延,具有极好的膜厚可控性。

　　(3)通过调节束源和衬底之间的挡板的开闭,可严格控制膜的成分和杂质浓度,也可实现选择性外延生长。

　　(4)它是在非热平衡态下的生长,因此衬底温度可低于平衡态温度,实现低温生长(Si 在 550℃左右生长[5];GaAs 在 500~600℃条件下生长[6];有机半导体多在室温下生长),可有效减少互扩散和自掺杂。

　　(5)配合反射高能电子衍射(RHEED)等装置,可实现原位观察。利用这些装备,可以对外延过程中结晶性质、生长表面的状态等作实时(real-time)、原位(in situ)监测。

　　MBE 的生长速率比较慢,这是它的一个优点,但它也是不足之处。过快的生长速率无法生长很薄的外延层,更谈不上精确控制层厚;MBE 从诞生的开始就不是作为厚膜生长技术出现的,而是针对几纳米乃至几埃的超薄层外延,因此它不适于大量生产。

　　由于分子束外延中的分子（原子）运动速率非常之高，所以源分子（原子）由束源发出到衬底表面的时间极其短暂，一般是毫秒（ms）量级，一旦将分子束切断，几乎是在同时，生长表面上源的供应就停止了，生长也及时停止。因此不会出现层厚失控。

　　较低的生长速率和对"源"关断的快速响应使得 MBE 外延能够实现原子层厚度的极薄外延层，获得原子层级别突变的陡峭界面，制备出许多其他方法无法实现的新器件。如 GaAs－AlGaAs 超晶格结构[7]、高电子迁移率晶体管（HEMT）[8] 和多量子阱（MQW）型激光二极管[9] 器件等。

　　这些独特的优势已使 MBE 成为高端半导体材料、器件制造中最重要的技术之一。

§6.3　外延生长设备

　　随着研发和制造技术的不断向前，分子束外延设备也在不断发展中。目前最典型的 MBE 的设备具有三个真空工作室，即进样室（样品预处理室）、分析室和外延生长室。

　　进样室用于换取样品，通常可一次同时放入 6～8 个衬底片，有的还兼有对送入的衬底片进行低温除气的功能。它是整个设备和外界联系的通道。分析室可选择性配备低能电子衍射（LEED）、二次离子质谱（SIMS）、X 射线光电子能谱（XPS）以及扫描隧道显微镜（STM）等装置，对样品进行表面成分、电子结构和杂质污染等分析研究。外延生长室用于样品的分子束外延生长。每个室都具有独立的抽气设备，各室之间用闸板阀隔开，这样即使某一个室和大气相通，其他室仍可保持真空状态，可以保证生长室不会因换取样品而受大气污染。样品通常是通过磁耦合式或导轨链条式的真空传递机构在各室之间传递。

　　外延生长室是 MBE 设备上最重要的一个真空室，它是由一个不锈钢圆筒和在它上面配置的电阻加热蒸发器、电子束蒸发器、掺杂源、样品架、快速挡板（快门）、膜厚测试控制仪和反射式高能电子衍射仪（RHEED）等部件构成。图 6-2 是它的结构示意图。

　　（1）真空系统

　　为了保证外延层的质量，减少缺陷，主真空室的本底压强应不高于 10^{-8} Pa。由于外延生长室配备的部件多，特别是分子束源炉在生长时加热温度高，出气量大，因此，生长室和分析室除机械泵－分子泵联动抽气装置外，一般还需配置离子泵和钛升华泵，以维持超高真空环

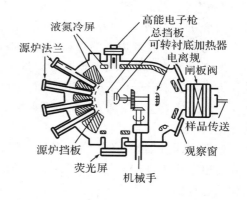

图 6-2　等离子体源 MBE 发生的生长室示意图

境。为了进一步提高生长环境的清洁度，在生长室内壁，还加有大面积的液氮冷屏套，它对 CO、H_2O 等残余气体有显著的吸附效果。为了获得超高真空，整个系统要进行烘烤，所以生长系统内的附属机件应能承受 150～200℃ 的高温，并且具有很高的气密性。

　　（2）分子束源组件

　　分子束源组件是生长室中的和核心部件。它是由喷射炉、挡板和液氮屏蔽罩构成。其

作用是产生射向衬底的热分子束。分子束的纯度、稳定性和均匀性是决定外延层质量的关键,因此对分子束源组件所用材料的纯度、稳定性、真空放气性能和分子束流方向性及流量控制等都有较高的要求。

分子束源在生长室的排置有水平式、斜射式和垂直式三种类型,前两种用于化合物半导体的生长,其优点是蒸发淀积物一旦下落时,不会掉入分子束源炉中造成污染。垂直式结构现主要用于 Si 的 MBE 生长,其优点是源炉的容积可比较大。

电阻加热式喷射炉的结构如图 6-3 所示。它的要求是出气率低,热响应快,功耗低,温度均匀,装源的坩埚不易化学反应,对分子束源的污染小等。由于喷射炉是在高温下工作,各部分原材料的选择十分重要,例如不锈钢在温度高于 150℃时会放出 Fe、Mn 等杂质,故高温金属部件应采用 Ta、Mo 等难熔金属,而高温绝缘材料最好采用热解氮化硼(PBN)。PBN 化学

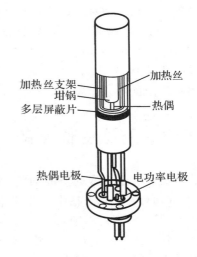

图 6-3　电阻加热式喷射炉结构

性能稳定、放气量小,也是用作坩埚的理想材料。喷射炉一般采用由绝缘架支撑的钽丝(或钽箔)加热,为减少炉子之间的热辐射干扰和减少炉子的热损耗,在加热器外再裹以钽箔和钽筒进行热屏蔽,用绝缘座支持喷射炉以减少热传导,一般采用钨铼(W-Re)热偶测量炉温,用 PID 控制炉温。由于 Ga、As 之类的蒸发源在加热温度变化 1℃时,分子束流会有(3%～6%)的变化,因此要求炉温的稳定性能控制在 ±0.5℃以下。喷射炉除喷口外,都被包裹在一个大的液氮屏蔽罩内。喷口前面放置挡板,它打开时,热分子(原子)束从炉子喷口射向衬底。液氮罩的作用是冷凝吸附从喷射炉及其附近的受热部件放出的大量气体和从喷口射向其他方向的散射分子(原子),同时又可挡住炉子的热辐射,从而可有效地改进衬底和喷射炉之间的环境的真空度。此外,在各喷射炉之间还装有液氮冷凝的隔板,用来防止喷射炉之间的热干扰和交叉污染。

根据不同的需要,还发展了多种不同的束源炉,如 Si 的熔点很高,Si-MBE 的源炉加热方式为电子束轰击;为了扩大 V 族元素的供应量而发展了 V 族元素的裂解炉;还有用气态源取代固态源的气态源炉等等。

(3)束流(蒸发速率)监测装置

测定分子束的束流通常可用以下两种方法:

1.石英晶体监测[10,11]

在束流屏蔽和冷却适当的情况下,用这种方法测得的结果令人满意,对薄膜的生长速率的分辨率可达到 0.01nm/s。但随着膜厚的增加,石英晶体的灵敏度不断降低。沉积厚度超过 1μm 后,振荡器工作变得不稳定,必须更换晶振片,这意味着需要打开生长室真空系统,暴露于大气,重新烘烤后才能使用。这对于超高真空系统的维护和使用都是很不利的。

2.电致发光监测[12]

利用低能电子束(小于 200eV)横穿分子束,探测蒸发原子的激发荧光光强。当蒸发原

子受低能电子束轰击被激发并很快衰退到基态,从而产生 UV 荧光,光学聚焦后荧光强度正比于束流的流量密度。对于不同的原子,其特征发光波长不同。由专用的薄膜光学滤波器过滤选出所需测量的波长,通过对光强的测量就可准确地测定蒸发原子的束流。这种方法的测试精度比石英晶振膜厚测试仪高一个数量级,薄膜生长速率的分辨率可达 0.001nm/s。不足之处在于:切断电子束后,大部分红外荧光和背景辐射也会使信噪比恶化到不稳定的程度。它的另外一个大的缺点在于它只适用于原子的监测,而不能测分子类物质。

(4) 样品架(机械手)及加热装置

样品架能够在 X、Y、Z 三个方向自由移动,还可绕样品架的轴线转动。衬底的温度在外延生长中是个至关重要的参数。在衬底需要加热的外延生长中,为保证整个衬底表面温度的均匀性,可采用如下两种方法。

①采用背面辐射加热。整个加热部件可装在液氮冷却的容器中,以减少它对真空部件的热辐射。温度的测量通常是利用与钽块接触的热偶或用红外光测高温计通过真空观察窗观测。在生长过程中,样品可绕轴线方向进行转动,这样可以提高样品的热均匀性和外延薄膜的均匀性。

②以钨丝或钽丝作为加热丝,套上氮化硼陶瓷柱后均匀排列,作为衬底加热装置。用 In 粘或用无应力的机械支托将样品固定于样品架上,样品座中间开孔,通过衬底灯丝辐射加热。这种设计实际使用种效果较好,可保证样品加热均匀。图 6-4 是 Allen 等给出的衬底加热部件的详图[13]。

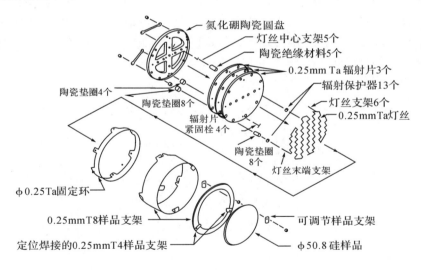

图 6-4　衬底底座加热部件详图
采用辐射加热,需要高温时,可用电子束轰击加热[13]

(5) 反射式高能电子衍射装置

反射式高能电子衍射装置(RHEED)是 MBE 设备上的一个十分重要的部件,用它可在生长的原位观察样品表面的清洁度、平整度、表面结构和确定合适的生长条件。高能电子衍射装置是由高能电子枪和荧光屏两部分组成。从电子枪发射出来的具有一定能量(通常 10～30keV)的电子束以 1°～2°掠射射到样品表面。在这种情况下,电子垂直于样品表面的动量分量很小,又因受库仑场的散射,所以电子束的透入深度仅 1~2 个原子层,因此 RHEED 所反映的完全是样品表面的结构信息。和 X 射线一样,电子束投射到晶体上也会产生衍射现象。电子束的衍射角与波长的关系同样满足著名的布喇格定理,可以表示为:

$$2d\sin\theta=\lambda \tag{6-1}$$

式中,d 是晶面间距,θ 是入射线与反射面之间的夹角;λ 是电子束的德布洛意波长:

$$\lambda=\left(\frac{150}{V(1+10^{-6}V)}\right)^{1/2} \tag{6-2}$$

电子加速电压 V 在 3~50kV 范围时,对应的电子波长是 0.22~0.056Å。

电子与晶体相互作用在荧光屏上形成的衍射图形,和 X 射线衍射一样,可用晶体的倒易点阵与 Ewald 球的相互关系来描述,三维晶体的倒易点阵与半径为的 Ewald 球的交点代表了电子衍射束的方向。衬底上的原子排列和荧光屏上看到的衍射图形之间的关系如图 6-5 所示,可表示为:

$$d=\frac{2\lambda L}{D} \tag{6-3}$$

式中,L 是衬底和荧光屏间的距离;D 是荧光屏上测到的衍射斑点之间距离的二倍。从上式即可得到原子的周期性。二维晶面的倒易点阵是一系列与实空间晶面相垂直的倒易杆,倒易杆与 Ewald 球相交在荧光屏上呈现条状衍射图形。因此,在 MBE 生长过程中,随着表面的平整化,衍射图形会由点逐渐变成线,进而还会在由点拉长的线之间出现附加的线,它表征不同的再构表面,可用它确定合适的生长条件。在 MBE 刚开始生长的一段时间内,经常可观测到 RHEED 的衍射强度会发生周期性的变化,即所谓的 RHEED 强度振荡。它的一个周期对应一个单原子(分子)层的外延生长,可用来校准束流强度、生长速率、合金组分和精控单原子(分子)层生长。

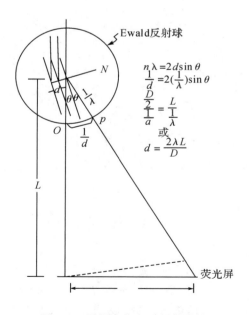

图 6-5　图解高能电子衍射图样

§6.4　分子束外延生长硅

一般来说,硅分子束外延是指与硅有关的分子束外延,它既包括在硅衬底上同质外延生长 Si 薄膜,同时也包括在硅衬底上异质外延生长其他系统(如 SiC、SiGe 等)的分子束外延技术。在本节,我们主要针对同质外延,将就表面处理,外延生长以及掺杂等做具体介绍。

6.4.1　表面制备

Si 的分子束外延是在低温下进行的,其关键问题是找到一种合适的方法清洁 Si 的表面。只有在清洁、平整有序的衬底表面,MBE 过程才能有效发生。

如果是原位清洁,在获得清洁的、原子级平整的 Si 表面后,只要系统的真空度足够好,衬底清洁可保持相当时间而不至于影响最终的外延薄膜质量。对于非原位处理的 Si 表面,在清洁后不可避免地会形成一薄层氧化膜;此外,表面还会吸附碳氢化合物。对于后一种情况,在临外延前,需要再次做表面清洁处理,去除表面层,以获得原子级清洁的表面,否则外延生长就难以进行。可行的 Si 表面清洁方法有多种,下面分别讨论。

1. 清洁处理

(1) 溅射清洁处理

通过溅射、退火往复循环处理,可获得原子级的清洁表面。这是表面科学中常用的表面清洁方法。Bean 曾报道用 1keV Ar$^+$ 束轰击清洁硅表面,然后在 1120K 温度下退火使表面重新有序排列并除去氩[14]。使用这种方法时,在溅射期间,通常保持本底真空(Ar 环境气氛)在 10^{-4}Pa 左右,离子束电压 0.3～1keV,并使离子束和样品表面保持 60°左右倾角,以增加溅射效率。轰击 5～10min 后,10～20nm 厚的表面层就被去掉。在停止溅射恢复真空后,退火到 1200K 左右保持几分钟以恢复晶格损伤。必要时,这种溅射退火过程可重复几次,且在最后一次溅射时适当减小离子束电压和束流密度。

可以看出,这种清洁方法的优点在于它对表面污染不敏感,能够有效去处各种表面层,是一个物理过程。缺点是,溅射时引起的晶格残余损失不易恢复,想获得非常平整的表面有些困难,因此现在已较少采用。

(2) 热处理方法

在超高真空腔内,对硅片高温退火处理,可获得清洁的表面。在较早的报道中,高质量的清洁硅表面可用以下方法[15]重复的获得:首先在 870K 加热 5min,接着在 1170K 加热 2min,然后做轻度的 Ar$^+$ 溅射(1keV,20μA/cm^2),再在 1370～1520K 退火 3min,最后以 100K/min 的速率冷却。对于不进行过多的化学方法预处理的硅片,要获得清洁的硅表面,现在一种行之有效的方法是:经过简单的去离子水清洗烘干后放入真空腔内,在 550K 左右的温度下充分除气,以去除一般的吸附物,接着在 1000K 左右保持 30min,再迅速升温(flash)到 1450K 左右保持 1min,再快速降温到 1070K,最后以 100K/min 的速率冷却,可获得非常高质量的硅的清洁表面。该方法的关键之处在于,在快速升温的过程中,真空室本底真空要足够好(优于 5×10^{-7}Pa),因此整个真空系统以及样品架在加热之前应充分烘烤、除气,否则在 Si 表面会形成难以除去的 SiC 杂质。高温热处理的一个实际问题是无法对目前使用的大直径硅片均匀加热。

要想降低表面清洁处理的温度,在样品进入真空室前,需通过一定的化学预处理,以获得清洁的硅片表面。为避免清洗好的 Si 表面被大气中的 C 沾污,在 Si 表面制备一层钝化层表面是必要的(该表面是低温下可升华的氧化物)。Ishizaka 等[16,17]用 HCl:H_2O_2:$H_2O=3:1:1$ 的溶液在 370K 下对已清洗的硅片进行处理,可得到 $0.5\sim0.8$nm 的 SiO_x 钝化层,在真空中 1120K 退火即可去处氧化层。需要注意的是,Si(111)面的退火温度比 Si(100)面略高。盛簧等人[18]用多次氧化腐蚀的方法也获得了质量很好的 Si 衬底表面。样品在进样室进行 15min,570K 的较低加热处理后,再在生长室以 1100K 的温度处理 15min,观察到了良好的 RHEED 重构图像。此外,还发展了臭氧表面处理[19]、旋转腐蚀[20]等几种温度更低、效果更好的清洁处理方法。

(3)活性离子束法

为了进一步降低表面热处理温度,可以在热退火过程中通以小束流的 Si 束[18]。通过的作用原理还原表面氧化层[21,22],生成的 SiO 很容易挥发掉。这样,在退火温度为 1000K 左右时就可以去除表面氧化层。

(4)光学清洁处理

通过脉冲激光反复辐射,可得到原子级清洁的硅表面。Zehner 等[23]使用红宝石激光清洁硅表面。脉冲激光辐射的过程是将辐照束转化为热的热过程。激光辐照后的表面结构能观察到背景很弱的 LEED 图样。

2. 清洁表面的检验

对表面的清洁度和结构的分析和监测装置有很多。对于表面的原子结构进行分析的仪器包括低能电子衍射 LEED 和 RHEED。它们可以给出表面的长程有序的信息。和 LEED(电子能量 20eV 到几百 eV)相比,RHEED 的电子能量更高($10\sim50$keV),所以能够探测较深的表面信息。RHEED 图像的特征与样品表面的有序度、平整度、台阶密度以及表面的重构等有密切联系。在一定情况下,还可借助扫描探针显微镜,如 STM 和 AFM(Atomic Force Microscopy)等进行监测。对表面杂质的成分、含量等信息的检测可通过 XPS、俄歇电子能谱(AES)来完成。

6.4.2 外延生长

在获得原子级清洁的 Si 表面后,就可以进行外延生长了。外延前硅片必须保持干净。原子级清洁的表面一旦形成,应立即开始外延生长。这样可以避免因时间过长造成表面吸附而沾污。

前面已经提到,硅的分子束外延生长束源炉采用电子束轰击加热,在加热开始后,由于温度迅速增高,硅源和灯丝除气会造成真空压强急剧上升。因此在该阶段要注意不要让硅衬底表面被该气氛污染。将衬底暂时转移到其他真空室或背向束源蒸发方向都能做到这一点。待真空稳定后,就可进行外延生长了。

1. 外延生长模型

硅的分子束外延是在非平衡态的生长。其生长模型为二维生长模型[24]:即通过台阶沿表面传播实现外延生长。对于一个清洁的表面,实际上也不是绝对平整的,除了少量缺陷以外,表面上存在着台阶和扭折(如图6-6所示)。对于硅单晶衬底,在切片时只要晶向稍有偏离,就会暴露出高密勒指数晶面。如果切角为 θ,就会产生大量台阶,其间隔为 d_s,由下式

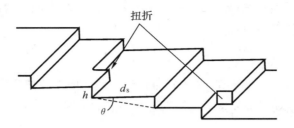

图 6-6　表面台阶。图中标出衬底的取向偏差及具有代表性的扭折位置

给出：

$$d_s = \frac{h}{\theta} \qquad (6\text{-}4)$$

上式中，h 为台阶高度，通常有一个单原子层（ML）高度（$\sim 3\text{Å}$），也有两个单原子层的。若偏离角为 $0.2°$，则台阶密度约为 $10^5/\text{cm}$。对于大批量生产的硅片，其偏离角通常在 $5°$ 到 $1°$ 之间。因为表面台阶和扭折的存在，半导体膜的外延方式可分为两种方式：(1) 台阶流动方式；(2) 台面上二维成核方式。硅的外延生长属于第一种情况。当入射硅原子被吸附在硅片表面，它很容易向台阶边缘扩散，台阶上的扭折位置是它们的理想陷阱，并形成台阶区域内原子的稳态分布。其中，台阶可作为一个线陷阱。扭折密度可用台阶自由能及台阶取向描述，随温度增加而增加。台阶流动分两种情况[13]：(1) 扩散区分离（图 6-7(a)）；(2) 扩散区彼此交叠（图 6-7(b)）。图中 λ_s 是硅原子的表面扩散长度。在台阶处，吸附原子浓度必须等于生长温度下表面原子的平衡浓度 $n_{平衡}$：

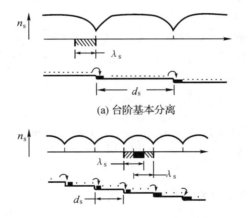

(a) 台阶基本分离

(b) 台阶密集的情况，仅当台阶被认为是慢速运动才成立，即对于低饱和比的情况

图 6-7　硅吸附原子浓度与它到台阶距离的关系[13]

$$n_{平衡} = \frac{P_0}{\sqrt{2\pi kt}}\,\tau_0 \qquad (6\text{-}5)$$

式中，P_0 为平衡蒸发压；τ_0 是硅原子在温度为 T_0 的衬底上停留时间，由下式给出：

$$\tau_0 = V_{Si}\exp\left(-\frac{E_{dSi}}{kT}\right) \qquad (6\text{-}6)$$

式中，V_{Si} 是硅原子的振动频率；E_{dSi} 为硅原子在硅片表面的脱附能。台阶之间的吸附原子浓度由 $n_S(x)$ 表示，则吸附原子流量 J_S 表示为：

$$J_S = -D_S\left(\frac{dn_S(x)}{dx}\right) \tag{6-7}$$

上式中，D_S 是吸附原子的扩散系数；x 为台阶传播方向。因不考虑再蒸发，台阶上消耗的吸附原子比率 $\dfrac{dJ_S}{dx}$ 与稳态情况下碰撞的原子流 F_{Si} 必须相等，有：

$$\frac{dJ_S}{dx} = F_{Si} \tag{6-8}$$

有关台阶运动及详细机制描述如下：如果台阶为准静态，则吸附原子的浓度分布是对称的，且台阶间的侧向原子流是零。将参考点选在两台阶的中间，则：

$$\left.\frac{dn_S}{ds}\right|_{x=0} = 0 \tag{6-9}$$

在该条件下[25]得：

$$n_S(x) = n_{平衡} + \frac{F_{Si}}{D_S}\left[\left(\frac{d_S}{2}\right)^2 - x^2\right] \tag{6-10}$$

式中，d_S 为台阶间隔。台阶处的原子流对台阶运动有贡献，可表示为：

$$J_{台阶} = D_S\left(\frac{dn_S(x)}{dx}\right)\bigg|_{x=\frac{d_S}{2}} = F_{Si}\lambda_{Si} \tag{6-11}$$

因此，台阶运动速度可表示为：

$$V_{台阶} = = \frac{F_{Si}\lambda_S}{N_{OS}} \tag{6-12}$$

其中，N_{OS} 是生长平面上硅原子的浓度。

上述讨论仅对特定的台阶空间的情况成立，在此空间里，整个台阶区域的原子流对台阶运动有贡献（d_S 与 λ_S 量级相当，λ_S 是平均扩散距离）。对一般情况，Burton 等人给出平行台阶的台阶极限速率：

$$V_{台阶} = 2\sigma\lambda_S v \exp\left[-\frac{W_{sk}}{KT}\right]\tanh\left(\frac{d_S}{2\lambda_S}\right) \tag{6-13}$$

解扩散方程时，再次假设台阶运动可以忽略。这种近似通常在原子运动的平均距离大于台阶运动的距离时是正确的，即：

$$\lambda_S \gg v_{台阶} t_S$$

这里 t_S 表示时间，它可按过饱和比的形式改写成：

$$2\sigma\exp\left[\frac{W_{sk}}{KT}\right]\tanh\left(\frac{d_S}{2\lambda_S}\right) \ll 1 \tag{6-14}$$

式中，W_{sk} 是扭折的形成能（一个扭折原子运动出去的激活能）。

从以上讨论可以得到，硅分子束外延的生长速率是由原子到达衬底表面的速率及供给维持晶体生长的吸附原子的表面迁移率来决定的。

如果表面有碳氢化合物玷污，便会形成台阶的钉扎，阻止台阶传输，影响外延质量。对于高度较低的表面台阶，很少有台阶集聚和钉扎，有利于生长低密度层错和其他位错的晶体薄膜。

在生长过程中，当保持一定的生长速率时，如果能够观察到 RHEED 信号的周期性振荡,可推测外延生长遵循层状生长机制。

2. 外延温度

为实现同质外延生长,外来的 Si 原子在到达表面后应具有足够的表面迁移率。吸附原子在和外延衬底达到热平衡后,其有效的迁移能(热能)与衬底温度有关。通常进行 Si-MBE 要求的生长温度为 850~1100K,比化学气相沉积(CVD)的温度(1250~1450K)要低得多。

Abbink 等[25]研究了 Si 在 Si(111)上的外延生长,其生长机理是双层台阶的移动,如同 Burton、Cabrera 和 Frank(BCF)[26]理论描述那样。具体过程分为两步:首先是单个原子撞击到硅表面,和表面进行热交换达到平衡;然后扩散到某一位置,例如台阶处。Abbink 等从台阶到台阶间的距离,测算得表面扩散的激活能为 0.2eV。而根据脱附实验[5]得到的数值为 1.0eV。Saris 等[27]认为,在超高真空条件下进行 Si-MBE,Si 的表面扩散率比 CVD 生长时要高,这也就解释了为什么 MBE 的外延生长温度低于 CVD。

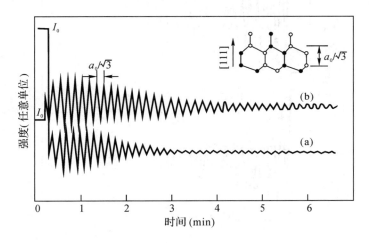

(a) 850 ℃退火 14 min;(b) 1000 ℃退火 20 min。I_0 为起始位置强度。

图 6-8　Si(111)外延时的 RHEED 强度振荡曲线[18]

在不同的表面结构上进行外延生长,其最低要求的生长温度也有所差别。这是不难理解的,因为在不同的表面生长,其生长机制也是不同的。例如,在(100)面上,多认为很可能只有单原子台阶。根据 BCF 理论,在低密勒指数平面上的生长应该发生在低指数取向的台阶上,如(100)或(110)等。但在 Si(100)表面上,淀积原子在(100)平台上生长或在任何低指数的单原子台阶上的生长都会形成两根键。因此外来原子可在任何位置生长。对于(111)表面,存在双原子层(2ML)台阶。通过 RHEED 强度振荡曲线[18](见图 6-8),实验上已经证明了(111)面上的外延是双原子层生长模式。在平台上切实观察到淀积原子只能与衬底形成单键,而在(112)台阶上则可以形成双键。所以台阶的流动将是一种重要的生长机理。当生长温度降低时,表面扩散率下降,外来原子找到台阶的概率降低。如若它们扩散到一个已经成核、原子有序排列的二维岛周围,被捕获后安置于一能量最低位置,外延生长将继续进行。反之,已经到达表面的原子在尚未有序排列之前又有新的原子来到,就很容易产生缺陷或无定形生长,薄膜的长程有序性无法保持。因此在(111)面要实现外延生长,需要比在(100)面上有更高的温度。此外,选择具有一定斜切角的(111)的邻晶面,形成高密度台阶面,也可降低外延温度。

清洁的表面也不是绝对平整的,表面的不平整以台阶以及扭折等形式存在。台阶的方向由晶体结构决定,台阶高度有1ML的,也有2ML的。单畴(2×1)重构的表面上,原子台阶的长边取向为[0$\bar{1}$1](若是单畴(1×2)重构,长边取向为[011])。退火温度低于1370K时,Si(100)表面是(2×1)和(1×2)的共存,即同时存在相互垂直,高度为1ML的原子台阶[28]。它们各自对应的RHEED强度振荡方式均为双原子层模式(如图6-9所示)。

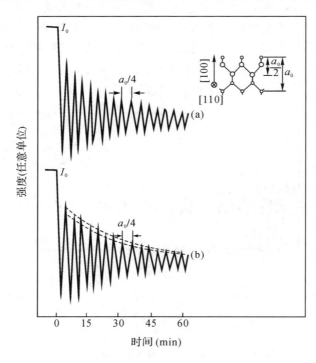

T=300℃,(a)观察方位[100];(b)观察方位[110]。I_0为起始位置强度。

图6-9　Si(100)外延时的RHEED强度振荡曲线[18]

当生长温度为790K或更高时,表面的原子迁移率很高,淀积的Si原子将很快地迁移至表面台阶边缘并固定下来,台阶密度不变,仅台阶边的表观位置向相反方向移动,这样生长过程恰似台阶边在"流动",因此这种生长称为"台阶流"模式。在台阶流模式生长时RHEED强度没有振荡。

生长速率和生长温度是一对相互制约的因素。在某一温度下,如生长速率较低,则淀积原子能及时迁移到台阶边位置,表面台阶密度不变;相反,如果提高生长速率,则淀积原子来不及迁移到台阶边位置,这样就可以看到RHEED强度振荡。例如,生长速率为0.015nm/s,生长温度在720K时可观察到RHEED强度振荡;生长温度提高到790K后,表面原子迁移率提高,外延又变回"台阶流"生长模式,RHEED强度振荡消失;生长速率提高到0.04nm/s时,又可观察到RHEED强度振荡。

实验结果表明,生长速率和生长温度过高或过低均不能获得理想的RHEED强度振荡。对于 Si(111)面,生长速率为 0.015nm/s 时,其最佳的生长温度范围为 700~790K[18]。

此外,表面重构对外延也有影响。以清洁 Si(111)表面上的 7×7 结构为例(如图 6-10),其表面几层原子周期排列与体内有很大差别。在分子束外延生长时,沉积 0.3~10nm 厚的 Si 膜仍会保持 7×7 结构,但对于生长温度的要求也较高,在较低温度生长的薄膜将不完整。

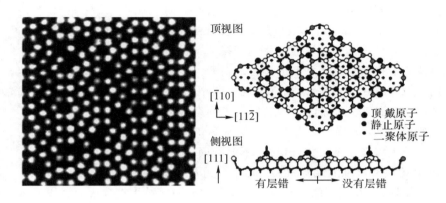

图 6-10   Si(111)-7×7 再构表面的 STM 图像(左)和 DAS 模型示意图[29](右)

6.4.3 掺杂

掺有不同杂质的 Si 薄层是大部分半导体器件中不可分割的一部分,这些 Si 膜具有特定的杂质浓度纵向分布及很明确的界面。MBE 的优点在于,它提供了一种制作超薄薄膜的方法。由于外延温度低于固态扩散的温度,这种薄膜在任何深度的地方可以有任意选定的杂质浓度,因此有可能形成原子级陡峭的掺杂分布。

目前将掺杂剂引入生长层中的方法有两种,即自发掺杂或用离子注入的方法在生长期间加入掺杂剂。下面我们分别对其作介绍。

1. 自发掺杂

在 Si 外延生长期间同时热蒸发掺杂剂。掺杂剂可放在努森盒内,实现加热分子束流掺杂。对于掺杂剂的选择,要注意的是它的蒸气压,不能太高也不能太低,以避免束流难以控制或造成对真空系统的污染。p 型掺杂采用高温硼源相当普遍,可加热到 2000℃ 的束源炉已商品化;n 型掺杂主要集中在掺 Sb 上,用离化束源炉或室温淀积 Sb 再外延 Si 的办法有可能成为比较简易的实用技术。

Iyer 等人[30]对掺杂动力学过程进行了详细研究,并提出硅分子束外延生长中的掺杂模型。

常用的掺杂剂有以下几个特征:

(1)吸附系数 S 很小,在常用的温度范围内,通常吸附系数小于 0.01。

(2)S 对衬底温度很灵敏,它随温度上升而降低。

(3)掺杂剂具有接近一致的高电活性。

(4)在较高衬底温度和较低掺杂剂流量下,一次结合。

(5)具有突变掺杂分布,且掺杂浓度达到稳定。在常用温度下掺杂剂分布较长的滞后时间,转换为生长膜中掺杂剂较长距离的分布。

(6)高浓度掺杂,出现饱和现象。

(7)掺杂浓度很高时,外延层质量下降。

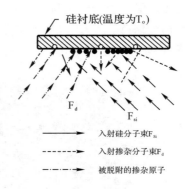

图 6-11　外延掺杂生长的硅表面图示

该模型认为:掺杂剂不能直接结合到生长的晶格中,而是首先吸附在表面(如图6-11)[13]。这主要是掺杂动力学的限制因素起重要作用。很明显,掺杂剂的表面相,对于掺杂过程起着重要作用,因此有必要对掺杂剂在硅表面的性质加以研究。掺杂剂的表面迁移率和掺杂剂同硅表面的键合及其他掺杂剂原子之间的键合均对膜的生长起重要作用。镓和锑在硅上淀积时,将呈现为两相:第一相代表掺杂原子同硅表面的键合,第二相代表掺杂原子间的键合。掺锑情况下,在衬底温度为 600～900℃ 时,锑的蒸气压足够大以至于第二相(Sb-Sb)不能凝固,结果在硅表面产生约一个单原子层厚的二维锑覆盖层[31]。而镓的蒸气压足够低,在相同的外延温度下,可两相共存,结果在硅表面镓以三维成核。

正如我们看到的那样,当表面杂质极低时,以台阶沿硅表面横向传播进行硅外延生长。问题是,在掺杂剂表面相非常明显时,这种生长模式是否还可以维持?对于掺镓的情形,根据 RHEED 观察,在外延膜层小于几百纳米时,答案是肯定的。此外,研究还表明,当掺杂浓度降低,外延膜中的缺陷密度也低(低于衬底中的缺陷密度)。上述观察说明,在低覆盖范围时都服从层状生长模型。

具体到掺杂剂的结合机制,可能有三种情况[32]:

(1)掺杂剂从掺杂剂团处迁移,并扩散到运动的硅台阶的扭折位置,使结合过程能够进行。

(2)运动的台阶可碰到并穿越一个掺杂剂团,此过程中,掺杂剂可结合到运动的台阶中。

对于上述两种情形,掺杂剂结合时不会改变硅的生长机制。

(3)大量掺杂剂的存在,将改变硅的生长机制。

Metzger 等讨论了掺金属锑的几种方法,最常用的方法是采用低覆盖范围、高衬底温度(750～900℃)。对于高覆盖范围、低衬底温度掺锑的情况,其生长模式本身也在发生变化,情况变化很复杂。该方法制备的掺杂薄膜质量较差。图 6-12 给出了锑的吸附系数[13]。

热法掺杂剂缓慢结合的另外一个结果是,吸附层掺杂剂浓度若不超过合理范围,则不会获得较好的掺杂浓度。

在硅分子束外延膜中,硼的存在很有意义。Kubiak 等[33]用硼作为 p 型掺杂源,其结果令人满意。如图 6-13 所示,它不存在滞后效应,且吸附系数为 1。他们还得出,即使在高掺杂浓度时,载流子迁移率并不降低,说明不存在明显的动力学限制。

2. 低能离子注入掺杂

用热方法产生掺杂剂离子束并掺杂到外延膜中,是依靠自发的结合机制。技术比较简单,但其掺杂机理和动力学过程相当复杂,这是因为它受多种因素制约,如滞后效应,掺杂剂选择范围较窄以及在某些情况下较高的掺杂浓度很难获得等。回避以上困难的良好选择是采用低能束射入生长表面,以迫使其结合。

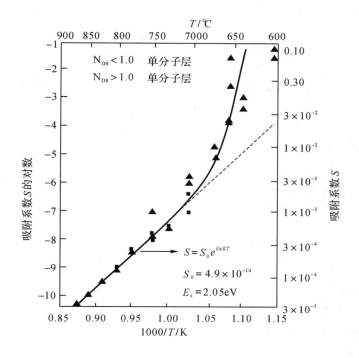

图 6-12　锑的吸附系数同温度的关系[13]

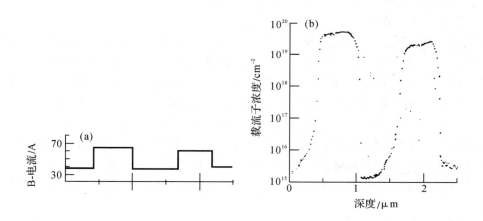

图 6-13　(a) 给出与之对应的硼电池电流,未出现明显的滞后效应
(b)用蒸发硼获得的陡峭掺杂过渡区

离子注入与外延同时进行,为减小损伤,需采用低能束,该技术具有以下特点[13]:

(1) 注入离子的能量很低(<1keV),

(2) 离子注入时,衬底温度高于外延生长温度,损伤减小,扩散增强。

(3) 离子注入时维持外延生长。

　　如图 6-14[13] 所示，比较砷（As+）和硼（B+）离子注入的分布。离子注入是在分子束外延时完成，对这两种情况用蒙特卡罗模拟技术加以分布相比，损伤峰靠近表面，因此，增强扩散将向表面处进行。

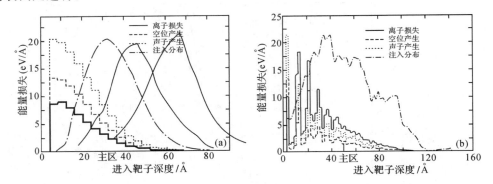

图 6-14　在硅中注入离子的蒙特卡罗模拟（1keV 离子注入）。

（a）As+；（b）B+。图中也给出损伤分布曲线。

　余下的问题有：

（1）离子注入损伤是否以微缺陷形式存在？

（2）掺杂剂原子是否能完全激活？

　　假定在室温时对非晶硅进行离子注入，所形成的分布类似于分子束外延的情况，只能是定性的结果。

　　此外，离子注入系统很复杂。典型的系统包括离子源→加速聚焦→质量筛选→调节电压值和合适区域→离子束扫描系统和外延生长→结合。

3. 二次离子注入掺杂

　　在确定环境下掺杂，对衬底施加负电势，可增强吸附系数[35]。这是一种电势促进掺杂，它对于掺锑的影响极为明显，当衬底加上 −400V 的偏压时，掺杂浓度增加两个数量级；而对于镓，却没有观察到明显的变化。对于锑掺杂，在一定温度，使样品上的偏压从高值到低值变化，而不改变吸附层的浓度，也可得到陡峭的掺杂过渡区（如图 6-15 所示[13]）。但因偏压依赖关系不清，且在通常生长条件下离子浓度不可控，很难得到任意变化的过渡区。二次离子注入掺杂的技术的优点是系统简单，对衬底加适当偏压就是唯一要进行的调整。由于所加偏压不需太高，因而其晶格损伤不是主要考虑的问题。该项技术的缺点是对离子缺乏控制。另外，该项技术必须有掺杂剂吸附层的存在。最后，对于 p 型掺杂，该技术通常是不适用的。

4. 几种掺杂技术比较

　　同硅分子束外延技术联系在一起，我们介绍了三种不同的掺杂技术。硅外延薄膜的掺杂无疑是硅分子束同质外延作用的结果，对掺杂技术的选择，必须高度重视。对于不同掺杂技术的优缺点的总结列于表 6-1[13]，供大家参考。

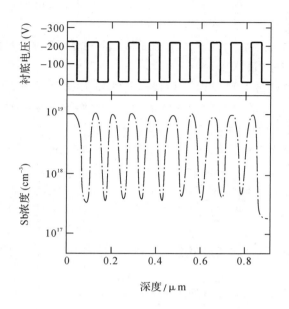

图 6-15　二次离子注入技术得到陡峭的掺杂浓度过渡区

表 6-1　不同掺杂技术的比较[13]

比较内容	自发结合	低能离子注入	二次离子注入	电子增强
复杂性、花费	简单、不昂贵	很复杂、昂贵	中等、不昂贵	中等
可控性、重复性	中等、偏好	极好	困难、依赖于系统可变量及生长条件	困难、依赖于系统可变量及生长条件
衬底温度依赖性	高度依赖	相对较小	较小	高度依赖
陡峭掺杂分布的控制	吸附层浓度离子通量及温度	吸附层浓度、硅离子通量及衬底电势	吸附层浓度、电子通量及衬底电势	
高浓度掺杂	困难	可能	可能	可能
晶体质量	低到中等掺杂浓度好,高掺杂浓度退化	高生长温度好,取决于注入物种	类似于自发掺杂	类似于自发掺杂
备注	Sb、Ga、B、Al 已实验证实	Sb、As、B、Ga 已实验证实	仅对 Sb	仅对 Sb

6.4.4　外延膜的质量诊断

半导体器件的制造中,获得符合要求的、高质量的外延材料是制备高性能器件的关键。因此,对外延质量的检测是必不可少的,必须严格进行。那么如何通过外延薄膜的质量来判断外延技术的成功与否呢?通常可以从以下几个方面进行分析:表面形貌、外延层厚、载流子浓度和迁移率、成分分析、量子阱结构等。

衬底上外延生长晶体后,通常先用显微镜观察表面形貌质量。良好外延层的表面应该呈光滑镜面状,没有小丘状沉积物、划伤、小坑等。表面经腐蚀以后,可用显微镜观察位错、缺陷密度,它应该较低,约为 $10^2/cm^2$ 或更低。

Hall 测试法是常用的测量载流子浓度和迁移率的方法,不过它只能测试出多数载流子的杂质浓度(补偿后的净杂质浓度)。

外延薄膜的结晶性有序性可以用 X 射线衍射法或 LEED 等来测定。在测试出的 X 射线衍射曲线图中,可根据薄膜材料的特征峰的锐度和强度来判断晶体的质量。LEED 图案也可辅助判断晶体薄膜的周期性。

对于掺杂薄膜的成分分析可以通过 AES 和 SIMS 来完成。AES 可以测定原子的种类和浓度。SIMS 则为外延薄膜进行成分深度分析提供了强有力的手段。

光荧光(PL)法测试时,样品在准备时和测量时都是非破坏性的。当样品被光激励时(光子能量对应的带隙应大于被测量材料的带隙),产生的荧光将给出与被测材料的辐射均匀性、暗斑和带隙相关的信息。荧光光谱的线宽、峰值位置和存在的多峰能够给出异质结上面层和界面质量的很多信息,如辐射复合光子能量(对应于材料的带隙)、辐射复合效率以及参与辐射的能级等。

通过一系列的测试后,就能够对外延薄膜的质量有较为准确的评价。

§6.5　分子束外延生长Ⅲ-Ⅴ族化合物半导体材料和结构

在介绍完 MBE 生长硅薄膜后,在本节和接下来的两节,我们将简单介绍用分子束外延生长和制备其他半导体材料和结构。

Ⅲ-Ⅴ族化合物是指由周期表上ⅢA族元素(B、Al、Ga、In)和ⅤA族元素(N、P、As、Sb)之间形成的二元化合物(如 GaAs、InSb 等)或三元、四元合金化合物(如 AlGaAs、GaInAsP 等),即 AⅢBⅤ型化合物(A=B,Al,Ga,In;B=N,P,As,Sb),这类化合物当晶格结构为立方晶系时通常具有半导体性质。

分子束外延技术与Ⅲ-Ⅴ族半导体化合物材料、光电子技术三者之间有着极为密切的关系。正如本章开始所介绍,它是在 20 世纪 50 年代发展起来的真空淀积Ⅲ-Ⅴ族化合物的三温度法和 1968 年 Arthur 对镓和砷原子与 GaAs 表面相互作用的反应动力学研究的基础上发展起来的。分子束外延技术的不断发展,推动了高质量的外延材料的生长,还使制造出如超晶格、量子阱等具有新的物理效应的微观结构成为可能,并已经应用到光电子技术中,如制造低功耗、高效率的量子阱级联光发射器件、常温下可工作的超晶格红外探测器件等,由此又进一步扩大了Ⅲ-Ⅴ族化合物半导体材料的应用范围,促进了光电子技术的发展。本节我们主要介绍用分子束外延技术生长和制备几种主要的Ⅲ-Ⅴ族化合物材料和结构。但多层异质结构和量子阱、超晶格结构的材料的生长和器件结构将放到第 9 章和第 10 章讨论。

6.5.1　MBE 生长 GaAs

1. GaAs/GaAs

在早期的同质外延生长研究中[3]发现,外延层的生长速率与 Ga 原子的到达率有关。

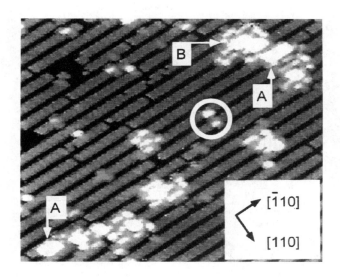

图 6-16　在 GaAs(001)－2×4 表面生长 0.06ML GaAs 后的 STM 图像(25×20nm²)。由两个平行的 As 二聚体列组成的岛标为"A";而在"B"区域中不存在二聚体列的缺失,比较少见。环型区域内是一个单二聚体的双层岛。

以在(001)面上生长为例,生长速率为 $1\mu m/h$ 时,Ga 原子的到达率为 $10^{14} \sim 10^{15}$ 个/cm²s。而要保持外延层中 Ga∶As 的组分比为 1∶1,需要在富 As 条件下生长。后来又发现,采用 As_2 源还是 As_4 源,在同样的参数下,生长速率有很大的不同[35,36]。这主要是因为 As_4 分子需要经过两步裂解才能与 Ga 原子反应。近期的 STM 研究表明,衬底的重构也对外延生长产生很大的影响[37]。在(001)-c(2×4)表面(富砷表面,最外层原子层包含两个 As 的二聚体和两个 As 的二聚体空位)初始生长时(如图 6-16),生长速率与 Ga 原子的绝对束流速率关系不大,而主要和束源种类以及 As/Ga 的束流比相关;降低 As∶Ga 的束流比会使初始形成的二维岛的尺寸增加,密度降低。若使用 As_4 代替 As_2 源,岛的各相异性(定义为沿与沿[110]方向的长度比)会显著增加。这些结果可以用一个动力学蒙特卡罗模拟[38]来解释。

从实际生长 GaAs 的经验来看,在富砷(As-stabilized)结构的衬底重构表面上生长比较适合,在适当的衬底温度下可实现二维的层状生长,获得高质量、平整的 GaAs(001)面。考虑到方便性和适时监测的优势,RHEED 仍然被用来监控生长过程。随着表面上原子覆盖度周期性的变化,可观察到 RHEED 强度的周期性变化(如图 6-17 所示)。其周期十分精确地对应于 GaAs(001)面上厚度为 2.83Å 的一个单原子层[39]。

MBE 制备Ⅲ-Ⅴ族材料时,通常选用 Be 和 Si 分别作 p 型和 n 型掺杂剂。中科院上海冶金所用国产 MBE 系统生长出优质 GaAs,并且获得 $1.7\times10^{14} \sim 1\times10^{19}$ cm⁻³ 广泛浓度范围的掺 Si 的 n 型 GaAs,当 $n=1.7\times10^{14}$ cm⁻³ 时,$\mu=8.4\times10^{4}$ cm/Vs[40]。

2. GaAs/Si

在 Si 衬底上异质外延生长 GaAs 薄膜是实现光电器件的光电集成电路制备的关键技术。然而,高质量 GaAs 薄膜仍未获得,其原因主要有三个:(1)晶格失配较大(4%);(2)热胀系数差异较大;(3)GaAs 与 Si 组合的反相畴(antiphase domains)的形成在初始生长阶段

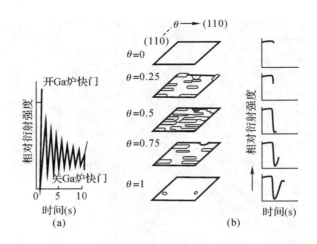

图 6-17　MBE 生长 GaAs 时，RHEED 衍射强度的变化及其
与生长表面上覆盖度的关系（θ 为分数层覆盖度）

由于总是有岛状物的生成，故而降低了生长膜的质量。而为改善 GaAs 薄膜的质量，在生长初期二维生长是必要的。

一般认为，薄膜的质量极强地与它的 X 射线 ω 扫描曲线的半高宽相关。Georgakilas 等在 Si(100)斜切面上通过分子束外延生长了 GaAs 薄膜，在薄膜厚度为 1000nm 时，摇摆曲线的最佳半高宽值为 250arcsec[41]；Woolf 等在 Si(111)衬底，采用两步生长法，制备了一个薄膜厚度为 4100nm 的 GaAs/Si(111)系统，其半高宽值为 300arcsec[42]。但在这些薄膜里仍然含有一个高于 $10^6 \ cm^{-2}$ 的晶体缺陷密度[43]。

后来，Yodo 等人[44]尝试采用偏轴 1.3°(111)晶向 Si 作衬底，生长 50～1000nm 厚的 GaAs 薄膜，通过实验得出结论，GaAs 在 Si(111)衬底上生长的初期阶段($t \leqslant 200nm$)形成高质量晶体，界面尺寸约为 100nm。厚度在 100～200nm 时，生长薄膜的 X 射线摇摆曲线（图 6-18）的最优半高宽值为 165arcsec，与动力学衍射理论的完美晶体半高宽值一致。HRTEM 测量结果也证实高质量的薄膜生成。然而，当生长的膜厚超过 300nm 时，其质量明显下降。

6.5.2　MBE 生长 InAs/GaAs

由于在红外探测器、光电子器件方面的潜在应用，InAs 一直很受人们关注。我们在这里主要介绍一下 InAs 在 GaAs 表面上的异质生长，因为 InAs 和 GaAs 衬底之间存在较大的晶格失配(7.2%)，因此 InAs/GaAs 被当作Ⅲ-Ⅴ失配异质生长的原型系统来考虑。

在进入主题之前，我们先简单介绍一下异质生长的三种模式（如图 6-19 所示）。即：(a)一层接一层的二维层状生长；(b)岛状生长；(c)层状加岛状的生长。

对于 GaAs(110)面和(111)A 面（富 Ga 面）的研究已经比较明确了，InAs 以二维层状模型进行生长，通过形成失配位错释放应力[45,46]。而(001)面的情况则完全不同，在初始沉积阶段，InAs 的生长也遵循层状二维生长机制，且保持平面晶格参数与 GaAs 衬底匹配。在形成一个完整的浸润层后继续保持层状生长，当沉积覆盖度大于临界覆盖度时，由层状生长转为三维(3D)岛状生长。临界覆盖度是一个与生长条件以及异质结构的晶格失配度都

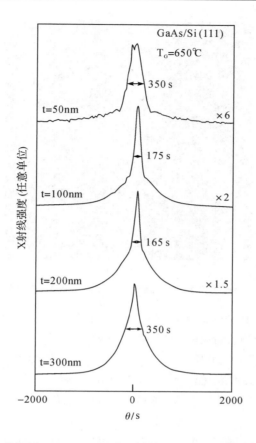

图 6-18　不同厚度(50～300nm)GaAs/Si(111)薄膜的 X 射线摆动曲线

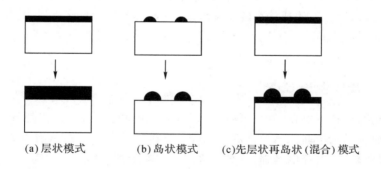

(a) 层状模式　　　　(b) 岛状模式　　　(c)先层状再岛状 (混合) 模式

图 6-19　异质外延生长的三种模式

有关系的参数[47]。对于 InAs/GaAs(001)系统,其典型值为 $\theta_C = 1.6\text{ML}(\sim 0.5\text{nm})$。可以看出,对于 InAs/GaAs(001)系统,其生长遵循混合模式。3D 形核成岛生长已经由 AFM 证实(见图 6-20)。这些三维岛的尺寸很小,直径通常在 10～30nm 之间,可称为量子点。量子点的密度分布可通过增加覆盖层的厚度、改变衬底的偏向以及降低生长温度等方法控制在 $10^8 \sim 10^{11}\text{cm}^{-2}$ 范围内。

尽管 InAs 和 GaAs 衬底之间存在较大的晶格失配,会在界面附近产生高密度的位错,

图 6-20　　InAs 在 GaAs(001)面上的沉积厚度超过 θ_C 的 AFM 图像[48]（500×500nm²）

但在 InAs 薄膜中仍能得到非常高的电子迁移率,并且电子的迁移率随外延层厚度的增加而增大。对此现象的解释到目前还有很大分歧[49,50]。

另一方面,InAs 是窄禁带半导体,因此人们以前一直认为 InAs 薄膜 Hall 器件的温度特性不会太好[51]。但高灵敏度、温度特性较好的 InAs 薄膜 Hall 器件已被成功地研制出来并且商品化[52]。为什么窄禁带的 InAs 薄膜 Hall 器件有较好的温度特性,目前对此也无理论解释。

在国内,周宏伟等人[53]在 GaAs(110)衬底上,在 480℃衬底温度生长了 InAs 外延层,掺杂浓度为 $8×10^{16}\,cm^{-3}$。他们用并联电导模型[49,50]解释了 InAs 薄膜迁移率对温度的依赖关系,以及掺杂而引起的迁移率的反常增加,并在此基础上制备了灵敏度较高(在相同电子浓度的情况下,为 GaAs Hall 器件的 1.5 倍)的 Hall 器件[54],这些器件具有不等位漂移小等特点。

6.5.3　MBE 生长 GaN

Ⅲ族氮化物材料不仅在光电子领域得到迅猛发展和应用,而且在制备高温大功率微波电子器件方面也显示了骄人水平。GaN、AlN 及其三元合金材料具有禁带宽、电子漂移速度高、介电常数较小、击穿电场强、热导率高、不易热分解、耐腐蚀、抗辐照等特点。因而,该类氮化物材料是制作高温大功率高频电子器件的理想材料[55],其在蓝绿发光二极管和激光器方面的应用尤为突出[56,57]。

立方 GaN 薄膜可以在立方(001)衬底获得。早在 1989 年,Paisley 等[58]就通过改进MBE 方法在 3C-SiC 上外延生长了 GaN 薄膜。T. Lei[59]等利用两步生长法,采用电子回旋共振微波等离子辅助手段在 Si(001)上制备了具有良好单晶结晶性的 β-GaN。后来,Powell等[60]又在 MgO(001)表面用活性离子分子束外延生长制备了 β-GaN 薄膜,并系统地研究了薄膜生长的动力学机制、微结构和其他性质。而六方 GaN 薄膜可以在六方衬底如蓝宝石[61]和 6H-SiC 上获得[62],也可以在立方(111)衬底如 Si 上获得[63],这是由于闪锌矿(111)

面与纤锌矿(001)面等效,容易生成稳定的六方 GaN。如果使用特殊的生长条件也可以生
长出完美的立方 GaN 薄膜而避免六方 GaN 的混入。后来,在蓝宝石(001)衬底上也实现了
用分子束外延的方法生长出立方 GaN 薄膜[64]。国内,中科院物理所的刘洪飞等[65]在 GaAs
(001)表面上用 MBE 生长了高质量的 GaN 薄膜。他们用相同的生长方法,而采用不同的
成核层,分别制备了立方和六方的 GaN 薄膜。薄膜的 X 射线衍射结果如图 6-21 所示。

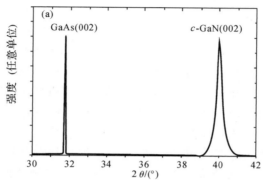

(a) GaAs(001) 衬底上用氮化的 GaAs 作为成核层生长的 GaN 薄膜样品

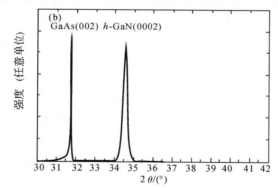

(b) GaAs(001) 衬底上用氮化的 AlAs 作为成核层生长的 GaN 薄膜样品

图 6-21　X 射线双晶衍射图

中科院半导体所孙等[66]用 NH_3-MBE 技术外延生长的 GaN 外延膜的室温电子迁移率
最高达 $300 cm^2/Vs$(样品厚度约为 $1\mu m$),背景电子浓度为 $2\times10^{17} cm^{-3}$;而用 L-MBE 外延
的掺硅 GaN 薄膜样子的室温电子迁移率达 $220 cm^2/Vs$,相应的电子浓度为 $1\times10^{18} cm^{-3}$。

§6.6　分子束外延生长 Ⅱ-Ⅵ族化合物半导体材料 和结构

　　Ⅱ-Ⅵ族化合物是指化学元素周期表中第Ⅱ副族的 Zn、Cd、Hg 与第Ⅵ族的 S、Sb、Te 形
成的二元、三元乃至四元化合物,通常具有闪锌矿结构。过渡元素 Mn 等的加入也可部分替
代第Ⅱ族元素,使材料的性能得到改善。在化合物半导体家族中,由于其特殊的光电子特
性,Ⅱ-Ⅵ族化合物在激光、红外、紫外等光电子技术领域的重要性是无可争议的。譬如,
HgCdTe 是迄今最重要的红外探测材料,在航天技术、遥测遥感、夜视与制导技术等领域有

重要应用前景。CdTe 及 CdZnTe 是 X 射线与射线探测、激光光电调制、高效太阳能电池等的关键材料。ZnSe 是激光器窗口等激光技术的关键。ZnS 则是红外窗口及荧光技术领域的关键材料。同时，Ⅱ-Ⅵ族化合物可通过改变成分进行禁带宽度、光电转换特性的调整。含有 Mn、Co 等过渡元素的Ⅱ-Ⅳ族化合物构成磁性半导体材料的主体，具有重要的潜在发展前景。

6.6.1　HgCdTe 材料

碲镉汞（$Hg_{1-x}Cd_xTe$）三元合金化合物半导体是一种重要的红外探测器材料。通过调节其组分 x 值的大小，可以连续改变其禁带宽度（从 0～1.6eV），从而获得几乎覆盖整个红外区域的响应波长。现在，用碲镉汞制备的红外探测器在军事、民用等领域已经得到了广泛的应用。从 20 世纪 70 年代末第一代红外探测器的出现到现在的大规模红外焦平面器件的研制成功，都说明高性能器件的制备需要高质量、大面积、组分均匀的碲镉汞材料。与其他外延技术相比，分子束外延技术在薄膜的质量、组分厚度均匀性上具有独到的优势[67]。随着焦平面器件规模的不断扩大和光敏元尺寸的进一步减小，这种优势显得越来越重要。用分子束外延技术生长出的外延材料具备很高的晶体质量，因而碲镉汞分子束外延材料显示了其巨大的发展潜力，是发展高性能红外焦平面器件的必用材料之一。

从 1981 年 Faurie 首次利用分子束外延技术制备出碲镉汞薄膜[68]以来，经过 20 多年的努力，材料生长方面已经取得了长足的进展。用于外延生长碲镉汞的衬底材料主要有 Si、GaAs 和 ZnCdTe。其中，Si 与碲镉汞的晶格失配最大为 19.3％，GaAs 次之为 14.6％，ZnCdTe 的晶格常数和碲镉汞的基本匹配。衬底与外延材料的晶格失配将导致大量的位错增殖，从而严重影响红外焦平面器件的工作性能。用晶格匹配的 ZnCdTe 作衬底，外延生长出来的碲镉汞薄膜位错密度通常比另两种衬底的低 1～2 个数量级。但是受 ZnCdTe 衬底尺寸的制约（扩大 ZnCdTe 衬底尺寸方面的研究没有较大进展，目前单晶截面最大尺寸仅为 30cm^2），无法满足焦平面器件朝大面积多光敏元方向发展的需要。研究表明，在直径为 50mm 的外延材料上可制备 1 个 1024×1024 面阵（每个光敏元尺寸为 27μm），而在直径为 100mm 的外延材料上则可制备 7 个同样大小的面阵。红外焦平面器件的这种发展趋势要求分子束外延技术朝高质量、高性能、大面积、低成本的方向发展。

Si 衬底由于具有廉价、大面积、机械强度好等特点，成了大面积碲镉汞分子束外延的首选衬底[69-71]。但是由于 Si 同 GaAs 碲镉汞外延层存在着 19.3％的晶格错配，所以必须先引入缓冲层。由于 GaAs 的晶格常数介于 Si 和 HgCdTe 之间，人们很自然就想到了先在 Si 衬底上外延 GaAs，然后再外延 HgCdTe。然而 GaAs 的引入导致了生长过程的复杂化、杂质的污染和不必要的成本增加。1995 年，美国休斯公司用 ZnTe 取代 GaAs 作为缓冲层，再外延 CdTe 最后外延 HgCdTe，用这种方法成功地在 Si 衬底上实现碲镉汞材料外延[72]（X 射线双晶衍射摇摆曲线的半高宽已达到 63 arcsec）。他们还研究了缓冲层厚度以及引入 CdTe/ZnTe 超晶格缓冲层对材料缺陷密度的影响规律。目前 Si 衬底上碲镉汞外延材料的位错密度已能控制在（2～3）×10^{6}cm^{-2}，截止波长为 7.8μm 的原位掺杂型 p-on-n 碲镉汞器件 78K 的品质因子 R_0A 做到了 1.64×10^4 Ω·cm^2，这一指标已接近在碲锌镉衬底上用液相外延（LPE）技术制备的碲镉汞材料所制备的器件水平。1999 年，HRL 实验室报道了他们用长在 Si 衬底上的碲镉汞分子束外延薄膜（125K 下，截止波长为 3～5μm）制作器件。到目前,国外已有报道成功地在 4in Si 衬底上生长出了高质量的碲镉汞材料[73]。

6.6.2　CdTe/Si 的外延生长

UIC 最早开展了 HgCdTe/CdTe/Si 异质外延研究。1989 年,他们报道了在(100)Si 上外延(111)CdTe 和(111)HgCdTe 的结果[74]。他们发现在 CdTe 生长前,先外延一层 ZnTe 初始层,可以保证在(100)衬底上外延(100)的 CdTe 层不发生晶向偏转。这一重要发现也应用于在(211)衬底上外延(211)CdTe。随后 UIC 又报道了他们通过调整衬底倾斜参数来消除孪晶的研究进展[75]。1995 年,休斯研究中心通过生长 ZnTe 初始层得到了无孪晶的 CdTe 层[76],X 射线双晶衍射半高宽小于 75arcsec。1996 年,HRL 实验室研究的 ZnTe 初始层的生长温度为 270℃,厚度为 $0.1\sim1\mu m$[77],在这一厚度范围内 EPD(位错腐蚀坑密度)值已经基本相同了。

随后的研究主要是围绕增加 ZnTe 初始层对提高晶体质量的效果、在生长过程中进行退火、适当的生长温度等展开的。Dhar 等人[78]在 Si 表面先喷一层较薄的 As,在 40℃下沉积多晶 ZnTe,然后进行 390℃退火,再生长 50nm 的 ZnTe。这种生长方法可以保证在大晶格失配的 CdTe/Si 界面的初始外延为二维生长方式,从而获得的 EPD 值为 $(2\sim5)\times10^6\mathrm{cm}^{-2}$。

6.6.3　HgCdTe/Si 的外延生长

EPD 值为 $(2\sim5)\times10^5\mathrm{cm}^{-2}$ 的 CdTe/Si 的外延成功,为进一步生长碲镉汞提供了重要的保证,有几个实验室都已经在 Si 衬底上成功外延了低位错(EPD 降为 $(2\sim5)\times10^6\mathrm{cm}^{-2}$ 到 $2\times10^7\mathrm{cm}^{-2}$)的器件级碲镉汞[79-81]。且有报道称长波红外碲镉汞的 EPD 略低于中波红外碲镉汞。1996 年,HRL 实验室在 Si 衬底上外延的 77K 截止波长为 $7.8\mu m$ 的碲镉汞 EPD 结果为 $(3\sim22)\times10^6\mathrm{cm}^{-2}$;77K 截止波长为 $10\mu m$ 的碲镉汞 EPD 结果为 $2\times10^6\mathrm{cm}^{-2}$。UIC 的 $x=0.24$ 的碲镉汞 EPD 都在低的 10^6 量级;1996 年 NEC 的 77K 截止波长为 $8\sim12\mu m$ 的碲镉汞 EPD 结果为 $(4.4\sim6.6)\times10^6\mathrm{cm}^{-2}$[82]。后来又有报道称通过 480~490℃ 的退火可以将 EPD 再降低 1 个量级至 $(2.6\sim11)\times10^5\mathrm{cm}^{-2}$[83]。

6.6.4　ZnSe、ZnTe

锌硫属化合物是宽禁带直接带隙材料,其禁带宽度在 2.26~3.76eV 之间,在这些材料中有高效的带间直接复合,这意味着能期待用这种材料制造蓝绿光发光器件。

上海光机所徐梁等[84]在半绝缘的(100)GaAs 及(100)InP 衬底上,用 MBE 技术生长非故意掺杂的 ZnSe、ZnTe 及掺 Cl 的 ZnSe 薄膜。他们讨论了分子束流量和衬底温度对成膜的影响,当两种束源的束流强度相等时,结晶性最佳;生长速率则随着衬底温度的升高开始下降。对 ZnSe 而言,当衬底温度大于 490℃时,这一现象十分严峻。这主要是由于表面原子的寿命和分子束的黏附率在较高温度下变小,从而使得生长速率降低。

6.6.5　ZnO 薄膜

短波长半导体发光和激光器件一直是人们关注的研究课题,它们在提高光通信的带宽、光信息的存储密度和提取速度等方面有着极其重要的意义,是信息显示、绿色照明、短波辐射探测等领域取得革命性发展的基础。紫外探测器、短波长发光二极管和激光器的研制已经成为近年来国内外研究的热点,这就使得相应的宽禁带半导体材料的开发与研究变得尤为重要。

近二十年来,宽禁带半导体材料 ZnO 引起人们越来越多的关注,成为宽禁带半导体材料与光电器件研究中新的国际热点。有关 ZnO 的相关基本知识在本书前面几章已有详细介绍,这里不再赘述。尽管 ZnO 薄膜的许多应用只要多晶材料就足够了,但要实现 ZnO 基光电器件,高质量的外延薄膜制备成为必要。就这一点,MBE 技术有其大展身手的空间。我们将 MBE 技术与 ZnO 薄膜材料生长成功结合的实例予以简单介绍。

早期 MBE 生长 ZnO 薄膜是作为生长 GaAs 的缓冲层。Johnsen 等[85]利用等离子源产生活性氧原子用于 ZnO 在 SiC 衬底的外延生长。RHEED 监测结果表明,ZnO 薄膜为层状生长模式,所得 ZnO 薄膜的 n 型载流子浓度为 9×10^{18} cm^{-3};电子迁移率为 260cm^2/Vs。2002 年,D. C. Look 等[86]在 Li 扩散的块状半绝缘体 ZnO 衬底上,采用分子束外延,成功地制备了掺氮的 p 型 ZnO 薄膜。对厚度为 1.9μm 的 ZnO 薄膜,其室温霍耳迁移率比较低,只有 2cm^2/Vs。N 的掺杂浓度如图6-22所示。

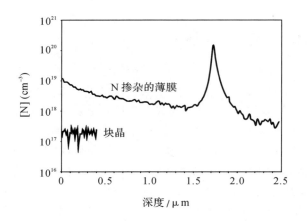

图 6-22　ZnO 样品中的 N 的浓度的二次离子质谱测量图
其中一块是未掺杂的,另外一块是 N 掺杂的

2005 年,日本的 A. Tsukazaki 等人[87]采用高纯度的单晶 ZnO 激光靶材,利用激光分子束外延(L-MBE)生长技术,在 950℃ 高衬底温度条件下,获得了本底电子浓度仅为 10^{16} cm^{-3}、室温下 Hall 迁移率高达 300cm^2/Vs 的高质量 ZnO 薄膜。薄膜呈现原子级平整表面。其(0002)面的摇摆曲线半高宽($\Delta\omega_{0002}$)小于 18arcsec。几乎和仪器的分辨率 12arcsec 相当。这一结果表明 ZnO 中的施主型缺陷已经得到了很好的控制。该小组在此基础上通过温度调制掺 N 的方法获得了重复而稳定的 p 型 ZnO 材料,并实现了 ZnO p-i-n 型 LED 的室温电致发光。

§6.7　分子束外延生长其他半导体材料和结构

6.7.1　SiC 材料

碳化硅作为一种宽带隙半导体材料,其优异的性能使其在高温、高频、大功率、抗辐射的微电子及光电子器件方面有着巨大的应用潜力[88-90]。其在 SiC 和 Si 上外延的薄膜可用于制备半导体和光电器件。

外延生长 SiC 的工作先期多采用化学气相沉积法。后来发现用分子束外延法更佳,一方面生长温度低,相互扩散减小;另一方面还可以获得原子尺寸的掺杂剖面。用气源分子束外延(GSMBE)技术已经进行过许多生长 SiC 的试验。采用交变的气体束提供气源,Yoshinobu 等人[91]在 850～1160℃下,在 6H-SiC(0114)上生长了 3C-SiC 外延层。Rowland 等人[92]在 1050～1250℃在邻晶 6H-SiC(0001)上生长了 3C-SiC 薄膜。在 1000℃,用表面超结构控制的"原子层外延"(ALE)实现了 3C-SiC(001)上同质外延 3H-SiC[93],但在每个周期只生长 2～6 个单层,因而不是真正的原子层外延。在 3C-SiC(001)上实现真正的 3C-SiC 的 ALE 是由 Hara 等人[94]在 1050℃实现的。从这些研究的结果来看,与 CVD 所获结果相比,GSMBE 所生长的 SiC 似乎无明显优越性。这是由于 CVD 和 GSMBE 法生长过程中,由气相反应离解产生大量氢原子以及在低温条件下 SiC 表面极强地吸附原子所致。因此,又不得不考虑由吸附物的低表面迁移率带来的问题。此外,氢的掺入和碳氢进入外延层,也引起晶格不完整性。为解决这一问题,固源分子束外延法被引入。固源法蒸气量使用少,Koneda 等人[95]在 Si(111)和 SiC(0001)上在相对高的温度沉积了 SiC 外延层,但只是在 $T > 1100℃$ 条件下,才获得了化学计量比的薄膜。控制流量比率及被吸附的原子迁移率对降低 SiC 生长温度无疑起着重要作用。

德国的 A. Fissel 等人[96]在 850～1000℃,采用固源分子束外延法在 Si 稳定的情况下,在邻晶和取向优良的 α-SiC(0001)上首次外延生长了 SiC 晶体薄膜。他们用电子束轰击共蒸发高纯多晶硅和高纯热解硅源材料以及碳源,用质谱控制流量。他们发现薄膜的结晶性对 Si/C 的束流比率非常敏感,在 850～1000℃时,要想获得化学计量比的薄膜,Si 的束流速率要比生长速率富余 10％～30％,达到 $(2～5)\times10^{13}/cm^2 s$。富余的 Si 在衬底表面首先形成 Si 的 3×3 的超结构覆盖层。在此覆盖层上的 SiC 生长遵循层状二维生长模型。通过控制覆盖层的厚度,他们获得了六方晶系和立方晶系的 SiC 薄膜。

由于碳化硅单晶价格昂贵,人们又在廉价的硅衬底上异质外延碳化硅薄膜。而且硅衬底上异质外延碳化硅可促使碳化硅器件与硅工艺相结合,制备出硅基器件,适应大规模集成电路的需要。但是,碳化硅和硅之间存在大的晶格失配(21％)和热失配(8％),使得 SiC/Si 的异质外延有很大的难度。所以通常也要先长一层缓冲层。众多研究表明[97-99],采用 Si_2H_6 和 C_2H_4 作生长源,在 p 型 Si(100)衬底上,1050℃温度下即可生长出 3C-SiC;用 C_2H_2 束先对 Si(111)衬底进行碳化生长一层缓冲层,900℃时即可在碳化层上制备出单晶 3C-SiC。和在 SiC 衬底一样,在硅衬底上,固源 MBE 法更优越,是生长 SiC 同构异形体结构的理想方法。利用固源 MBE 已经实现了碳化硅多形体结构的生长[100-102],显示了固源

MBE 在制作同质异构多形体的异质结、量子阱等器件方面的优势。

中科大的刘金锋等人[103]国内首次利用固源 MBE 设备,在衬底温度为 1100℃,以 Si (111)为衬底成功地得到了 3C-SiC 的单晶薄膜。SiC(111)衍射的摇摆曲线显示比较对称的峰型,半高宽为 1.4°。

6.7.2　生长小尺寸 Ge/Si 量子点

尺寸分布均匀的 Ge 量子点能够对载流子实现维度限制效应,因此可能在未来的微电子和光电子领域发挥重要作用[104, 105]。要在室温下实现量子限制效应,Ge 量子点的尺寸需要小于 10nm[106]。C. S. Peng 等[108]通过引入促进成核的元素(如 Sb)制备了小尺寸、高密度的 Ge 量子点,但这样同时也引入了杂质,不利于量子点的应用。

最近,中科大王科范等人[109]通过调节量子点的生长参数,在 Si(001)衬底上用分子束外延方法制备出了尺寸小于 10nm 的高密度 Ge 量子点。在衬底温度为 500℃时,在 p-Si (001)表面沉积 1nm Ge 后,所得的量子点的 AFM 结果如图 6-23 所示。其直径大多小于 10nm,高度小于 3nm,所得量子点的面密度为 5.2×10^{11} cm^{-2}。通过扩展 X 射线吸收精细机构谱(EXAFS),他们研究了这些量子点的结构信息。550℃制备的小尺寸量子点样品 GeSi 合金的含量为 80%。对 Ge/Si 混合的各个过程进行分析认为,在量子点生长完成后的退火过程中,Si 原子可能从衬底表面向量子点表面扩散并和 Ge 原子通过表面偏析发生混合。

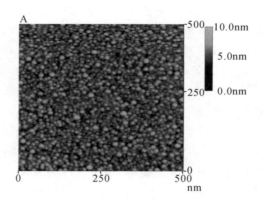

图 6-23　550℃时 Si(001)表面沉积 1nm Ge 膜形成的量子点的 AFM 图像

6.7.3　生长有机半导体薄膜

在过去的十年,超薄的有机分子薄膜和具有特殊光、电、磁功能的多层结构膜的研究有了惊人的进展。完成这种有序超薄有机膜的一个重要方法之一是分子束外延生长技术。如果化合物的纯度很高,结构完整,那么就能够很好地控制单分子有机膜的外延生长[110−112]。多年来,这种有机单分子膜的控制是采用众所周知的 LB 膜沉积技术[113]。近年来,一种分子自组装技术也能完成单分子膜的制备[114]。但这两种薄膜技术,都要求对成膜分子进行化学修饰,使其带有特定的基团,从而限制了分子材料的研究范围。超薄有机分子薄膜真空生长技术也称为有机分子束沉积(OMBD)技术或有机分子束外延(OMBE)技术,它的优点在于无需对材料进行修饰,外延层的厚度可控,基片及环境的清洁度可达到原子级,在沉积超薄膜的过程中能够原位实时地监控膜的结构生长情况。OMBE 技术为了解超薄有机膜系统的基础结构和光、电、磁性质提供了全新的可行性操作。

目前,许多研究已将普通的 MBE 技术发展成为 OMBE 技术。生长有机薄膜最普通的方法采用的是如图 6-24 所示的装置[115]。它在许多方面与一般的分子束外延生长系统相类似。典型的薄膜外延生长技术的真空度为 $10^{-7} \sim 10^{-11}$ Torr。外延温度由电炉或努森炉控制,蒸发源经小孔准直后形成的分子束,对准相距 $10 \sim 20$cm 与之相垂直的基片。分子束的流量由炉温控制(一般保持的温度应稍微大于蒸发材料的升华温度,低于蒸发材料的化学分解温度)。炉温像一个机器开关,能够控制分子束的流量从开到关。用这种连续开关控制分子束流量的方法,还能够外延生长不同化合物交替叠加的多层量子阱结构膜[116]。

典型的外延生长速率是从 0.001Å/s 到 100Å/s。因为外延单层(ML)的厚度一般是 3~5Å,相应的生长速率是 $0.7 \sim 30$ML/h。这个范围的下限有可能使表面吸附脏物的速率大于吸附有机分子的速率,但是,过高速率的外延生长是很难控制的。基于这些原因,最佳的生长速率应该控制在 $0.1 \sim 5$Å/s。生长速率的监控,类似于在金属薄膜沉积中使用石英晶体厚度监控的原理。在薄膜生长期间,为了使蒸发源连续除气,初期努森炉的温度常常保持在稍微低于材料的升华温度。这种方式对于高纯的蒸发源也需保持很长的时间才能完成。因此,对于在 UHV 中存放的蒸发源材料,为了消除其中的杂质和水汽,使其保持在一个合适的温度是关键因素,因为这些杂质和水汽在膜生长中将导致缺陷形成。

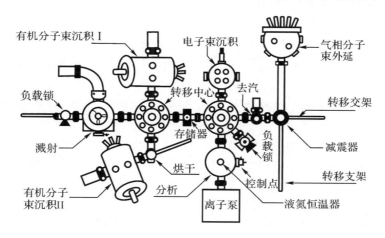

图 6-24　Forrest 实验室的双真空腔 OMBE 装置

外延生长的一个主要参数是基片的温度。每一基片和对应的薄膜材料都有一个临界外延温度,高于此温度时,外延生长顺利,薄膜结构良好;低于此温度时,外延不完善[110]。典型的基片生长温度范围是 $80 \sim 400$K,因为温度较低时,杂质会很快地吸附到基片表面。在有机薄膜生长中,所用的基片温度必须保证分子在基片表面的黏附系数等于 1,也就是触发到基片表面的所有分子都要依附在表面固有的分子上。然而,有些研究者所使用的基片温度与吸附速率的温度一致,这种情况只能够控制某些有机分子材料的单层生长[117]。

外延生长有机薄膜的一个例子是在 KBr(001)和 NaCl 基片上用原位 RHEED 生长PbPc[118]。基片为室温时的生长速率为 $0.003 \sim 0.008$ML/s。

参考文献

[1] A. Y. Cho, J. R. Arthur, Prog. Solid State Chem. 10, 157(1975).

[2] K. G. Gunther. Compound Semiconductors. New York: Reinhold Publishing Corporation(1961).

[3] J. R. Arthur, J. Appl. Phys. 39, 403(1968).

[4] 孔梅影. 现代科学仪器 1-2, 55(1998).

[5] T. de Jong. Thesis. Univ. of Amsterdam(1983).

[6] 冷水佐寿. 应用物理 51, 942(1982).

[7] L. L. Chang, L. Esaki, W. E. Howard, et al. J. Vac. Sci & Technol. 10, 11 (1973).

[8] T. Mimura, S. Hiyamizu, T. Fuji, et al. Jpn. J. Appl. Phys. 19, L225(1980).

[9] R. C. Miller, R. Dinge, A. C. Gossard, et al. J. Appl. Phys. 47, 4509(1976).

[10] H. K. Pulker, E. Girardet. J. Vac. Sci & Technol. 6, 131(1969).

[11] 顾培夫. 薄膜技术. 杭州:浙江大学出版社(1990).

[12] J. C. Bean, E. A. Sadowski. J. Vac. Sci. Technol. 20, 137(1982).

[13] (美)B. Jayant Baliga 著;任丙彦,李养贤等译;徐岳生,刘化合校. 硅外延生长技术. 石家庄:河北科学技术出版社(1992).

[14] J. C. Bean. Appl. Phys. Lett. 33, 654(1978).

[15] R. Tromp. Thesis. Univ. of Utrecht(1982).

[16] A. Ishizaka, Y. Shiraki. J. Electrochem Soc. 133, 666(1986).

[17] A. Ishizaka, Y. Shiraki. J. Electrochem Soc. 133, 233(1990).

[18] 盛篪,蒋最敏,陆昉,等. 硅锗超晶格及低维量子结构. 上海:上海科学技术出版社(2004).

[19] T. Tatsumi, N. Aizaki, H. Tsyya. Jpn. J. Appl. Phys. 24, L227(1985).

[20] J. Grunthaner, F. J. Grunthaner, R. W. Fathauer, et al. Thin Solid Films 183, 197 (1989).

[21] B. A. Joyce. Rep. Prog. Phys. 37, 363(1974).

[22] M. Tabe, K. Arai, H. Nakamura. Jpn. J. Appl. Phys. 20, 703(1981).

[23] D. M. Zehner, C. W. White, G. W. Ownby. Appl. Phys. Lett. 36, 56(1980).

[24] W. K. Burton, N. Cabrera, F. C. Frank. Philos. Trans. R. Soc. (London) Ser. A 243, 299(1951).

[25] H. Abbink, R. M. Broudy, G. P. Mccarthy. J. Appl. Phys. 39, 4673(1968).

[26] W. K. Burton, N. Cabrera, F. C. Frank. Phil. Trans. Roc. Soc. (London) 243, 299(1951).

[27] (美)张立纲,(联邦德国)克劳斯·普洛格编;复旦大学表面物理实验室译. 分子束外延和异质结构. 上海:复旦大学出版社(1988).

[28] R. J. Hamers, R. M. Tromp, J. E. Demuth. Phys. Rev. B 34, 5354(1986).

[29] K. Takayanagi, Y. Tanishiro, S. Takahashi, et al. Surf. Sci. 164, 367(1985).

［30］S. S. Iyer. Ph. D Dissertation. University of California，Los Angeles(1981).

［31］R. A. Metzger. Ph. D Dissertation. University of California，Los Angeles(1983).

［32］S. S. Iyer，R. A. Metzger，F. G. Allen. In Proceedings of the First International Symposium on Silicon Molecular Beam Epitaxy. Electrochemical Society Proceedings Series 85，473(1984).

［33］R. A. A. Kubiak，W. Y. Leong，E. H. C. Parker. J. Vac. Sci. Technol. B 3，592(1985).

［34］H. Jorke，H. J. Herzog，H. Kibbel. Appl. Phys. Lett. 47，511(1985).

［35］C. T. Foxon，B. A. Joyce. Surf. Sci. 50，434(1975).

［36］C. T. Foxon，B. A. Joyce. Surf. Sci. 64，293(1977).

［37］B. A. Joyce，D. D. Vvdensky，T. S. Jones，et al. J. Cryst. Growth 201/202，106 (1999).

［38］M. Itoh，G. R. Bell，A. R. Avery，et al. Phys. Rev. Lett. 81，633(1998).

［39］B. A. Joyce，P. J. Dobson，J. H. Neave，et al. Surf. Sci. 168，423(1986).

［40］王建新等. 第六届全国化合物半导体和微波电器件学术会议论文集 P58(1990).

［41］A. Georgakilas，P. Panayotatos，J. Stoemenos，et al. J. Appl. Phys. 71，2679 (1992).

［42］D. A. Woolf，D. I. Westwood，M. A. Anderson，et al. Appl. Surf. Sci. 50，445 (1991).

［43］T. Yodo，T. Saitoh，M. Tamura. J. Cryst. Growth 141，331(1994).

［44］T. Yodo，M. Tamura. J. Cryst. Growth 154，85(1995).

［45］J. G. Belk，J. L. Sudijono，X. M. Zhang，et al. Phys. Rev. Lett. 78，475(1997).

［46］H. Yamaguchi，J. G. Belk，X. M. Zhang，et al. Phys. Rev. B 55，1337(1997).

［47］Ch. Heyn. Phys. Rev. B 64，165306(2001).

［48］S. Franchi，G. Trevisi，L. Seravalli，et al. Prog. Cryst. Growth Charact. Mater. 47，166(2003).

［49］H. H. Wieder. Appl. Phys. Lett. 25，206(1974).

［50］P. D. Wang，S. N. Holmes，L. Tan，et al. Semicond. Sci. Technol. 7，767 (1992).

［51］R. S. Popovic. Hall Effect Devices. Bristol：Adam Hilger(1991).

［52］T. Iwabuchi，T. Ito，M. Yamamoto，et al. J. Cryst. Growth 150，1302(1995).

［53］周宏伟，董建荣，王红梅，等. 半导体学报 19，646(1998).

［54］周宏伟，曾一平，李歧旺，等. 半导体学报 20，873(1999).

［55］S. Strite，H. Morkoc. J. Vac. Sci. Technol. B 10，237(1992).

［56］M. A. Khan，A. Bhattarai，J. N. Kuznia，et al. Appl. Phys. Lett. 63，1214 (1993).

［57］S. Nakumura，M. Senoh，S. Nagahama，et al. Jpn. J. Appl. Phys. 35，L74 (1996).

［58］M. J. Paisley，Z. Sitar，J. B. Posthill，et al. J. Vac. Sci. Technol. A 7，4933 (1992).

[59] T. Lei, T. D. Moustaks, R. J. Graham, et al. J. Appl. Phys. 71, 4933(1992).

[60] R. C. Powell, N. E. Lee, Y. W. Kim, et al. J. Appl. Phys. 73, 189(1993).

[61] S. Nakamura, T. Mukai, M. Senoh. Appl. Phys. Lett. 64, 1687(1994).

[62] B. N. Sverdlov, G. A. Martin, H. Morkoc, et al. Appl. Phys. Lett. 67, 2063 (1995).

[63] F. Semond, B. Damilano, S. Vezian, et al. Appl. Phys. Lett. 75, 82(1999).

[64] T. Kurobe, Y. Sekiguchi, J. Suda, et al. Appl. Phys. Lett. 73, 2305(1998).

[65] 刘洪飞,陈弘,李志强,等. 物理学报 49, 1132(2000).

[66] 孙殿照,王晓亮,胡国新,等. 固体电子学研究进展 22, 1(2002).

[67] 何力,杨建荣,王善力,等. 高技术通讯 9(3), 1(1999).

[68] J. P. Faurie, A. Million. J. Cryst. Growth. 54, 532(1981).

[69] T. J. de Lyon, J. E. Jenson, M. D. Gorwitz, et al. J. Electron. Mater. 28, 705 (1999).

[70] G. Brill, S. Velicu, P. Boieriu, et al. J. Electron. Mater. 30, 717(2001).

[71] J. B. Varesi, R. E. Bornfreund, A. C. Childs, et al. J. Cryst. Growth 30, 566 (2001).

[72] T. J. de Lyon, R. D. Rajavel, J. A. Vigil, et al. J. Electron. Mater. 27, 550 (1998).

[73] K. D. Maranowsld, J. M. Peterson, S. M. Johnson, et al. J. Electron. Mater. 30, 619(2001).

[74] R. Sporken, S. Sivananthan, K. K. Mahavadi, et al. Appl. Phys. Lett. 55, 1879 (1989).

[75] Y. P. Chen, J. P. Faurie, S. Sivanathan, et al. J. Electron. Mater. 24, 475 (1995).

[76] T. J. de Lyon, R. D. Rajavel, S. M. Johnson, et al. Appl. Phys. Lett. 66, 2119 (1995).

[77] T. J. de Lyon, R. D. Rajavel, J. E. Jenson, et al. SPIE Proc. 2816, 26(1996).

[78] N. K. Dhar, C. E. C. Wood, A. Gray, et al. J. Vac. Sci. Technol. B 14, 2366 (1996).

[79] S. Rujirawat, P. S. Wijewarnasuriya, Y. P. Chen, et al. J. Electron. Mater. 27, 1047(1998).

[80] T. J. de Lyon, R. D. Rajavel, J. A. Vigil, et al. J. Electron. Mater. 27, 550 (1998).

[81] P. S. Wijewarnasuriya, M. Zandian, D. D. Edwall, et al. J. Electron. Mater. 27, 46(1998).

[82] M. Kawano, A. Ajisawa, N. Oda, et al. Appl. Phys. Lett. 69, 2876(1996).

[83] T. Sasaki, N. Oda. J. Appl. Phys. 78, 3121(1995).

[84] 徐梁,陈云良,王海龙. 量子电子学 9, 382(1992).

[85] M. A. L. Johnson, S. Fujita, W. H. Rowland, et al. J. Electron. Mater. 25, 855 (1996).

[86] D. C. Look，D. C. Reynolds，C. W. Liton，et al. Appl. Phys. Lett. 81，1830 (2002).

[87] A. Tsukazaki，A. Ohtomo，T. Onuma，et al. Nature materials 205，42(2005).

[88] R. F. Davis，G. Kelner，M. Shut，et al. Proc. IEEE 79，677(1991).

[89] J. B. Casady，R. W. Johnson. Solid State Electron. 39，1409(1996).

[90] A. Fissel. Phys. Rep. 379，149(2003).

[91] T. Yoshinobu，H. Mitsui，I. Izumikawa，et al. Appl. Phys. Lett. 60，824(1992).

[92] L. B. Rowland，R. S. Kern，S. Tanaka，et al. J. Mater. Res. 8，2753(1993).

[93] T. Fuyuki，T. Yoshinobu，H. Matsunami. Thin Solid Films 225，225(1993).

[94] S. Hara，T. Meguro，Y. Aoyagi，et al. Thin Solid Films 225，240(1993).

[95] S. Kaneda，Y. Sakamoto，Ch. Nishi，et al. Jpn. J. Appl. Phys. 25，1307(1986).

[96] A. Fissel，B. Schroter，J. Krausslich，et al. Thin Solid Films 258，64(1995).

[97] S. Motoyama，S. Kaneda. Appl. Phys. Lett. 54，242(1989).

[98] T. Sugii，T. Aoyama，T. Ito. J. Electrochem. Soc. 137，989(1990).

[99] 王引书，李晋闽，张方方. 材料研究学报 14，989(1990).

[100] T. Werninghaus，M. Friedrich，V. Cinnalla，et al. Dimond Relat. Mater. 7，1385 (1998).

[101] A. Fissel，B. Schroter，U. Kaiser，et al. Appl. Phys. Lett. 77，2418(2000).

[102] F. Bechstedt，A. Fissel，J. Furthmuller，et al. Appl. Surf. Sci. 212－213，820 (2003).

[103] 刘金锋，刘忠良，王科范，等. 真空科学与技术学报 27，5(2007).

[104] J. Wan，G. L. Jin，Z. M. Jiang，et al. Appl. Phys. Lett. 78，1763(2001).

[105] C. J. Huang，J. Z. Yu，Q. M. Wang. Prog. Nat. Sci. 14，388(2004).

[106] A. A. Shklyaev，M. Shibata，M. Ichikawa. Phys. Rev. B 62，1540(2000).

[107] 杜磊，庄奕琪. 纳米电子学. 北京：电子工业出版社(2004).

[108] C. S. Peng，Q. Huang，W. Q. Cheng，et al. Appl. Phys. Lett. 72，2541(1998).

[109] 王科范，刘金锋，刘忠良，等. 物理化学学报 23，841(2007).

[110] S. R. Forrest，P. E. Burrows，E. I. Haska，et al. Phys. Rev. B 49，11309 (1994).

[111] M. Hara，H. Sasabe，A. Yamada，et al. Jpn. J. Appl. Phys. 45，210(1989).

[112] A. Koma. Prog. Cryst. Growth Charact. 30，129(1995).

[113] R. H. Tredgold. Order in Thin Organic Films. Cambridge：Cambridge University Press(1994).

[114] H. Hong，M. Tarabia，H. Chayet，et al. J. Appl. Phys. 79，3082(1996).

[115] 周淑琴，刘云圻，邱文丰，等. 物理学进展 20，395(2000).

[116] F. F. So，S. R. Forrest. Phys. Rev. Lett. 66，2649(1991).

[117] T. Yoshimura，S. Tatsura，W. Sotoyama. Appl. Phys. Lett. 60，3223(1991).

[118] H. Tada，K. Saiki，A. Koma. Surf. Sci. 268，387(1992).

第7章

液相外延

液相外延(Liquid Phase Epitaxy,简称 LPE),是一种从过冷饱和溶液中析出固相物质并沉积在单晶衬底上生成单晶薄膜的方法。其中,薄膜材料和衬底材料相同的称为同质外延,反之称为异质外延。例如,硅液相外延就是将硅溶化在低熔点金属的熔体中,使之达到饱和,然后让硅单晶衬底与溶液接触,逐渐降低温度使硅单晶析出并沉积在衬底上。

§7.1 液相外延生长的原理

7.1.1 液相外延基本概况

LPE 由尼尔松于 1963 年发明,最先用于外延 GaAs 并形成 p-n 结,这一技术至今仍广泛应用于高纯Ⅲ-Ⅴ族化合物半导体材料(GaAs、GaAlAs、GaP、InP、GaInAsP 等)的生长及其异质结器件(发光二极管、激光二极管、太阳能电池、微波器件等)的制备。

假设溶质在液态溶剂内的溶解度随温度降低而减少,那么当溶液饱和后再被冷却时,溶质会析出,若有衬底与饱和溶液接触,则溶质会在适当的条件下外延生长在衬底上。可以利用 Ga-As 二元平衡相图(见图 7-1)来描述 LPE 过程[1],其物理基础是液—固相平衡和过饱和度的控制。考虑富 Ga 的饱和 Ga-As 溶液,加热到 930℃ 以上,处于液相区,As 将溶解。若溶液冷却到液相线温度以下并进入两相区域时,液体 As 将处于过饱和状态。只有当溶液中的 As 低于原来浓度时才能与 GaAs 处于平衡状态,多余的 As 将以 GaAs 形式从溶液中析出,并结合在衬底的合适位置上生成外延层。

液相外延生长分成稳态和瞬态两种形式[2]。稳态 LPE 也叫作温度梯度外延生长,让源片和衬底处在溶液的两端,利用衬底(低温)与源片(高温)之间的温度差造成的浓度梯度实现溶质的外延生长。用这种方法可以生长组分均匀的厚外延层。其缺点是外延层的厚度不均匀,它是由溶液对流及对流引起的溶质浓度发生变化造成的。瞬态 LPE 在每次开始操作时不让衬底与溶液接触。用瞬态 LPE 可以生长厚度为 $0.1\mu m$ 到几 μm 的薄外延层。外延层在厚度上比稳态法生长的要均匀得多。在瞬态 LPE 过程中,可以通过四种方法进行溶液冷却:平衡法、分步冷却法(突冷法)、过冷法和两相法。平衡冷却法在整个 LPE 过程中,采用恒定的冷却速率。当温度达到液相线温度 T_1 时(亦即此时溶液刚好饱和),使衬底与溶液接触,在接触瞬间两者处于平衡状态。假如,溶液与衬底接触前,能够经受相当大的过冷而不出现自发结晶,则可以采用分步冷却法和过冷法进行外延生长。在分步冷却法中,一开始衬底与溶液就以恒定的速率被冷却到 T_1 下某个温度,不发生自发结晶,并在该温度下恒温,然后让衬底与溶液接触并保持在该温度下进行生长,直到生长结束为止。过冷法与突冷法

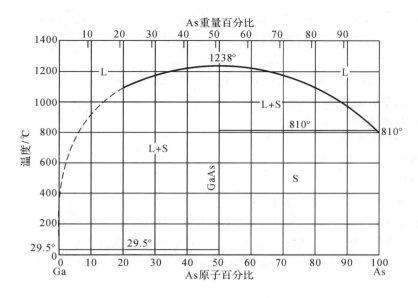

图 7-1　Ga-As 二元平衡相图[1]

相似,也是让衬底与溶液以恒定速率冷却到 T_1 下某个温度,不发生自发结晶,然后再让它们相接触,但是在这种情况下,要连续不断地以均匀速率进行冷却,直到生长终结为止。两相冷却法与平衡冷却法相似,即将温度下降到远低于 T_1,足以在溶液中出现自发结晶,再使衬底与溶液接触,以同样冷却速率连续冷却。

7.1.2　硅液相外延生长的原理

下面以硅的 LPE 生长为例阐述 LPE 的原理。前文已经提到硅 LPE 就是将溶于熔体中的硅沉积在硅单晶衬底上。在生长过程中溶于熔体中的硅是过饱和的。这里讲的熔体,也可称熔剂,不是水、酒精等液体,而是低熔点金属的熔体。硅外延常用的熔体有锡(Sn)、镓(Ga)、铝(Al)或者 Sn-Ga 合金等。Sn 的熔点低,重要的是,结合到硅中的锡表现出等电子性,即没有电活性,在硅禁带内不引入浅能级或深能级复合中心,不影响电性能,所以对其研究最早也相对较多;而 Ga 或 Al 作为溶剂,生成的是重掺 p 型硅。硅在熔体中的溶解度随温度变化而变化。以 Sn 为溶剂时,硅的溶解度随温度降低而减少。图 7-2 为硅 LPE 生长时使用的一种浸渍系统示意图[3]。近年来,由于新溶剂(主要是 Ag,Au 及其合金)的不断发现,硅 LPE 的温度逐渐向低温方向发展。有报道说,采用 Au-Bi 合金作溶剂,可以实现硅薄膜的低温(400～500℃)液相外延生长[4]。

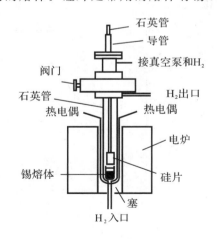

图 7-2　浸渍法 LPE 系统

硅 LPE 生长通常采用两种模式:一种是以一定冷却速率逐步降低熔体温度进行生长

（即采用平衡法或两相法对熔体进行冷却），称为过冷生长；另一种是熔体饱和后降低温度，使熔体呈过饱和，然后维持恒定温度进行生长（即采用突冷法或过冷法对熔体进行冷却），称为等温生长。整个生长过程可以分成以下 7 个步骤[5]：

1）熔硅原子从熔体内以扩散、对流和强迫对流方式进行输运。

2）通过边界层的体扩散。

3）晶体表面吸附。

4）从表面扩散到台阶。

5）台阶吸附。

6）沿台阶扩散。

7）在台阶的扭折处结合入晶体。

其中前两个步骤与冷却速率相关，表面动力学过程快于质量输运过程，生长速率将由质量输运控制。通常 LPE 生长都是在这种条件下进行的。后面五个步骤中质量输运速率快于表面动力学过程，生长速率受表面动力学限制。接下来简单介绍两种生长模式的动力学[5]。

1. 过冷生长动力学

在过冷生长过程中，溶液逐步过冷，其冷却速率恒定。选择冷却速率分别为 0.2℃/min、0.5℃/min、0.75℃/min、2.5℃/min 和 7℃/min 进行外延生长研究。图 7-3 给出不同冷却速率下外延层厚度随生长时间和过冷度的变化关系。从图7-3（a）可以发现，在各种冷却速率下，外延层厚度均随着生长时间线性增加。对应每一冷却速率，可以得到一固定的生长速率，且生长速率随着冷却速率的增大而增大。当冷却速率较高（超过 2.5℃/min）时，生长速率不再增加，表现为图 7-3（a）中所有的点都落在一条直线上。而在较低的冷却速率（不超过 1℃/min）下，外延层厚度与过冷度呈线性关系（如图 7-3（b）所示），即生长的外延层厚度与冷却速率无关，在同一过冷度下，即使冷却速率不同，得到的外延层厚度却相等。当冷却速率超过 1℃/min 时，外延层厚度与过冷度的线性关系不再成立，说明生长动力学发生了变化。

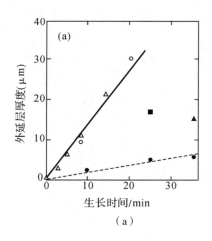
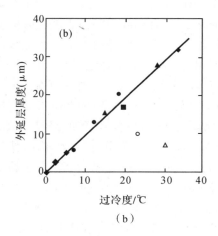

• 0.2℃/min，▲ 0.5℃/min，■ 0.75℃/min，。2.5℃/min，△ 7.0℃/min，

图 7-3 外延层厚度与（a）生长时间和（b）过冷度的线性关系[5]

质量输运速率将随着冷却速率的增大而增大,最终可能超过表面动力学限制的生长速率。一旦生长速率为表面动力学限制,则外延层厚度与生长时间成正比,与冷却速率无关(见图 7-3(a))。图 7-4 是生长速率随冷却速率的变化曲线。当冷却速率较低时,如小于 1℃/min,对应每一冷却速率,可得到一固定的生长速率。生长速率随冷却速率的增大而增大,此时外延生长主要受质量输运限制。当冷却速率进一步升高,生长速率不再增加,趋于饱和,此时外延生长受表面动力学限制。

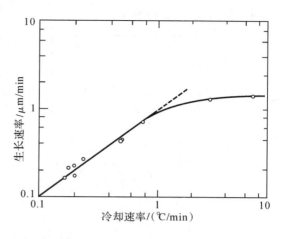

图 7-4　生长速率与冷却速率的变化关系[5]

下面分析一下在 LPE 过程中生长速率的控制机理。在低冷却速率下,表面动力学过程比质量输运过程快,LPE 生长受质量输运限制,冷却速率增大,生长速率变大。在这种情况下,存在边界层,溶质呈线性梯度分布,其生长速率 γ 可表示为:

$$\gamma = D\sigma\eta/(\phi\delta) \tag{7-1}$$

式中,D 为溶质的有效分凝系数;σ 为溶质的过饱和度;η 是溶质的平衡浓度;ϕ 是晶体密度;δ 为边界层厚度。例如,对于以 Sn 为溶剂的情况,硅的溶解度在 800～950℃ 范围内随温度线性变化,同时,冷却速率为常数 C,则可以这样认为:

$$\sigma\eta = kC \tag{7-2}$$

式中,k 是比例常数,与冷却速率大小有关,那么生长速率为:

$$\gamma = DkC/(\phi\delta) \tag{7-3}$$

则薄膜厚度 T:

$$T = \gamma \cdot t = DkC \cdot t/(\phi\delta) \tag{7-4}$$

式中 t 是时间;C 与 t 的乘积为过冷度。由此可以看出,膜厚最终取决于过冷度,与冷却速率无关。而在高冷却速率时,质量输运过程比表面动力学过程快,LPE 生长受表面动力学限制,此时生长速率与冷却速率无关。冷却速率上升,生长速率趋于饱和,如图 7-4 曲线所示。

虽然冷却速率与在大过冷条件下获得的外延层的厚度无关,但对其外延层的表面形貌(表面质量)却有很大的影响。低冷却速率下,如 0.2℃/min,除了少数波纹外,获得的外延层表面几乎是平整的;冷却速率升高到 0.5℃/min,则有锡的夹杂出现,表明组分过冷;进一步升高冷却速率到 0.7℃/min,此时外延生长受表面动力学限制,组分过冷不再影响表面质量,外延层表面形貌强烈依赖于表面晶向,开始择优取向生长。

2. 等温生长动力学

等温生长时,只有在熔体过饱和的情况下才能进行外延生长。图 7-5(a)是在 949℃,生长 100min 的外延层厚度与过饱和度的关系。其中过饱和度以熔体饱和温度与生长温度差的形式给出,因为在这个温度范围内,硅在锡中的溶解度与温度呈线性关系。因此,温度差直接表示过饱和度。由此可见,外延层厚度随过饱和度线性增加。图 7-5(b)是生长温度为 919℃,过饱和度为 21℃时,外延层厚度与生长时间平方根的线性关系,可以推出随着生长时间的延长,生长速率减小。

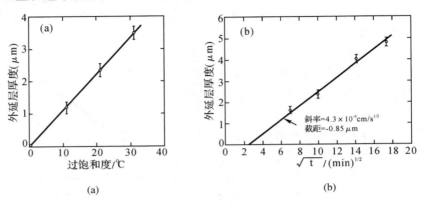

图 7-5　外延层厚度与(a)过饱和度和(b)生长时间的关系[5]

由图 7-5 可以知道,外延层厚度的增加与生长时间平方根成正比,与过饱和度成正比。由外延层厚度与生长时间平方根的关系曲线可以得到曲线斜率为:

$$斜率 = \frac{\alpha(C_L - C_e)\sqrt{D}}{\rho\pi} \tag{7-5}$$

在 y 轴上的负截距为:

$$截距 = \frac{D(C_L - C_e)}{\rho k} \tag{7-6}$$

式中,C_L 是边界层外的固定浓度;C_e 是平衡浓度;D 为熔体中生长单元的扩散系数;k 为表面反应常数;ρ 是外延层密度。这里,假设边界层是停滞边界层,生长单元(硅原子)能穿过边界层,并通过边界层和熔体间界面的一级反应,结合并进入外延层。只要外延层的密度远大于熔体中溶质的浓度,且生长速率很低,在分析中就可以忽略边界层的运动。根据公式(7-5)、(7-6)可以计算得到图 7-5(b)中的斜率为 4.3×10^{-6} cm/s$^{1/2}$,截距为 -0.85μm。

等温生长技术非常适用于薄层外延生长,因为所得的外延层表面微形貌很好,即等温生长可获得平整的表面。而过冷生长时即使在较低的冷却速率下获得的外延层,其表面多多少少有些波纹。但由于等温生长外延层厚度与生长时间平方根成正比,与过饱和度成正比,因此厚度外延需较长的生长周期和高的过饱和度,易在熔体中出现沉淀,从而使等温生长技术受到限制。

§7.2　液相外延生长方法和设备

液相外延可分为倾斜法、浸渍法和滑舟法三种。倾斜法是在即将开始生长前,让石英管内的石英舟向某一方向倾斜,使溶液浸没衬底,开始外延生长;浸渍法是在生长开始前,将溶液装在坩埚中,而将衬底固定在位于溶液上方的衬底夹上,衬底夹可以上下移动;滑舟法是指外延生长过程在具有多个溶液槽的滑动石墨舟内进行。

根据生长方法的不同,LPE 生长系统一般可以分为卧式和立式两种。其中倾斜法和滑舟法采用的是卧式系统;而浸渍法采用的是立式系统。下面分别进行简单介绍。

　　倾斜法采用的是一种水平倾斜管系统,图 7-6 是它的示意图[6]。在生长前炉子不倾斜,石英舟内的溶液和衬底互不接触;生长过程中,炉子倾斜到一定角度,使衬底浸没在溶液中,缓慢降低系统温度开始 LPE;当所生长的外延层厚度达到要求后,将炉子恢复到原来的位置,使衬底与溶液分离,停止生长。

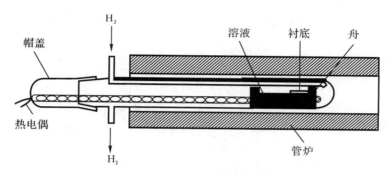

图 7-6　水平倾斜管 LPE 系统装置[6]

　　滑舟法是帕尼斯(Panish)于 1971 年提出的,指的是在具有多个溶液槽的滑动石墨舟内进行的外延生长过程,它是目前 LPE 的主要方法。图 7-7 为一种滑动舟法的 LPE 系统装置示意图[7],在静止的溶液下面滑动衬底,这种方法已广泛用于多层膜(如 GaAs-AlGaAs 异质结)的生长。挤压式滑动舟系统是对传统滑舟系统的一种改进(见图 7-8[3]),在原有基础上增加了一个小室(即衬底上方部分)以减小衬底对表面的影响。等溶液饱和后,将溶液从衬底上面的小缝挤入小室,使一定量的溶液停留在衬底上,多余的溶液则被挤出小室。生长完毕,还可以推刮掉衬底表面的残余溶液。

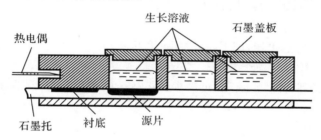

图 7-7　多层膜用的滑动舟 LPE 系统[7]

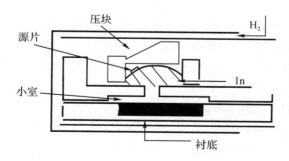

图 7-8　挤压式滑动舟[3]

在立式 LPE 系统中,外延炉垂直竖立,装溶液的坩埚固定在外延炉下端特定的位置,衬底夹接在一根传动杆的顶端,传动杆带动衬底垂直运动或转动,系统示意图为图 7-9[6]。LPE 生长时,通过活动传动杆把衬底夹降低,让衬底浸没在液体内进行生长。结束生长只要把衬底夹恢复到原来位置,让衬底抽离液体即可。

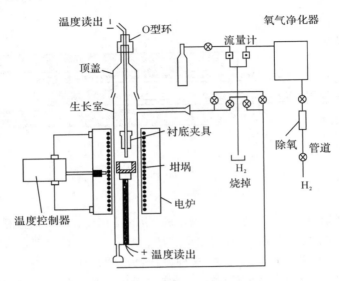

图 7-9　立式 LPE 系统[6]

§7.3　液相外延生长的特点

与其他外延生长技术比较,LPE 具有以下优点:

1）生长设备比较简单,操作方便;

2）生长温度比较低,外延生长时可减少预扩散区的杂质分布变化,获得外延层/衬底界面处陡峭的分布;

3）生长速率较大;

4）外延材料纯度比较高;

5）掺杂剂选择范围比较广泛;

6）外延层的位错密度通常比它赖以生长的衬底的位错密度要低;

7）成分和厚度都可以被比较精确的控制,重复性好;

8）操作安全,没有气相外延中反应产物与反应气体所造成的高毒、易燃、易爆和强腐蚀等危险。

自然,LPE 也有难以克服的缺点:

1）当外延层与衬底的晶格失配大于 1% 时外,外延生长困难;

2）生长速率较大,导致纳米厚度的外延层难以得到;

3）外延层的表面形貌一般不如气相外延的好。

因此,要想用 LPE 生长出理想的晶体薄膜,首先要找到晶格参数和热膨胀系数失配相对较小的衬底材料;其次,改善工艺和设备,以防止组分挥发引起的外延层组分不均匀;此外,注意防止衬底氧化(如硅单晶衬底)[8]。

§7.4　液相外延的应用实例

LPE 作为一种外延技术被广泛应用于半导体材料生长及器件制作。下面针对不同材料进行简单介绍。

7.4.1　硅材料

硅的 LPE 技术是 1980 年由 Balinga 提出的,把硅熔解在 Sn、Cu、Ga 或 Sn-Ga 合金等熔点较低的金属熔液中,使其达到饱和,再让硅衬底与饱和熔液接触,同时逐渐降温,使硅在熔液中呈过饱和而发生偏析,在衬底上再结晶形成外延层。所生长出的硅薄膜和单晶硅颗粒,主要用于制造太阳能电池。

防止硅衬底的氧化是硅 LPE 的一个重要课题。史伟民等[9]从热力学角度对 LPE 中同时存在的 Si 氧化与 SiO_2 腐蚀动态平衡过程进行分析得知,低温 LPE 中 Si 的氧化占优势,采用一般的 LPE 技术难以防止硅的氧化。实验表明,采用 Si 饱和 Sn 源可有效地防止硅衬底的氧化。为解决衬底氧化这一关键问题,除了用 Sn 源内的饱和硅来保护衬底外,在每次外延生长前都进行高温烘烤,选用 Au/Bi 合金熔体,在 $400\sim500℃$ 的低温范围内实现了硅薄膜的外延生长[4]。

江鉴等[10]研究了硅液相外延工艺中 4 个关键环节:衬底处理、熔源、衬底保护、残余熔体处理。他们指出,可以用热处理清洗和回炉两种方法对衬底氧化层进行处理;采用加快溶解的方法可以大大缩短熔源的时间,有效减轻衬底的氧化;采用改进的挤压舟,既有效地保护了衬底,避免系统挥发物的污染,又能在较短时间内使溶液达到饱和而减轻衬底表面的氧化;采用外延后快速冷却的工艺过程有助于减少残余熔体的不良影响。他们又同时从理论角度研究了硅 LPE 层的表面形貌与衬底的初始状态的关系[11,12]。采用有线性划痕的衬底,在硅(111)面实现与三维集成技术中横向生长不同的线外延生长;而用表面形貌较好但有微缺陷的衬底时,适当控制液相外延生长过程,则可在硅(111)面实现单晶点外延生长。通过对液相外延薄膜的 X 衍射测试,确认了硅(111)面在液相外延生长时存在晶向自动偏转现象。

与单晶硅薄膜太阳能电池不同,中国光电发展技术中心的陈哲艮等[13]采用 LPE 技术在冶金级硅片上生长出硅晶粒,并设计了一种类似于晶体硅薄膜太阳能电池的新型太阳能电池,称之为"硅粒"太阳能电池。他们先采用热分解正硅酸乙酯 $Si(OC_2H_5)_4$ 的方法获得 SiO_2 膜并使其致密,然后在 SiO_2 膜上光刻出圆形"窗口"作为生长硅晶粒的籽晶,以高纯(5N)Sn 作溶剂,成功地在劣质单晶硅片上生长出粒度均匀适宜、排列整齐和光电特性优良的单晶硅粒。对该单晶硅粒的生长方法、生长动力学以及硅粒层的形貌的研究发现,选用不同晶向的硅衬底,采用不同的"窗口"(晶种)大小和排列形式,可以获得不同的活性层硅粒形貌。不同形貌的活性层硅粒具有不同的硅材料利用率和入射光能利用率。

LPE 技术的埋结制造、外延再填功能可用于结二极管、场控器件的栅极结构、太阳能电池的制备[5]。例如,利用 LPE 的外延再填功能制备具有垂直多结结构的太阳能电池,其工艺流程如下:首先对<110>晶向的 n 型硅衬底进行氧化;接着光刻并择优腐蚀出垂直沟道;然后除去氧化层;最后再采用 LPE 工艺外延生长重掺 p 型硅(p^+-Si)薄膜将沟道填满。

沟道的再填外延质量主要取决于冷却速率,还取决于未被腐蚀的沟道上是否有氧化层保护。对有氧化层保护的情况,在低冷却速率下能够获得高质量的沟道外延再填。例如以 0.2℃/min 冷却速率外延 8min,可以形成平面外延再填。如果延长生长时间,则外延可以继续,形成一硅薄层。值得注意的是,高冷却速率时由于进入沟道的硅受扩散限制输运,沟道边缘可观察到择优生长,它导致在每个沟道中形成双平面,而沟道底部留有空隙,没被填满。如果上表面没有氧化物,由于没有保护层,在低冷却速率(如 0.2℃/min)下虽然沟道获得了再填,但上表面也存在大量外延,表面很不平整。然而这种不平整的表面可以减少太阳能电池的反射损失,这对太阳能电池的制造是有意义的。另外,在 LPE 过程中要注意回炉,否则外延层质量会降低,同时对掺杂分布也有影响。

7.4.2　Ⅲ-Ⅴ族化合物半导体材料

LPE 技术最早用于Ⅲ-Ⅴ族化合物半导体 GaAs 的生长及其异质结的制备,也应用于其他Ⅲ-Ⅴ族材料异质结构的生长,如 GaAs/GaAsP、GaAs/AlGaAs、GaP/GaInAs、GaP/GaAsP、InP/InGaAsP、GaP/GaInAsP 等。这些材料主要用于半导体激光器、太阳能电池、光电二极管等的制备。

LPE 生长的 AlGaAs/GaAs 异质结在半导体激光器研究中已经得到广泛应用。中国科学院长春光学精密机械学院高功率半导体激光国防科技重点实验室结合引进俄罗斯的液相外延技术,采用一个改进的多槽石墨舟(如图 7-10 所示),用水平滑动法进行外延生长,在半导体激光器方面已达到较高的研究水平。他们生长了 InGaAsP/GaAs[14,15]、GaAs/GaAlAs[16]、InGaAsP/InGaP/GaAs 单量子阱激光器[17]和高功率 1.55μm GaInAsP/InP 半导体激光器[18]。

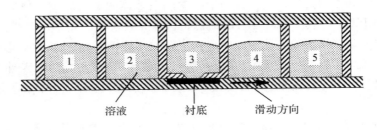

图 7-10　滑动石墨舟生长槽结构

20 世纪 70 年代初,Woodal 等采用 LPE 技术研制了单结 GaAs 太阳能电池。通过在 GaAs 单晶衬底上外延生长 n-GaAs、p-GaAs 和一层宽禁带 $Al_xGa_{1-x}As$ 窗口层以降低表面复合,使太阳能电池的转换效率提高到 16%,开创了高效率 GaAs 太阳能电池的新纪元[19]。陈庭金等[20]成功地设计了一种新的"分离三室水平推挤式多片外延舟",实现了多片单晶薄膜的 LPE 生长。同时,他们还研究了适合于多片外延的各种工艺条件,研制了 p^+-$Al_xGa_{1-x}As$/p-n-n^+-GaAs 太阳能电池。这种外延舟的结构特点是:外延舟被分成三个室——溶液室、生长室和脱 Ga 室。在溶液的饱和阶段三室是分开的。外延时将生长室推进溶液室,外延液从溶液室底部浅槽挤进生长室,这样既搅拌均匀了外延液,同时又将溶液表面的沉积物留在余下的溶液室内,保证了进入生长室内的溶液均匀。外延结束后,生长室被拉回至脱 Ga 室,使外延片表面的外延溶液因重力作用顺利地滑下掉入脱 Ga 室内,从而保证了外延片的厚度和光亮的表面。由于溶液留在脱 Ga 室内避免了污染,再次外延时,只要将溶液倾回溶液室重复使用即可。这种外延舟操作方便、工艺简单、成本低、成品率高,适合小批量生产。

7.4.3　碲镉汞材料

碲镉汞($Hg_{1-x}Cd_xTe$)具有禁带宽度可调、吸收系数大、载流子寿命较长和热激发速率低等特点,被广泛应用于各种波段红外探测器的研制。LPE 工艺是发展最早也是最成熟的碲镉汞薄膜工艺。

LPE 生长碲镉汞薄膜,首先要根据外延膜组分的要求,按照 Harman 相图预先配制外延的母液。王金义等[21]由相平衡原理分析得知,在一定温度下,由碲、镉、汞 3 种成分组成的母液,如果和固态的碲化镉及气相中的碲、镉、汞蒸气达到热平衡,母液的成分在 Harman 相图上是唯一确定的。由于镉、碲的蒸气压比汞的蒸气压小得多,所以只要改变母液的平衡汞压,就可调整母液在 Harman 相图上的位置,从而生长出所需组分的液相外延薄膜。利用此思路探索出在外延原位,相平衡形成母液的碲镉汞液相外延新方法,并利用此方法,成功地生长出 $x=0.21\sim0.23$、表面光亮、结构完整的碲镉汞液相外延薄膜。

黄仕华等[22]设计了一种使用良好的石墨舟,建立了一套能进行开管液相外延的系统。该系统对传统的封闭式滑块舟液相外延系统进行了改进,主要是增加了一个 Hg 源,以氢气作为载气,通过调节 Hg 源的温度和氢气的流量,使通过生长溶液上面的 Hg 蒸气压等于从生长溶液中挥发掉的 Hg 蒸气压(见图 7-11),从而保证生长溶液中 Hg 的组分不变,改善薄膜晶体成分的均匀性。并利用此系统在 CdZnTe 衬底上和在富 Te 的生长条件下生长了不同 x 值的 HgCdTe 外延薄膜。通过对外延生长工艺的控制,外延薄膜的表面形貌有很大的改善,残留母液大为减少,外延薄膜的组分比较均匀,其电学性能得到较大改善,HgCdTe 外延薄膜与 CdZnTe 衬底之间的互扩散非常少,外延膜的晶体结构也较完整。

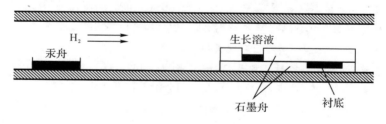

图 7-11　MCT 液相外延生长设备[22]

7.4.4　SiC 材料

SiC 不存在液相[23],早期是以熔融在石墨坩埚内的 Si 和从坩埚中溶解的 C 作为溶质实现 SiC 的 LPE 生长。用这种方法生长的 SiC 薄膜在冷却时容易出现裂缝,而且从坩埚中提取很困难。后来 Suzuki 等[24]提出浸渍生长技术,引入籽晶使生长的薄膜与坩埚分离,克服了上述缺点。可以通过掺杂实现 SiC 外延层导电类型的改变,如在 Si 溶液中掺入 Al 可以获得 p 型 SiC,掺入 Si_3N_4 或在 Ar 中加入 N_2 获得的是 n 型材料。LPE 生长的 4H-SiC、6H-SiC 已在蓝光二极管中得到应用。

此外,LPE 技术还可以用来生长宽带隙半导体材料 ZnO、GaN、InP 等,以及钇钡铜氧($YBa_2Cu_3O_{7-x}$,简称 YBCO)磁性超导材料、稀土掺杂钇铁石榴石(简称掺杂 YIG)光信息功能材料等其他薄膜材料。

参考文献

[1] M. Ohring. The Materials Science of Thin Films. San Diego：Academic Press(1992).

[2] 杨树人,丁墨元. 外延生长技术. 北京:国防工业出版社(1992).

[3] 阙端麟,陈修治. 硅材料科学与技术. 杭州:浙江大学出版社(2000).

[4] 钱永彪,史伟民,陈培峰,等. 半导体光电.192(2),128(1998).

[5] (美)B. Jayant Baliga 著;任丙彦,李养贤等译;徐岳生,刘华合校. 硅外延生长技术. 石家庄:河北科学技术出版社(1992).

[6] 朱世富,赵北军. 材料制备科学与技术. 北京:高等教育出版社(2006).

[7] 杨树人,王宗昌,王兢. 半导体材料. 北京:科学出版社(2004).

[8] 赵绪然,裴广庆,杨秋红,等. 人工晶体学报35(6),1307(2006).

[9] 史伟民,闵嘉华,王林军,等. 上海大学学报(自然科学版)6(3),194(2000).

[10] 江鉴,张仕国. 上海航天 1,59(1998).

[11] 江鉴,张仕国. 上海航天 4,62(1998).

[12] 江鉴,张仕国. 上海航天 1,27(1999).

[13] 陈哲艮,金步平,刘鸣,等. 太阳能学报20(4),357(1999).

[14] 薄报学,朱宝仁,张宝顺,等. 中国激光25(1),2l(1998).

[15] 杨进华,高欣,李忠辉. 兵工学报22(2),214(2001).

[16] 宋晓伟,李梅,李军. 半导体光电 20(5),363(1999).

[17] 王玲,李忠辉,徐莉,等. 半导体光电 23(6),391(2002).

[18] 黎荣晖,赵英杰,晏长岭,等. 兵工学报21(1),90(2000).

[19] 张忠卫,陆剑峰,池卫英,等. 上海航天 3,33(2003).

[20] 陈庭金,袁海荣,刘翔. 半导体光电 19(5),304(1998).

[21] 王金义,常米,陈万熙. 半导体杂志24(4),12(1999).

[22] 黄仕华,何景福,陈建才,等. 半导体学报22(5),613(2001).

[23] 王引书,李晋闽,林兰英. 高技术通讯7,59(1998).

[24] A. Suzuki, M. Ikeda, N. Nagao. J. Appl. Phys. 47,4546(1976).

第8章

湿化学制备方法

在前面的几章中,我们详细介绍了热蒸发、溅射、PLD、CVD、MBE、LPE 等几种常用的半导体薄膜制备技术。除了这些方法以外,还有许多技术工艺也是制备半导体薄膜的常用方法,如溶胶-凝胶(Sol-Gel)、喷雾热分解、电化学沉积等,这些都属于湿化学方法的范畴,本章对此予以介绍。

§8.1 溶胶-凝胶技术

溶胶-凝胶(Sol-Gel)法是制备材料的一种湿化学方法,以金属有机化合物、金属无机化合物或上述两种混合物作为前驱体,溶于溶剂中形成溶胶,经过水解缩聚反应逐渐凝胶化,再经干燥、烧结或热处理等后续处理工序,获得所需的氧化物或其他化合物。Sol-Gel 技术的研究可追溯到 1846 年,研究人员用 $SiCl_4$ 与乙醇混合后,发现在湿空气中发生水解并形成了凝胶,但这个发现在当时并未引起注意。直到 20 世纪 30 年代,人们用金属盐的水解和凝胶化制备出氧化物薄膜,才证实了这种方法的可行性。1971 年,德国 Dislich 等人[1]报道了通过金属醇盐水解得到溶胶,经凝胶化,再在 923～973K 的温度和 100N 的压力下进行处理,制备了 SiO_2-B_2O_3-Al_2O_3-Na_2O-K_2O 多组分玻璃,引起了材料科学界的极大兴趣和重视。20 世纪 80 年代以来,溶胶-凝胶技术获得了迅速发展,广泛应用于制备玻璃、功能陶瓷粉体、涂层和薄膜材料、半导体材料、超导材料、纤维材料、纳米材料以及复合材料等[2-7]。

8.1.1 Sol-Gel 的生长机制

溶胶是指微小的固体颗粒悬浮分散在液相中,并且不停地进行布朗运动的体系。由于界面原子的 Gibbs 自由能比内部原子高,溶胶是热力学不稳定体系。若无其他条件限制,胶粒倾向于自发凝聚,达到低比表面能状态。上述过程若可逆,则称为絮凝;若不可逆,则称为凝胶化。凝胶是指胶体颗粒或高聚物分子互相交联,形成三维空间网状结构,在网状结构的空隙中充满了液体的分散体系。并非所有的溶胶都能转变为凝胶,凝胶能否形成的关键在于胶粒间的相互作用力是否足够强,以至于能克服胶粒-溶剂间的相互作用力。

用 Sol-Gel 法制备薄膜的工艺基础就是获得稳定的凝胶,其途径有两条[3]:其一是有机途径,即通过有机醇盐的水解与缩聚形成凝胶;其二是无机途径,即采取措施使氧化物小颗粒稳定地悬浮在特定的溶剂中形成凝胶。

1. 有机途径

有机途径指的是前驱体为有机物,通常为有机醇盐。有机醇盐的化学通式为 $M(OR)_n$,这里,M 是价态为 n 的金属,R 是烃基或芳香基,它可与醇类、羰基化合物、水等反应。Sol-

Gel 过程通常是在有机醇盐中加入水,包括水解反应和缩聚反应。

水解反应:

$$M(OR)_n + xH_2O \longrightarrow M(OH)_x(OR)_{n-x} + xROH \tag{8-1}$$

反应可延续进行,直至生成 $M(OH)_n$。

失水缩聚:

$$-M-OH + HO-M \longrightarrow -M-O-M- + H_2O \tag{8-2}$$

失醇缩聚:

$$-M-OR + HO-M \longrightarrow -M-O-M- + ROH \tag{8-3}$$

有机醇盐的水解、缩聚反应比较复杂,没有明显的溶胶形成过程,而是水解和缩聚同时进行,形成凝胶,最后在高温下处理形成诸如金属氧化物等薄膜材料。这种方法制备的薄膜在干燥过程中,由于大量溶剂的蒸发,将发生严重收缩,产生龟裂,因此不能制备较厚的薄膜,而且有机醇盐的成本较高,因而在现在的 Sol-Gel 研究中很多开始采用无机盐作为前驱体。

2. 无机途径

在无机途径这类体系中,首先是通过金属阳离子的水解反应来制备溶胶。水解反应通式如下:

$$M^{n+} + nH_2O \longrightarrow M(OH)_n + nH^+ \tag{8-4}$$

溶胶的制备可以分浓缩法和分散法两种。浓缩法是在高温下,控制胶粒慢速成核和晶体生长;分散法是使金属在室温下过量水中迅速水解。两种方法最终都使胶粒带正电荷。

其次是凝胶化,包括脱水凝胶化和碱性凝胶化两类过程。脱水凝胶化过程中,胶粒脱水,扩散层中电解质浓度增加,凝胶化能垒逐渐减小。碱性凝胶化过程较复杂,反应可用下式概括:

$$xM(H_2O)_n^{z+} + yOH^- + mA^- \longleftrightarrow$$
$$M_xO_m(OH)_{y-2m}(H_2O)_n A_m^{xz-y-m} + (xn-m+n)H_2O \tag{8-5}$$

式中,A^- 为溶胶过程中的酸根离子。$x=1$ 时,形成单核聚合物;$x>1$ 时,形成多核聚合物。M^{z+} 可通过 O^{z-}、OH^-、H^+ 或 A^- 与配体桥联。碱性凝胶化的影响因素主要是 pH 值(受 x 和 y 影响),随着 pH 值的增加,胶粒表面正电荷减少,能垒高度降低;另外,温度、$M(H_2O)_n^{z+}$ 的浓度以及 A^- 的性质对碱性凝胶化也有重要影响。通过无机途径可以获得 10 层以上的多层膜,而且不存在应力诱发的微裂纹。

8.1.2　Sol-Gel 的工艺过程

溶胶-凝胶法制备薄膜材料的工艺流程如图 8-1 所示。图 8-2 显示的是溶胶-凝胶过程中的结构演变示意图。Sol-Gel 的工艺过程大致可分为五步。

1. 溶胶的形成

选择合适的有机醇盐或无机盐作为前驱体,将前驱体溶解在一定量的溶剂中,再加入各种添加剂,形成溶液,在合适的环境温度、湿度条件下,通过搅拌使之发生水解和缩聚反应,制得所需的溶胶,溶胶颗粒均匀分散在溶剂中(如图 8-2(a)所示)。由于溶胶制备过程中的影响因素众多,包括加水量、添加剂、pH 值、温度等[3],因此要根据最终所制备材料的要求,合理地控制各种工艺参数,以制备出高质量的溶胶。溶胶是一种特殊的分散体系,它是由溶

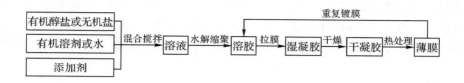

图 8-1　Sol-Gel 法制备薄膜的工艺过程

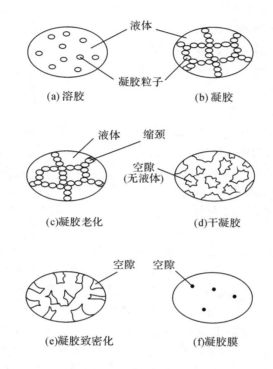

图 8-2　溶胶-凝胶法中的结构演变

质和溶剂所组成的亚稳定体系,其中的溶质离子又称胶粒,尺寸大小介于分子和悬浮粒子之间,通常是 1~100nm 之间。前驱体经水解、缩聚生成的溶胶粒子称为初生粒子;溶胶粒子可以聚集生长,称之为次生粒子。

2. 涂覆薄膜

溶胶制备好后,就可以将它涂覆在基体上,形成凝胶膜。薄膜材料不能单独作为材料使用,它必须和基体材料结合在一起才能发挥作用。因此溶胶要能与基材表面润湿,具有一定的黏度和流动性,能均匀地固化在基材表面,并以物理和化学的方式与基材表面牢固地相互结合。因此,沉积薄膜前必须对基材表面进行清洗和预处理,由于基材种类及表面状况不一样,表面清洗和预处理的方法也有所不同。经清洗和预处理的基体表面应无污垢、粉尘和油污等杂质,且具有一定的活性,与溶胶有良好的润湿性。对基体的选择还有一个重要的因素,即基体的热膨胀系数应与 Sol-Gel 膜相匹配。由于溶胶成膜后总体积收缩可超过 95%,将这种收缩完全限制在一个方向非常困难,因此,基体和膜的膨胀系数应尽可能接近,否则会出现严重的薄膜龟裂现象。

为了将溶胶均匀地涂在基材表面形成薄膜,一般有三种方法:喷雾涂覆法、旋转涂覆法和浸渍提拉法。除此之外,还有电沉积法、流动涂覆法、毛细管涂覆法、滚动/照相凹版涂覆法、印花涂覆法、化学涂覆法等不同的涂膜技术[2,5]。在此仅简单介绍常用的前三种涂膜方法。

(1)喷雾涂覆法,简称为喷涂法。喷涂法主要由表面准备、加热、喷涂三个步骤组成。先将基片表面清洗干净放入加热炉内,通常加热到300～500℃,然后使用专用的喷枪以一定压力和速度将溶胶喷到热的基片表面,或利用超声喷雾技术用载气将溶胶喷到热的基片表面,形成凝胶膜。图 8-3 为喷涂法的工艺原理示意图,所用的是高压喷枪工艺。喷涂法主要通过雾化产生非常细小的液滴,在基体上生成均匀的涂层,所以涂液的雾化均匀性对所制备膜的性能有很大影响,薄膜的厚度取决于溶胶的浓度、压力、喷雾的速度和喷涂时间。喷涂法适用于较平整表面,主要缺点是所需设备要求相对较高,涂液使用率较低。

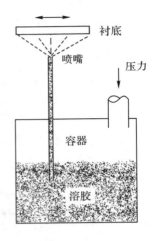

图 8-3　喷涂技术装置

(2)旋转涂覆法,简称为旋涂法。旋涂法是在旋转涂覆机上进行的,将基片水平固定于转台,然后将所要涂覆的溶液滴在基片的中央,旋转涂覆机高速旋转(～3000r/min),由旋转运动产生的离心力使溶液由圆心向周边扩展形成均匀的液膜,在一定条件下形成凝胶膜。图 8-4 为旋涂法的工艺原理示意图[2]。它对圆形基材来说非常方便,适合涂覆小圆盘和透镜。采用旋涂法时,薄膜厚度除了受到溶胶性质(如浓度、黏度等)的影响外,基片转速也是一个重要的因素。要在整个基板表面获得均匀的薄膜,转速的选取就要考虑到基板尺寸的大小和溶胶在基板表面的流动性能。如果转速不高,获得的膜层不均匀;但转速提高,一次成膜的厚度变薄,就需要多次反复成膜。这种方法的主要缺点是不经济,因而较少用来制备无机薄膜。

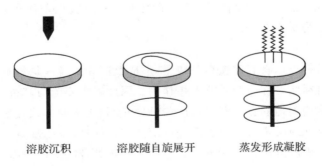

溶胶沉积　　　　溶胶随自旋展开　　　　蒸发形成凝胶

图 8-4　旋涂技术工艺过程

(3)浸渍提拉法,简称为提拉法。提拉法常使用的有三种方式:①先把基片浸入溶胶中,然后再以精确控制的均匀速度把基片从溶胶中提拉出来,这种方法在实验室中是常用的。

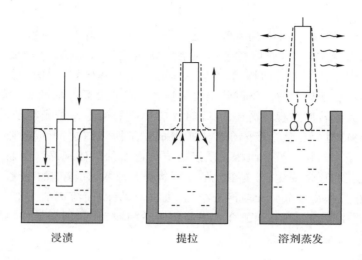

浸渍　　　　　　　　提拉　　　　　　　溶剂蒸发

图 8-5　提拉技术工艺过程

图 8-5 为该方法的工艺原理示意图[2]。图 8-6 为一种提拉机的设备示意图[7]。②先将基材固定在一定位置,提升溶胶槽,使基材浸入溶胶中,然后再将溶胶槽以恒速下降到原来位置。③先把基材放置在静止的空槽中的固定位置,然后向槽中注入溶胶,使基材浸没在溶胶中,再将溶胶从槽中等速排出来,该法适用面较广。此外,为了使形状复杂的基材表面也可镀覆均匀薄膜,可以采用加压浸涂。提拉法的工艺应用范围很广,对于大型涂件来说十分经济。这种方法的主要缺点是基板边缘通常会有涂液的残存,造成凝胶膜一定程度上的不平整和不均匀。

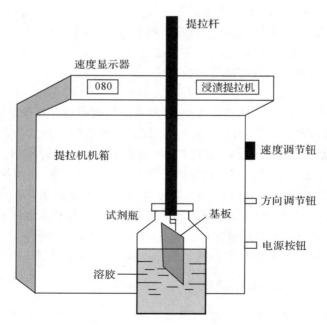

图 8-6　提拉机示意图

3. 涂膜的凝胶化

溶胶陈化得到湿凝胶。在利用溶胶涂覆薄膜的过程中,由于溶剂的蒸发或缩聚反应的继续进行而逐渐向凝胶转变,胶体粒子逐渐聚集联结成线状,之后又构成三维网络(如图8-2(b)所示),整个体系失去流动特性,溶胶从牛顿体向汉宾体转变,这是凝胶形成的初步。凝胶是一种由细小粒子聚集成三维网状结构和连续分散相介质组成的具有固态特征的胶态体系。溶胶向凝胶的转变过程可简述为:缩聚反应形成的初生粒子或粒子聚集生成的次生粒子相互联结成链,进而在整个液体介质中扩展成三维网络结构,形成凝胶。因此,可以把凝胶化过程看作是小的粒子簇之间相互联接而成为连续的固体网络。溶胶变成凝胶,伴随有显著的结构变化和化学变化,参与变化的主要物质是胶粒,而溶剂的变化不大。在凝胶作用过程中,胶粒相互作用变成骨架或网架结构,失去流动性;而溶剂的大部分依然在凝胶骨架中保留,尚能自由流动。在不同的介质中陈化时,这种特殊的网架结构,赋予凝胶以特别发达的比表面积,以及良好的烧结活性。

4. 干燥处理

涂覆的湿凝胶膜含有大量的溶剂和水,要进行干燥处理。图8-2(c)为凝胶的老化过程,这个过程随着溶剂的进一步蒸发,凝胶颗粒在溶液的表面张力等作用下,颗粒接触边界发生缩颈,颗粒间形成有机键结合,凝胶强度增加;随着凝胶化的进一步进行,凝胶网络间隙中溶剂挥发完全,形成含有大量溶剂挥发留下的孔隙的干凝胶(图8-2(d));在进一步的干燥过程中,孔隙收缩(图8-2(e)),最后形成含有少量微小孔隙的非晶态玻璃体薄膜(图8-2(f))。在湿凝胶膜经干燥得到干凝胶膜的过程中,往往伴随着大的体积收缩,从而导致干凝胶膜的开裂。防止干凝胶的开裂是溶胶—凝胶过程中至关重要且较为困难的一环。导致凝胶开裂的应力主要是由充填于凝胶骨架孔隙中的液体的表面张力所引起的,因此要解决开裂问题就必须从减少毛细管力和增强固相骨架强度这两方面入手。目前研究最多且效果较好的干燥方式主要有两种,即控制干燥(在溶胶制备过程中加入控制干燥的化学添加剂)和超临界干燥[3]。如果实验条件不允许,也可以在环境温度、相对湿度合适的条件下,将试样置于空气中干燥,这也是一种较常用且简便的干燥方式。

5. 热处理

为了消除干凝胶中的气孔,使其致密化,并使制品的相组成和显微结构能满足产品的要求,有必要对干凝胶膜作进一步的热处理。热处理设备可以采用真空炉、一般箱式炉和干燥箱等。由于各种薄膜的最终用途和显微组织、结构的要求不同,热处理过程也往往不同,因而要根据实验目的和要求选择合适的热处理工艺方法。一般而言,在加热过程中,干凝胶先在低温下脱去吸附在表面的水和醇,$265\sim300℃$发生—OR基的氧化,$300℃$以上则脱去结构中的—OH基。由于热处理过程也伴随较大的体积收缩、各种气体(CO_2、H_2O、ROH)的释放,加之—OR基在非充分氧化时还可能炭化,在制品中留下炭质颗粒,所以升温速度不宜过快。如果进一步进行高温热处理,将转变成晶体,形成无机薄膜。

8.1.3 Sol-Gel 合成 TiO_2 薄膜

Sol-Gel 技术在半导体材料的制备中得到了广泛的应用,特别是制备氧化物半导体薄膜,如 ITO、TiO_2、ZnO 等。其中,TiO_2 是一种重要的半导体材料($E_g = 3.2eV$),具有高光催化活性、良好的耐腐蚀性、强紫外线屏蔽能力,能产生奇特颜色效应,可在废水处理、防晒护肤、涂料和汽车工业、传感器、功能陶瓷、光催化剂等领域获得应用[8-11]，特别是在光催化领域[10]，TiO_2 光催化剂具有氧化活性高、深度氧化能力强、活性稳定、抗湿性好和强力杀菌等性能，有望获得广泛的应用。TiO_2 薄膜的制备方法有 Sol-Gel、液相沉积、CVD、热分解以及磁控溅射等[11]。在这些方法中，Sol-Gel 法是应用最为广泛的一种。

Sol-Gel 法制备 TiO_2 薄膜，基本步骤为：先将前驱体溶于有机溶剂中，加入蒸馏水使前驱体水解形成溶胶；然后用喷涂、旋涂或提拉法在基体上涂一层或多层薄膜，通过干燥、热处理去除凝胶中剩余的有机物和水分，从而在基材表面形成涂层。Sol-Gel 过程包括水解和聚合两个过程。前驱体为有机醇盐时，其水解反应式为

$$Ti(OR)_4 + 4H_2O \longrightarrow Ti(OH)_4 + 4ROH \tag{8-6}$$

缩聚反应式为

$$Ti(OR)_4 + Ti(OH)_4 \longrightarrow 2TiO_2 + 4ROH \tag{8-7}$$

$$Ti(OH)_4 + Ti(OH)_4 \longrightarrow 2TiO_2 + 4H_2O \tag{8-8}$$

式中，R 可为乙基、异丙基、正丁基等。以无机盐 $TiCl_4$ 为前驱体时，水解反应式为

$$TiCl_4 + nH_2O \longrightarrow Ti(OH)_n Cl_{4-n} + nHCl \tag{8-9}$$

缩聚反应式为

$$Ti(OH)Cl_3 + Ti(OH)Cl_3 \longrightarrow (Cl_3)Ti-O-(Cl)_3 + H_2O \tag{8-10}$$

溶胶－凝胶法制备 TiO_2 薄膜，涂层的牢固性和光催化活性等性能是评价制备工艺优劣的主要指标。TiO_2 薄膜的质量受到许多方面的影响，如基体的选择、溶胶组成、涂覆方式、热处理温度等。玻璃是制备负载型 TiO_2 薄膜的常见基体，如玻璃片、玻璃管、玻璃珠和玻璃纤维等，这是因为玻璃价格低廉，透光性好，易于加工成型，而且通过热处理，薄膜与载体之间发生键合，提高了负载的牢固性，更为重要的是以玻璃为基体，可促进光生电子与空穴的相对分离，提高光催化反应中光生电子和空穴的利用率，从而提高 TiO_2 的光催化活性。

钛醇盐很容易与水剧烈反应产生沉淀。为了控制水解反应，常加入乙酰丙酮、二乙醇胺和三乙醇胺作为络合剂。为了进一步控制溶胶的水解速率，制备均匀且有序的薄膜，还可以加入酸作为催化剂，如盐酸、醋酸、草酸等[12]。在 TiO_2 薄膜的 Sol-Gel 制备过程中，经过干燥后的薄膜在高温热处理时由于有机溶剂的挥发以及有机物的燃烧，有时会使薄膜发生龟裂，为此通常需要使用添加剂，如聚乙二醇等[13]，制备出介孔 TiO_2 薄膜，这种结构的 TiO_2 薄膜的光催化活性较高。对 TiO_2 薄膜的后续热处理研究表明，随着温度的升高，薄膜经历无定形态、锐钛矿、锐钛矿与金红石共存、金红石等四种相变过程，转变温度比粉末的转变温度高[14,15]。当热处理温度低于 450℃时，样品为非晶结构；热处理温度为 450℃时，样品通常可以转变为锐钛矿型结构；热处理温度高于 450℃时，会逐步过渡为金红石型结构。随着热处理温度的升高，TiO_2 粒径逐渐变大，膜的表面积降低，催化活性减弱[16]。利用 Sol-Gel 灵活的工艺特性，可以采用离子掺杂、复合半导体、表面贵金属沉积、表面光敏化等各种方法提高 TiO_2 的光催化特性[9,10,17,18]。

8.1.4　Sol-Gel 的优点和缺点

和其他薄膜沉积技术（如 CVD、磁控溅射、PLD 等）相比，Sol-Gel 的优点如下：（1）工艺过程简单，不需要昂贵的仪器，不需要任何的真空条件，成本低廉。（2）对衬底的形状及大小

要求较低,可以在任意形状的基体上镀膜,它的一个最为突出的优点是可以制备大面积均匀的薄膜,并且还能同时在基体的正反两面成膜。(3)所用原料基本上是醇盐或无机盐,易于提纯,因而所制得的材料纯度高。(4)主要是利用溶液中的化学反应,原料可在分子或原子水平上混合,可实现材料化学组成的精确控制,尤其是使微量掺杂变得容易,可以合成高均匀性多元组分薄膜。(5)可控制凝胶的微观结构,可对凝胶的密度、比表面积、孔容、孔分布等进行调节。(6)薄膜合成温度低,制备过程容易控制;热处理温度低,对于在热稳定性较差的基底上制膜或把热稳定性差的薄膜沉积在基底上具有特别重要的意义。(7)可以合成传统方法所得不到的材料,如在制备复杂的氧化物、高居里温度氧化物超导材料的合成中具有很大优势。

自然,Sol-Gel 也存在不少的缺点,主要的有三方面:(1)凝胶化、干燥、热处理很费时间,在制备薄膜时需多次涂覆,间歇操作且过程周期很长。(2)产物中往往含有较多的水分和有机物,在干燥和热处理阶段失重较多,产生很大的残余应力,薄膜易发生龟裂,客观地限制着所制备薄膜的厚度。(3)若热处理不够完善,薄膜中会残留气孔以及—OH 或 C,后者会使薄膜带黑色。因而,Sol-Gel 工艺技术的研究还在不断进行中。

§8.2　喷雾热分解技术

1966 年,Chamberlin 和 Skarman 首创喷雾热分解技术用于制备 CdS 太阳能电池薄膜[19]、在此后的四十多年,该技术受到了很大的重视和发展[20-24]。喷雾热解技术采用类似于金属有机物热解法(MOD)或溶胶—凝胶(Sol-Gel)法中的有机溶液或水溶液为前驱体,将前驱体溶液雾化为液滴,用类似于 CVD 的方法将液滴用载气送入反应室,在加热基片上反应沉积薄膜。

8.2.1　喷雾热分解的种类

根据对气溶胶产生机制、前驱体热分解过程以及材料制备工艺的研究侧重点不同,喷雾热分解法还有其他的类似名称,如溶液气雾热分解、雾化分解、气雾分解、静电沉积、雾化 CVD 等。根据雾化方式的不同,喷雾热分解法制备薄膜技术通常可分为三类:压力喷雾热分解、静电喷雾热分解、超声喷雾热分解。下面我们对此逐一进行介绍。

1. 压力喷雾热分解

压力雾化是传统的由压缩气体操纵的气动型喷雾方式。当前驱体溶液经过喷嘴时,在气体的冲击作用下破碎成为液滴(雾滴),使其雾化均匀。图 8-7 为一种压力喷雾热分解的示意图[25]。雾化过程是在喷嘴内实现的,喷嘴按其内部构造不同有多种类型:直射式、离心式、直射—旋流式等。后者的雾化过程是:水、气体进入头部混合,形成气液混合物后,再经旋流器,进行离心喷射雾化。

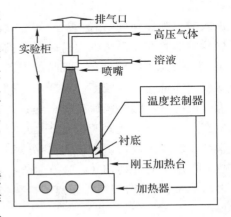

图 8-7　压力喷雾热分解原理图

旋流器采用的是螺旋式涡流器,因此离心式结构可增强湍流作用,有利于雾化。借助于高压载气,喷枪将镀膜溶液雾化并携带至加热的衬底进行热解反应,所制备薄膜的性能受到诸如喷枪雾化的均匀性、高压雾化液滴流量和衬底温度的变化等影响。因此,压力喷雾热分解方法的工艺需控制参数较多,控制比较困难;压力喷雾热分解还有一个局限性,就是它的沉积效率较低。

2. 静电喷雾热分解

该法使用高压静电场作为雾化手段。当前驱液经过喷嘴时,高电压加在喷嘴上(空心针或毛细管),使穿过喷嘴的前驱液被迫流动,由此雾滴被带上电荷,在静电力作用下液体破碎成带电小液滴而形成喷雾,带电雾气向衬底方向移动并在衬底表面或其附近发生热分解反应。由于液滴是高度带电的,所以库伦斥力阻止了液滴的凝聚并且使其更易穿透其周围的气体介质。而带电液滴的轨迹是由电场决定的,通过施加不同的电场可以控制液滴的轨迹。这种技术的优点在于薄膜形貌、致密度或空隙率能

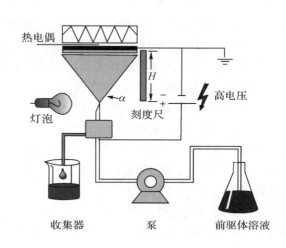

图 8-8 静电喷雾热分解原理图

简单地通过调节沉积时间达到很好的控制。静电喷雾热分解有水平型装置和垂直型装置两种。图 8-8 为一种垂直型装置的示意图[26],由三个主要部分构成:(1)电喷雾单元,包括直流高压电源、金属喷嘴、金属基片和高亮度卤素灯;(2)液体注入单元,包括一个针筒注射泵和一个充满前驱体溶液的针筒;(3)基片加热和温控单元。

3. 超声喷雾热分解

超声喷雾热分解技术中,超声雾化器得到了应用,从而得到了均匀的微米到亚微米尺寸分布的雾滴,可以有效地改变一般喷枪雾化的不足。超声雾化器工作的原理是:通过压电换能器将高频电振荡转化为超声频率的机械振动,再将振子的振动传给雾化的溶液,使其产生有限振幅的表面张力波,这种波的波头分散,便于溶液雾化。前驱液经过超声雾化器后,产生的雾滴被通过管道输运到加热的衬底上。当雾滴到达衬底上时,溶剂被蒸发掉,各种反应剂均匀相混到衬底上,于是形成固体薄膜的复杂反应发生了。图 8-9 为一种超声喷雾热分解的示意图[27]。

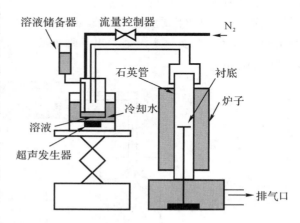

图 8-9 超声喷雾热分解原理图

4. 改进型喷雾热分解

为了改善喷雾热分解法所制备薄膜的表面形貌和性能，主要的研究工作集中在如下四方面：一是改进前驱液的雾化技术，如使用脉冲间歇喷雾[28]以及纳米射流[29]等。二是对源物质和溶剂的选择，改进前驱液的配制。三是采用新的加热沉积手段，如等离子增强等方法，等离子体增强喷雾热解的类型根据产生等离子体的方式不同主要有电晕放电喷雾热解法、射频放电等离子体喷雾热解、微波等离子体喷雾热解等[22]。四是采用新的反应器，如精细通道反应器等[30]，这种反应器对制备高质量的薄膜很有好处。

图 8-10 为采用精细通道反应器的喷雾热分解（雾化 CVD）方法的原理示意图[30]。沉积系统包括离化系统、传输管道和水平反应器三部分。前驱体溶解在溶剂中，形成溶液，前驱体溶液被超声离化，形成雾气，以高纯 N_2 等为载气，将其带入传输管中。在管路系统中，有一段垂直的部分，在雾气垂直传输的过程中，利用重力的作用会将气流中大的液滴过滤出来。随后，雾气进入传输管路的水平部分，最后进入反应室中，反应室由电阻丝加热。这种水平热壁立体反应器是专门为雾化 CVD 系统设计的，高度 1～3mm，长度和宽度可以根据要求设计，又被称为精细通道反应器。反应室内的温度分布可以精心设计，以用于特殊目的的薄膜沉积。

这种系统的生长过程有一个边界层模型，包括四个区域，如图 8-10 中所示，它们是蒸发区、整合区、沉积区、排放区，每个区对于控制薄膜的沉积都是很重要的。(1)在蒸发区，离化的雾气从输运管道进入反应室入口，雾滴具有大致相同的运动速率，但是方向各异。前驱体的雾气在该区域被汽化，由于汽化，如果前驱体反应物不止一种的话，会在该区域得以充分混合。(2)在整合区，雾气在这段通道的水平运动中，速率会变得更加一致。由于通道墙壁和蒸气之间以及蒸气流之间的摩擦力，蒸气会呈层流结构，为抛物线或平面形状，这与气流速率有关。(3)在沉积区，前驱体蒸气到达衬底附近，在生长温度下沉积薄膜。在蒸气撞击加热后的衬底后，前驱体获得了足够的活化能，发生热分解反应，形成所需薄膜，沉积在衬底上。反应产生的气体和蒸气从衬底表面脱附，而所需产物吸附在表面，因而薄膜的形成可以得以继续。(4)排出区是反应室的最后一个区，在反应中产生的气体和蒸气等副产物，连同剩余的前驱体蒸气由这个区域排出。整个系统放置在专用的实验柜中，以收集废气，不对环境产生污染。

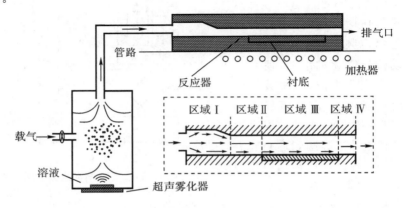

图 8-10　精细通道反应器雾化 CVD 原理

8.2.2　喷雾热分解的生长过程

超声雾化的粒子(原子、离子或分子)从气相到在基片表面上沉积形成薄膜的过程,实际上是一个从气相到吸附再到固相的过程。大致可以分为下面几个步骤。

1. 溶液的配制

镀膜溶液中的溶质一般为氯化物、金属的醋酸盐、乙酰丙酮化物等,溶质分解产物应是膜所需的组分。溶剂常采用乙醇、丁醇或水等,溶剂应能使溶质有较大的溶解度,在一定温度下的热蒸发速率要大,能迅速挥发掉,使溶质能在基板上沉积、分解和成膜,并且溶剂的挥发吸收的热要小。在溶液的配制过程中,有时为了防止水解、沉淀等现象,还要加入稳定剂,如配制 $Zn(CH_3CO_2) \cdot 2H_2O$ 溶液,需要加入一定量的醋酸来防止溶液沉淀。

一般喷雾热分解镀膜采用的溶液浓度为 $0.001 \sim 0.1M$。溶液浓度高有利于提高镀膜效率,通常低流速和低溶液浓度能制得的薄膜表面光滑。在需要薄膜掺杂或制备混合金属氧化物膜时,可以通过调整镀膜溶液中的各金属离子浓度来控制掺杂量和膜中混合金属氧化物的组成[31]。有时溶液的 pH 值对膜的相组成也会产生影响[32]。

喷雾热解中产生均匀、超细的雾滴是重要的。除了对利用雾化产生器来加以控制之外,前驱液的配制也产生重要的影响,特别是前驱液溶剂和前驱液浓度的选择。前驱液溶剂的选择,影响喷雾热解得到的最后的产物形貌。如图 8-11 所示[20,33],可溶性好的溶剂容易产生分散性好的纳米颗粒和小的团簇;而可溶性差的溶剂容易生成亚微米级的颗粒。前驱液溶剂的选择,又体现在前驱液的雾化程度和液滴在热解过程中的挥发这两方面。例如分别选择水或乙醇作为溶剂进行比较,会发现水作为溶剂利于前驱液的雾化,但热解效果不好;而乙醇作为溶剂利于前驱液的热解,但不利于前驱液的雾化。前驱液浓度的选择也是重要的。在喷雾热解中,前驱液的浓度要适中,若浓度大了,喷雾热解过程中生成的纳米颗粒,非常容易形成团簇;而浓度小了,不利于产物反应正常进行。

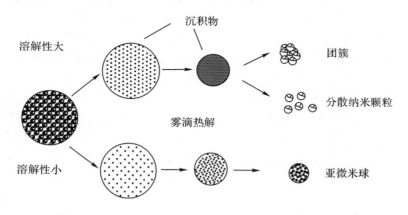

图 8-11　喷雾热分解中不同雾滴热解

2. 雾化

喷雾热解法制备薄膜的关键有:(1)生成均匀、超细的雾滴;(2)雾滴相关参量的有效控制。这些都有赖于雾化的均匀性。镀膜溶液的雾化均匀性对所制备的膜性能有很大影响,雾化程度不同,还会对基板温度造成不同程度的影响。喷雾热分解对雾化的要求是:(1)气液比不能过大,以减少气流对基板温度的影响;(2)液滴粒径尺寸要合适;(3)液滴出口速度必须足够大,使液滴能到达基板并进行平化。在这一过程中,液滴的粒径和速率是两个很重要的参量,小的粒径使膜层均匀,粒径过小,动量不足以到达基板,从而形成悬浮颗粒,影响成膜速率。速率对膜层的致密性影响很大。喷雾速度太快会使基板温度变化过大,所以通常采用间隔喷雾方式,在前一次的溶剂挥发掉之后再进行第二次喷液,使基板温度变化不大,从而形成的膜层比较致密和均匀。

不同的雾化方式,对雾化微粒的直径有不同的计算方式。对于超声喷雾热分解来说,雾化微粒的直径与溶液的种类(表面张力及密度)和超声振动的频率有关,可用下式表述[21,34]:

$$D = 0.34\sqrt[3]{8\pi\sigma/(\rho f^2)} \tag{8-11}$$

式中,D 为超声雾化液滴直径(m);σ 为溶液表面张力(N/m);ρ 为液体密度(kg/m^3);f 为超声激发声频(Hz)。

很显然,对于镀膜溶液来说,雾化微粒的直径取决于超声振动的频率。当超声振动的频率为 800kHz 时,水溶液的雾化微粒直径是 4.5μm,而丁醇溶液的雾化微粒直径则是 3.6μm。溶液超声波雾化微粒的大小可以由超声振动的频率来调节,而且雾化微粒的均匀性远优于任何喷枪喷涂的效果。很明显,超声喷雾的载气流速与溶液雾化微粒的直径无关,仅起携带雾化微粒的作用。而喷枪则是依靠强气流喷射溶液来产生雾化,雾化微粒的直径随气流的增大而减小。所以,超声喷雾载气流量可远小于喷枪喷雾所需的载气流量,这样,在制备薄膜时,超声喷雾气流对衬底温度的影响远小于喷枪喷涂的情形,使得超声雾化沉积工艺的控制相对容易。在溶液雾化中常用的载气为空气、氮气,沉积金属膜时载气一般为氮气、氢气或其混合气。

3. 蒸发干燥

溶液雾化后成为小液滴在反应室内运动,小液滴的质量在减小,速度也在发生变化,通过对这一过程的分析研究,可得出不同大小的液滴最后到达基板表面时的速度及液滴中溶剂含量,从而达到控制镀膜质量的目的。液滴在反应室内运行过程中的干燥取决于在室内飞行的时间和蒸发干燥速率。从雾化器出来的以一定初速度运动的雾滴粒子在反应室内的飞行过程中同时受到气体的曳引力和重力的作用,这些力都会对雾滴粒子运动速度产生影响。在反应室内不同高度上,小液滴的速度是不同的,即使是在同一高度上,小液滴的速度也不相同,其描述速度的计算过程较为复杂。液滴在曳引力和重力的作用下运动的同时,溶剂向周围蒸发,使液滴的质量发生改变,粒径减小,液滴内溶质浓度变大。此过程可以引用蒸发干燥的模型来加以解决。对单个粒子,蒸发引起的质量变化速率可表达为[21,35]:

$$-\frac{dm}{dt} = 2\pi RD \cdot sh \cdot (\gamma_s - \gamma_\infty) \tag{8-12}$$

式中,γ_s 为气体中的溶剂含量(kg/m^3);γ_∞ 为溶剂在液滴表面的饱和浓度(kg/m^3);sh 为 Sherwood 数;D 为溶剂在反应炉中的扩散系数(cm^2/s);R 为小液滴半径(m)。综合以上液滴的运动过程,可以求出液滴在反应室内的运动规律方程,从而可判断出液滴在到达基板前溶剂的蒸发程度。

这一过程可分为两个阶段:(1)溶剂从液滴表面蒸发,并由液滴表面向气相主体扩散,液滴体积减小,同时,溶质由液滴表面向液滴中心扩散,随着溶剂的蒸发,出现溶质过饱和,在液滴底部析出细微的固相,再逐渐扩散到整个液滴表面,形成一层固相壳层;(2)沉淀可能在整个液滴内生成,得到实心颗粒;析出沉淀也可能达不到整个球体,形成中空壳状颗粒;或者壳体内的压力过高,造成壳体破碎,形成碎片状。这些因素包括金属盐的物理化学性质(如透气性、热特性),溶液的物理特性(如溶解度、过饱和浓度、平衡浓度),外界环境温度,湿度等。若外界环境温度低,湿度大,溶剂的蒸发速率较小,有利于形成实心固体颗粒[36]。若平衡浓度高,平衡浓度与溶液过饱和浓度差值大,有利于形成实心粒子。合理选择溶剂、溶质配置前驱体溶液及改变过程工艺参数,对形成实心球形粒子有益。

4. 热分解成膜

在喷雾热分解过程中,雾化后的溶液喷向热的基板,分解成膜。由于喷雾过程一般在具有一定温度反应室内进行,因此,溶液雾化程度、溶剂的挥发性、反应室温度等条件的差异,会使雾化小液滴到达基板前有不同的经历过程。喷雾热分解成膜发生的变化过程大致有以下四种过程:(1)过程 A,在衬底温度很低的情况下,雾化后的小液滴还未等溶剂蒸发完就已喷溅到衬底表面,发生溶剂蒸发气化并在基板表面干燥沉积,最后溶质反应形成膜;(2)过程 B,随着衬底温度的升高,小液滴在到达基板表面之前溶剂蒸发完全,固相沉积物撞击在基板表面,并反应形成膜;(3)过程 C,随衬底温度进一步升温,在小液滴到达基板之前溶剂蒸发,固相沉积物熔化、气化或升华,然后蒸气扩散到基板,在基板表面反应成膜;(4)过程 D,当衬底温度过高时,所有的反应发生在蒸气状态,反应产物最后在基板沉积成膜。其中过程 C 是类似于化学气相沉积法(CVD),绝大多数的喷雾热分解过程发生的是 A、B 两类。上述发生过程如图 8-12 所示[20,21,24]。当然,实际的薄膜生长过程要复杂得多,不一定严格地按照某种模式生长,而往往是几种模式共同作用的结果。不过,这一简化模型对于理解衬底温度对薄膜生长的影响以及确定合适的实验条件以制备高质量薄膜,都具有一定的指导意义。

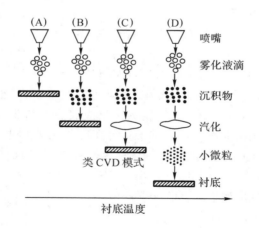

图 8-12　不同衬底温度下喷雾热分解法生长薄膜的沉积模式

8.2.3　喷雾热分解的应用介绍

喷雾热分解法制备薄膜技术主要有如下优点:(1)工艺设备简单,不需要高真空设备,在常压下即可进行,生产成本低;(2)能大面积沉积薄膜,并可在立体表面沉积,沉积速率高,易实现工业生产,尤其是适合玻璃在线镀膜;(3)可选择的前驱物较多,容易控制薄膜的化学计量比,掺杂容易,并可改变前驱物溶液中组分的浓度制备多层膜或组分梯度膜;(4)通过调节雾化参数可控制薄膜的厚度,克服 Sol-Gel 难以制备厚膜的不足,而且可以一次成膜;(5)沉积温度大多在 600℃ 以下,相对较低。但是,喷雾热分解法不容易制备光滑、致密的薄膜,在沉积过程中,易带入外来杂质,而且主要限于制备氧化物、硫化物等材料。

喷雾热分解技术在薄膜制备方面已有较广泛的应用,如制备氧化物、硫化物、金刚铜合金、半导体材料、超导化合物等。在工业上,喷雾热分解也得到了很多的应用。如在平拉或浮法玻璃生产线的退火区上设置喷雾热解区,就可以实现玻璃在线镀膜。这种技术在 20 世纪 60 年代被发达国家研究开发,到 20 世纪 70 年代迅速发展起来,其中美国的 PPG 公司、Ford 公司、英国的皮尔金顿公司拥有先进的技术。我国从 20 世纪 80 年代开始研究,并进行了工业性实验,用这种工艺生产出各种各样的性能优良的彩色镀膜玻璃。这种工艺生产效率高、附加投资少、生产成本低,而且所镀膜层具有颜色品种多、晶面效果好、耐久性长等特点。

8.2.4　喷雾热分解制备 ZnO 薄膜

本书以利用精细通道反应器生长 ZnO 薄膜为例,介绍喷雾热分解的薄膜的沉积反应过程[30]。反应系统如图 8-10 所示。醋酸锌($Zn(CH_3COO)_2 \cdot 2H_2O$(ZnAc,纯度 99%))化学纯作为前驱体,去离子水(0.5MΩ · cm)作为溶剂,在溶液中加入数滴盐酸(HCl)以防止沉淀的产生。ZnAc 蒸发会首先形成碱性醋酸锌(BZA),水的存在有利于该反应的进行:

$$4Zn(CH_3COO)_2(g) + H_2O(g) \longrightarrow Zn_4O(CH_3COO)_6(g) + 2CH_3COOH(g) \qquad (8\text{-}13)$$

BZA 撞击衬底表面分解形成 ZnO 薄膜,根据热分解动力学,在无 H_2O 的条件下,有两个平行的反应,其一为热解反应:

$$Zn_4O(CH_3COO)_6(g) \longrightarrow 4ZnO(s) + 3CH_3COCH_3(g) + 3CO_2(g) \qquad (8\text{-}14)$$

其二是脱碳化反应:

$$Zn_4O(CH_3COO)_6(g) \longrightarrow Zn_4O(s) + 6CH_3COO(s^*) \qquad (8\text{-}15)$$

这里,s 和 s^* 分别表示固态和表面态。热解反应产生的 ZnO 薄膜很难得到晶体形态,而且通常还有很高残余 C 掺杂,高达 10at. %;脱碳化反应仅能得到非计量比的 ZnO_{1-x} 薄膜,C含量也很高。因此,H_2O 在生长过程中对于获得高质量的 ZnO 是非常重要的。要得到高质量的符合化学计量比的 ZnO,必须有一个氧化性的气氛,因而需要通入氧化性的反应气体。

在 H_2O 存在时,可发生如下的表面反应:

$$H_2O(g) \leftrightarrow O(s^*) + 2H(s^*) \qquad (8\text{-}16)$$

$$CH_3COO(s^*) + H(s^*) \longrightarrow CH_3COOH(g) \qquad (8\text{-}17)$$

$$Zn_4O(s) + 3O(s^*) \rightarrow 4ZnO(s) \qquad (8\text{-}18)$$

在 H_2O 浓度高时,上述三个反应均由左向右进行。H_2O 在沉积过程中起多重作用。首先,由于 H_2O 的存在有利于脱碳化反应的进行,消耗掉 BZA,从而能够抑制热解反应的进行。事实上,在 H_2O 浓度很高时,热解反应几乎不会发生,这有利于形成晶体薄膜。其次,H_2O能够充当氧源,产生符合化学计量比的 ZnO,也会使晶体薄膜的沉积速率得以提高。再次,水解反应产生的 H 吸附在衬底表面,与有机基团结合形成 CH_3COOH 蒸气,最终排出反应室,从而降低了薄膜的碳污染。最后,H_2O 的存在可有效增强薄膜的(002)择优取向,提高 ZnO 薄膜的晶体质量和物理性能。

图 8-13 是利用上述方法在 $300\sim500℃$ 的生长温度下制备的 ZnO 薄膜的 XRD 图谱[30]。所得样品为六方纤锌矿结构的 ZnO 多晶薄膜,400℃时,薄膜具有明显的(002)择优取向,晶体质量良好。利用这种系统,可以生长出掺杂 ZnO 晶体薄膜以及 ZnCdO、ZnMgO 等合金薄膜[30,37-41]。

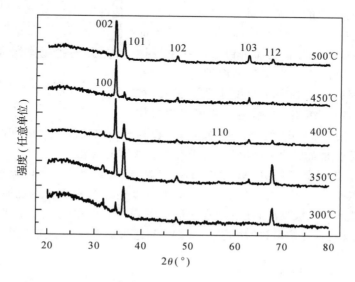

图 8-13 精细通道反应器雾化 CVD 生长的 ZnO 薄膜的 XRD 图谱

§8.3 液相电沉积技术

液相沉积是在液相中通过物理或化学方法使分散颗粒析出的过程,有物理沉积、化学沉积和电化学沉积。本节我们主要讨论的是电化学沉积,该技术是由电镀逐步发展而来的,通常是在电解池中通过电极反应实现的。液相中的电化学沉积,简称为电沉积,是一种传统的制膜技术,通过电解在固体表面上获得沉积层,目的在于改变材料的表面性质或制取特定组成和性质的材料,近年来被开发用于半导体薄膜的制备[42-47]。

8.3.1 电沉积简介

到目前为止,人们对电沉积技术的研究和应用已有上百年的历史了,并且随着现代科学技术和工业的发展,研究工作还在不断地深入和拓展。19 世纪初,人们发明了伏打电池。几乎同时,Brugnateli 等人报道了电沉积镀银技术。正是从镀银开始,人们逐渐地研究、试验了各种物质的电沉积过程。近年来,人们对电沉积制备半导体材料的研究取得了一定的进展,作为电沉积核心的电解液从水溶液扩展到了非水溶剂和熔融盐,可以实现硅、锗、碳(类金刚石)以及二元、三元化合物半导体薄膜材料的电沉积。

进行电沉积的装置称为电解池,最基本的构成是由电解质溶液、两个电极以及电源组成。图8-14为电解池的示意图[45]。在供电方式上,以前多采用直流电,现在为提高沉积层质量,常采用周期换向电流、交直流叠加和脉冲电流等。电沉积是一种比较简单和廉价的沉积技术,应用面极广,可以形成规模化生产。虽然电沉积形成的薄膜的结晶质量要低于 CVD、PLD、MBE 所得的薄膜的结晶质量,但是在所有的薄膜沉积技术中,电沉积的生产率最高,并可实现大面积沉积或在形状复杂的衬底表面上镀覆。在半导体广泛应用的领域,电沉积一直是印刷电路板、接插元件、电接触端子等制作中的一个重要手段。另外,在半导体薄膜太阳能电池应用方面,电沉积可以通过控制生长工艺(如应用势能、pH 值、电解温度等)来较容易地改变能带间隙和晶格参数等材料特性,这样可以组成大面积的串联电池,用于有效的太阳能转化。

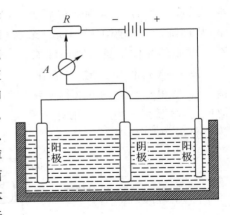

图 8-14 电解池

电沉积的理论基础是法拉第(M. Faraday)定律,即电解定律。当电流通过电解质溶液时,与电源正极相连的阳极发生氧化反应,与电源负极相连的阴极发生还原反应,在稳态条件下,电子将全部参加电极反应,在电极表面形成沉积层。根据法拉第定律,电流通过电解质溶液,在电极上析出(或溶解)的物质的质量 W 与通过的电量 Q 成正比,

$$W = kIt = kQ \tag{8-19}$$
$$k = NF = (Mn)/F \tag{8-20}$$

式中,W 为在电极上起反应的物质的质量(g);Q 为通过的电量(C);I 为电流强度(A);t 为通电时间(s);k 为电化当量(g·C^{-1}),表示通过单位电量时电极上所析出(或溶解)的物质的质量;N 表示摩尔质量(g),等于沉积物质的原子量 M 除以原子价 n,这里 n 指的是沉积物质在电极反应时表现出来的化合价;$F = 96485.309$C·mol^{-1},称为法拉第常数,这也是每摩尔电子的电量,在一般的计算中可以近似取 $F = 96500$C·mol^{-1}。

从式(8-19)和式(8-20)可以看到,在电沉积过程中,在电极上析出(溶解)1 摩尔质量的任何物质所需要的电量为 96500C,这一定量表述也称为法拉第定律。法拉第定律是从大量实践中总结出来的,它对于电学和电化学的发展都起了巨大的作用,它不受温度、压力、电解质组成和浓度、电极材料、溶剂性质、电解槽的材料和形状等因素的影响。

在实际电沉积过程中,可能存在着副反应。在有副反应发生时,通入电解池的电量仅有一部分用于主反应,另外一部分则用于副反应的进行。这时,我们可以用电流效率来有效描述电流利用效率的问题。所谓电流效率 η,指的是电极上析出物质所需要的电量 Q 与通过电沉积槽的总电量 Q_0 之比,通常以"%"表示,

$$\eta = Q/Q_0 \times 100\% \tag{8-21}$$

式中,Q 可通过法拉第定律由沉积物的质量计算得到。各种电沉积过程的电流效率差别很大,一般情况下都小于 100%,而且阴极和阳极的效率不一样;但有时电流效率也可以大于100%,这是由于除电极反应之外,还存在其他反应生成了产物。电流效率在实际生产中有很重要的意义,提高电流效率可以节约电能,提高劳动生产率。

8.3.2　电沉积制备类金刚石薄膜

液相电化学沉积技术由于其生长温度低而被应用于陶瓷薄膜、功能薄膜的制备等领域,在制备半导体薄膜方面也应用较多。本节以电沉积制备类金刚石薄膜为例对该技术进行介绍。类金刚石薄膜(Diamond-like Carbon Films,简称 DLC 薄膜)也称为类金刚石碳膜,是一种在机械、光学、电学、化学和摩擦学等多方面性质都类似于金刚石的非晶碳膜。同金刚石一样,DLC 也为直接带隙半导体材料,但是其禁带宽度要远小于金刚石(5.45eV),受到生长方法的影响,DLC 薄膜的光学禁带宽度可在 1.98～3.08eV 之间变动。DLC 薄膜硬度高、摩擦系数低、耐磨性好、电阻率大、化学惰性、可见光区域的光学透明性好、生物相容性能好,在机械、电子、光学、化学、医学、军事和航空航天等领域有很好的应用前景。

类金刚石薄膜有多种制备方法,如等离子体增强化学气相沉积(PECVD)、脉冲激光沉积(PLD)、离子束溅射等。液相电化学沉积技术应用于类金刚石薄膜的沉积是近年来发展起来的一种新工艺[48-52]。与气相沉积方法相比,液相电化学沉积类金刚石薄膜具有很多优点:沉积温度低,可在常温下进行,能够降低薄膜的内应力,提高薄膜质量;拓宽了基底材料的选择范围,可在各种形状复杂的材料上沉积,适宜工业化生产,在平整表面和不规则表面均能大面积成膜;液相反应不仅条件易于控制,而且容易实现掺杂;设备简单,而且生长在常压下进行,节约能源,大大降低了生产成本。

1992 年,Namba 首次在温度低于 70℃ 的条件下,采用高电压(＞1000V)电解纯净乙醇溶液的方法,得到了主要成分为无定型碳的薄膜,为液相合成金刚石和类金刚石薄膜研究做出了贡献,标志着在液相有机电解质溶液中采用电化学方法制备类金刚石材料的开端[52]。电沉积 DLC 薄膜的基本实验装置类似于电解池,如图 8-15 所示[49,50]。实验过程如下:$4×20×0.3mm^3$ 大小的硅基片插在负极上,基片和正极的距离为 5mm,再把基片先放在稀的 HNO_3-HF 溶液中几分钟,然后超声清洗干净。用乙醇作电解液,电压在 0～1.2kV 之间可调,电流密度在 0～5mA/cm^2 之间变化,得到了碳膜,沉积速率为 $0.065\mu m/h$。

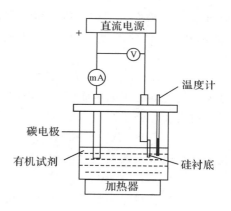

图 8-15　电沉积 DLC 薄膜的实验装置

近年来,DLC 薄膜电化学制备技术得到了迅速发展,工艺逐渐成熟。在电沉积制备DLC 薄膜中,一般采用高压直流电源,也可采用脉冲放电技术,以待镀材料为阴极,石墨电极做阳极。电源电压可在 0～3000V 变化,电极间距一般较小。常用电压为 500～20000V,反应温度介于室温和 100℃ 之间。与普通电解池的不同之处在于它一般以导电性不好的有机试剂作为电解液。放置在阴极的衬底材料通常为 Si 片,铝和导电玻璃也可以作为基体材料,此外,镍箔也被尝试用作衬底材料[53]。阳极有不同的形式,大部分的实验采用了高纯石墨片为阳极,也有采用铂丝或钨丝作为点电极进行电沉积的。

电沉积 DLC 薄膜受到很多因素的影响。电化学方法制备类金刚石薄膜的关键步骤是有机分子在电极表面发生电化学反应,因而电流密度的影响很大,电流密度越大,电极反应的速度越快。对于相同的电解质而言,在相同的温度下,电压越高,电流密度越大,两者大致呈线性关系;在其他条件一定的情况下,电流密度随着反应时间的延长而逐渐减小,这是由于衬底表面生成了电阻率较大的碳膜造成的[54]。根据对影响电流密度因素的研究,可以总结出碳源的选择原则[51,55]:碳源具有较高的介电常数、粘滞系数小,碳源分子中的 CH_3 或 $CH_4^{(4-n)+}$ 基团需与极性基团键合。根据这样的标准,在所有常用的碳源中,乙腈是最好的选择,其次是 N,N-二甲基甲酰胺,再次分别为甲醇和乙醇。DLC 薄膜还受到电解电压、电解液浓度、生长温度等因素的影响[49]。

人们针对薄膜质量的提高和掺杂改性进行了较多的研究。电沉积得到的 DLC 薄膜通常为灰白色或棕色,与选取的有机溶液和衬底材料有关;电阻率可达 $10^7 \sim 10^{10}\,\Omega cm$;击穿电压高于 1MV/cm;在可见光区域有较高的透射率,可达 70% 以上;具有良好的耐磨性能,摩擦系数通常在 0.20 以下,显微硬度一般在 12~20GPa 以内;具有很好的场发射和光致发光特性,用以发射的阈值场通常为 1.2~20V/μm。对 DLC 薄膜进行掺杂不仅能有效减小薄膜的内应力,而且还可以对薄膜的某些性能进行调控。在类金刚石薄膜中掺入适量的 H 或 N 元素,可以稳定薄膜中的 sp^3 碳,使薄膜具有更多的金刚石特性。在 DLC 薄膜中引入一些金属元素,如 Cu、Au、Fe、Ni 等,不仅可以减小薄膜的内应力,增强薄膜与衬底之间的附着力,而且可以改善薄膜多方面的性能。

很多报道都对电沉积 DLC 薄膜的机理有所阐述,其中的一种被广泛接受的机制为极化反应机理[48]。极性分子中正负电荷的重心不重合,电子分布偏向极性基团。在高电位作用下,极化分子被诱导极化,电子分布进一步改变,正负电荷重心更加远离,分子转变成带有能量的能量分子,

$$CH_3X \longrightarrow CH_3 - X^* \tag{8-22}$$

在电极之间施加的高电压使电极表面活化,成为活化的反应点,能量分子在电极表面的活化点吸附成为活化分子,

$$CH_3 - X^* \longrightarrow CH_3^* + \cdots \tag{8-23}$$

活化分子在电极表面发生电化学反应生成 DLC 薄膜、水等产物,

$$CH_3^* \longrightarrow C + H_2O + \cdots \tag{8-24}$$

氢元素的含量是影响类金刚石碳膜结构的重要因素。脱氢有两种机制:一种是由反应速率控制的脱氢机制,另一种是羟基起主要作用的脱氢机制。图 8-16 为由反应速率控制的脱氢过程示意图[48]。脱氢按照如下步骤进行:(a)甲基基团被吸附到衬底表面的活化点上;(b)H—H 键形成,C—H 键削弱;(c)H₂ 从衬底表面释放出来,C—C 弱键形成;(d)C—C 键形成。随着这个过程的不断进行,连接在碳原子上的氢原子被逐渐分解出来。脱氢的过程并不是瞬间完成的,碳原子需要有一定的时间来重新排布附着在它上面的氢原子,因此只有反应的速率相对比较小时,才有足够的时间来完成脱氢的过程,形成无氢的类金刚石薄膜。

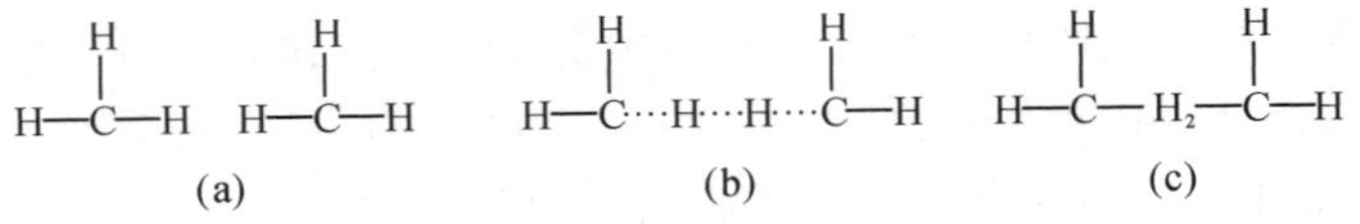

图 8-16 脱氢过程示意图

该脱氢机制的提出使液相法制备 DLC 薄膜的控制工艺进一步成熟和完善,人们可以在机理的指导下选择工艺,按性质需要制备薄膜。

参考文献

[1] H. Dislich. Angew. Chem. Int. Ed. Engl. 10(6), 363(1971).

[2] 黄剑锋. 溶胶－凝胶原理与技术. 北京:化学工业出版社(2005).

[3] 宋继芳. 无机盐工业 37(11), 14(2005).

[4] 游咏,匡加才. 高科技纤维与应用. 27(2), 13(2002).

[5] 李宁,卢迪芬,陈森凤. 玻璃与搪瓷. 32(6), 51(2004).

[6] 王敏. 溶胶－凝胶法制备 In_2O_3:Sn(ITO)透明导电氧化物薄膜的研究(硕士学位论文). 华南理工大学(2003).

[7] 梁群兰. 二氧化硅基光导膜的制备及微细加工(硕士学位论文). 西安理工大学(2003).

[8] 魏绍东. 材料导报 18(z2), 50(2004).

[9] 牛玉环,李发堂,袁海涛,等. 材料导报 20(z1),65(2006).

[10] 银董红,邓吨英,陈恩伟,等. 工业催化 12(1), 1(2004).

[11] 陈小兵,成晓玲,余双平,等. 精细石油化工进展 5(2), 23(2004).

[12] D. Bersani, G. Antonioli, P. P. Lottici, et al. J. Non-Cryst. Solids 232－234, 175 (1998).

[13] 朱永法,李巍. 高等学校化学学报 24(3), 465(2003).

[14] 姚明明,杨平,卢萍,等. 石化技术与应用 18(1), 13(2000).

[15] 包定华,顾豪爽,邝安祥,等. 无机材料学报 11(3), 453(1996).

[16] 陈士夫,陶越武. 南开大学学报 31(4), 49(1998).

[17] Y. B. Xie, C. W. Yuan. Appl. Surf. Sci. 221, 17(2004).

[18] M. Iwasaki, M. Hara, H. Kawada, et al. J. Colloid Interface Sci. 224, 202(2000).

[19] R. R. Chamberlin, J. S. Skarman. J. Electrochem. Soc. 40(5), 123(1966).

[20] 周朕. 硫化物纳米薄膜的超声喷雾热解制备和物性研究(硕士学位论文). 东南大学 (2006).

[21] 张聚宝. 喷雾热分解法制备 SnO_2:Sb 薄膜及其性能研究(硕士学位论文). 浙江大学 (2003).

[22] 宫华,刘开平. 中国陶瓷. 40(5), 33(2004).

[23] 周永慧,林君,于敏,等. 发光学报 23(5), 503(2002).

[24] 边继明. 紫外光电材料氧化锌薄膜的生长及性能研究(博士学位论文). 中国科学院上海硅酸盐研究所(2005).

[25] A. I. Martinez, D. R. Acosta. Thin Solid Films 483, 107(2005).

[26] 马俊. 静电喷雾沉积法制备锂离子电池正极薄膜材料及其电化学性能研究(硕士学位论文). 复旦大学(2005).

[27] T. Y. Ma, S. C. Lee. J. Mater. Sci. 11, 305(2000).

[28] S. Y. Wang, Y. W. Du. J. Cryst. Growth 236, 627(2002).

[29] M. Moseler, U. Landman. Science 289, 1165(2000).

[30] J. G. Lu, T. Kawaharamura, H. Nishinaka, et al. J. Cryst. Growth 1, 299 (2007).

[31] O. Vigil, L. Vaillant, F. Cruz, et al. Thin Solid Films 361-362, 53(2000).

[32] K. S. Ramaiah. J. Mater. Sci. 10, 145(1999).

[33] I. W. Lenggoro, Y. Itoh, N. Iida, et al. Mater. Res. Bull. 38, 1819(2003).

[34] 张永林,阮小平. 功能材料. 30, 313(1999).

[35] 曾卓雄. 西安交通大学学报. 44, 75(2000).

[36] H. S. Kang, Y. C. Kang, H. D. Park, et al. Mater. Lett. 57, 1288(2003).

[37] J. G. Lu, S. Fujita, T. T. Kawaharamura, et al. Appl. Phys. Lett. 89, 262107 (2006).

[38] J. G. Lu, S. Fujita, T. Kawaharamura, et al. J. Appl. Phys. 101, 083705(2007).

[39] J. G. Lu, S. Fujita, T. Kawaharamura, et al. Chem. Phys. Lett. 441, 68(2007).

[40] J. G. Lu, S. Fujita, T. Kawaharamura, et al. Phys. Stat. Sol (a) 205, 1975 (2008).

[41] J. G. Lu, S. Fujita. Phys. Stat. Sol (c) 5, 3088(2008).

[42] 张忠诚. 水溶液沉积技术. 北京:化学工业出版社(2005).

[43] 陈祝平. 特种电镀技术. 北京:化学工业出版社(2004).

[44] 张胜涛. 电镀工程. 北京:化学工业出版社(2002).

[45] 安茂忠. 电镀理论与技术. 哈尔滨:哈尔滨工业大学出版社(2004).

[46] (加)M. Schlesinger, (美)M. Paunovic 主编. 范宏义等译. 现代电镀. 北京:化学工业出版社(2006).

[47] 屠振密. 电镀合金原理与工艺. 北京:国防工业出版社(1993).

[48] 郭静,汪浩,严辉. 化学通报 70(7), 521(2007).

[49] 万军,马志斌. 材料导报 18(2), 23(2004).

[50] 江河清,张治军,徐洮,等. 表面技术 33(2), 4(2004).

[51] 酒金婷,付强,汪浩,等. 无机材料学报 17(3), 571(2002).

[52] Y. Namba. J. Vac. Sci. Technol. A 10, 3368(1992).

[53] M. C. Alex, P. Charoendee, D. G. Terea. J. Mater. Res. 18, 1561(2003).

[54] H. Wang, M. R. Shen, Z. Y. Ning. J. Mater. Res. 12, 3102(1997).

[55] H. S. Zhu, J. T. Jiu, Q. Fu, et al. J. Mater. Sci. 38, 141(2003).

第9章

半导体超晶格和量子阱

到目前为止,我们已经介绍了多种半导体薄膜制备技术。这些技术的发展和完善促进了新结构和新器件的出现和进步。半导体超晶格量子阱材料的实现和应用正是得益于 MBE 和 MOCVD 技术的发展。另一方面,超晶格量子阱是现代新型半导体器件的基础和关键,它使半导体器件的设计和制造由"杂质工程"发展到"能带工程"和"电子特性与光学特性的裁剪"等新的范畴。本章将对这一前沿领域予以介绍。

§9.1 引 言

在半导体物理及材料研究的基础上,20 世纪 70 年代提出了超晶格、量子阱的概念。经过 40 年左右的发展,它已从一个研究专题拓展成为一个广阔的研究领域,并成为凝聚态物理学和半导体物理学中最富有生命力的研究热点之一。

超晶格、量子阱的提出,是固体能带理论发展的必然。能带理论建立后,人们对各种规则的晶体材料的性能有了相当的认识,并建立了以能带理论为基础的固体物理体系,去解释出现的现象。接下来,人们自然会想到通过人为改变和调制能带去制备新的人工晶体材料,以期获得新的效应、现象和用途。1969 年,美国 IBM 公司的江崎玲于奈(L. Esaki)和朱兆祥 (R. Tsu)[1]在寻找负微分电阻新器件时,提出了一个全新的革命性的概念:半导体超晶格。他们设想将两种不同的半导体材料交替生长超薄层来构成一维周期性结构,实现人造半导体超晶格。于是,人们开始了对人工半导体超晶格的研究。

它之所以能够实现,很大程度上归功于 MBE 和 MOCVD 等半导体薄层生长技术的不断发展和完善。分子束外延结合电子束曝光、超微细刻蚀等结构制造技术,能够提供半导体异质结构所需要的界面质量和结构控制,实现在原子层尺度的控制范围之内有序交替地完美生长。在江崎等提出超晶格设想后的一年里,通过超高真空分子束外延技术,卓以和[2]首先制备出 $GaAs/Al_xGa_{1-x}As$ 的周期性结构。1973 年,贝尔实验室的张立纲等[3]用同样的制备方法也成功的生长出半导体超晶格。它是由几百层 GaAs 和 $Al_xGa_{1-x}As$ 交替排列组成的,$x=0.5\sim0.35$,周期为 $5\sim22nm$。这一成功,使超晶格在基础和应用研究两方面给半导体科学注入了新的活力。一方面,对于这种完全由人工合成的新结构的研究不断开拓出一系列丰富的、全新的物理内涵,如能带人工剪裁、量子受限效应、共振隧穿、超晶格微带效应等。由于半导体超晶格等低维结构的尺寸小于电子的非弹性散射平均自由程并可与电子的德布罗意波长相比拟,结构中粒子的物理性质完全由量子力学原理所支配。许多在固体材料中难于观察到的、新的量子现象不断被发现,新的理论模型不断被提出;另一方面,超晶格和量子阱等异质结构材料出现不久,便显示出它在技术上的重要性。基于新原理而设计制造的具有广阔应用前景的新型量子器件不断涌现出来,如量子阱和量子点激光器、平面型掺杂势垒光探测器(PDB)和光学双稳器件等。它们具有常规材料制作的器件所不具备的优异性能,并且正以全新的概念改变着电子器件的设计思想,使半导体器件的设计和制造由原先的"杂质工程"发展到"能带工程"和"电子特性与光学特性的裁剪"等新的范畴。

　　无论从纯科学的角度,或者从技术的角度,半导体超晶格、量子阱结构都提供了一个迷人的领域,成为半导体物理学一大分支和重要前沿领域。本章将主要就半导体超晶格和量子阱的基本概念、基础理论、几种具有代表性的结构以及它们在器件的应用加以介绍。

§9.2　半导体超晶格、量子阱的概念和分类

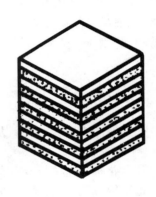

图 9-1　理想超晶格结构

　　超晶格是指由两种或两种以上组分不同或导电类型不同的超薄层(相邻势阱内电子波函数会发生交叠)材料,交替生长形成的人工周期结构。图 9-1 是理想超晶格示意图。通常把势垒较厚(远大于波函数穿透深度)以至于相邻势阱中电子波函数不发生交叠的周期结构称为多量子阱。而把只有一个势阱两边是势垒的这种结构称为单量子阱。

　　在多量子阱结构中,大多数物理性质可用一组孤立势阱的相应性质来描述,甚至和单个孤立势阱的情况相似,只是为了便于观察某些物理效应(如光吸收),需要有多个势阱效应的叠加。多量子阱结构的性质与势垒厚度及诸势垒层厚度均匀与否无关。而对于超晶格结构,由于相邻势阱间波函数的交叠,即势阱间量子态的相互耦合,导致势阱能级 E_n 展宽成能量子带,子带宽度取决于势阱间相互作用的强弱。这种情况下,系统的物理性质被调制,明显地孤立于孤立势阱或上述相互独立的多势阱情况,并且和超晶格的周期大小有关,尤其是和势垒层的厚度及厚度的均匀性有着密切的关系。

　　自超晶格、量子阱诞生以来,随着理论和实验技术的发展,到目前已提出或者在实验室里已制造出很多种超晶格和量子阱。对超晶格、量子阱的结构进行分类的方法有很多。按能带的相对位置可以把半导体超晶格归类为[4-6]:组分超晶格、掺杂超晶格、应变超晶格以及调制掺杂超晶格。下面我们将一一加以介绍。

9.2.1　组分超晶格

　　根据两种材料的界面能带匹配情况,可以把组分超晶格分为三类,具体描述如下。如图 9-2 所示,图中左边为两种材料未形成接触时各自能带的相对位置,中间为能带弯曲和对电子、空穴起限制作用的示意图,右边为形成超晶格后的能带图。

1. 第一类:跨立型

　　图 9-2(a)中所示出由 $GaAs/Al_xGa_{1-x}As$ 组成的超晶格是典型的第一类超晶格,为直接带隙。主要特征是窄带隙半导体 $GaAs$ 的禁带完全落在宽能隙半导体 $Al_xGa_{1-x}As$ 的禁带中,因此,无论是电子还是空穴,$GaAs$ 都是势阱,$Al_xGa_{1-x}As$ 都是势垒,即电子和空穴都被

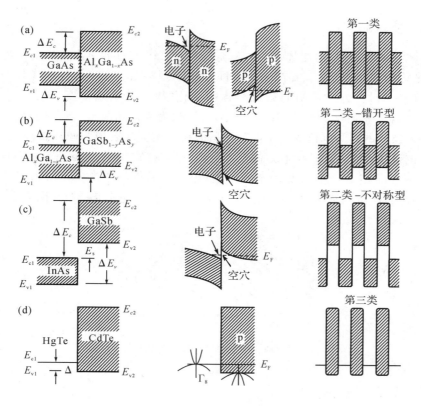

图 9-2　三类超晶格的能带相对位置

束缚在窄带隙能隙材料之中，导带带阶 ΔE_c 和价带带阶 ΔE_v 是反向的，即 $\Delta E_g = \Delta E_c + \Delta E_v$。

2. 第二类：错开倒转型

主要特征是两种组分材料禁带相互错开，一种组分材料的导带和价带都分别比另一种材料的导带和价带低，即 $\Delta E_g = |\Delta E_c - \Delta E_v|$。在此类超晶格中，电子和空穴分别被束缚在不同的材料中：电子束缚在较低导带能量的材料中，空穴被束缚于较高价带的材料中，即电子和空穴在空间上是分离的，成了真实空间中的间接带隙半导体。这种超晶格中电子的跃迁概率较小，典型的例子如锑化物/砷化物系统，具体又可分为两种：两种材料的禁带错开（代表是 $In_{1-x}Ga_xAs/GaSb_{1-y}As_y$,）如图 9-2(b)所示；禁带倒转（代表是 $InAs/GaSb$），它是错开型的特例，如图 9-2(c)所示，这类超晶格中电子和空穴可能并存于同一能区中，形成电子—空穴系统。

3. 第三类：零隙型

以 $HgTe/CdTe$ 结构为典型代表。其特点是其中有一种材料（HgTe）是零带隙导体，CdTe 为宽禁带半导体，其能带结构如图 9-2(d)所示。在这种超晶格中，价带的能量不连续值近似为 0，导带的能量不连续值近似等于两种材料的能隙之差，此时正好等于 CdTe 的禁带宽度，即 $\Delta E_c = \Delta E_g = E_g(CdTe)$。只有当超晶格的周期小于某一值时，HgTe/CdTe 超晶格才具有半导体特性，否则将具有半金属特性。

9.2.2　掺杂超晶格

在同一半导体材料中,用交替改变掺杂类型的方法构成的半导体超晶格称为掺杂超晶格,其能带结构如图 9-3 所示。1972 年,G. H. Dohler[7] 提出了在半导体中周期地掺入 n、p 型杂质的超晶格结构,为了不引起微观结构的变化,掺入的杂质浓度(大约为 $10^{17} \sim 10^{19}$ cm^{-3})较小,这样对基质材料的结构影响较小,可以认为掺杂超晶格不像组分超晶格那样含有界面。掺入杂质的空间电荷势[8] 使掺杂超晶格在真实空间表现为间接带隙,也使 n 型层和 p 型层中的电子和空穴态产生有效的空间分离。尽管第二类型组分超晶格在真实空间也表现为间接带隙,但是由于产生势的本质不同(组分超晶格的势产生于材料的禁带宽度不同;而掺杂超晶格的空间势来自于掺入杂质电离产生的空间电荷势[9,10]),因此需区别对待。

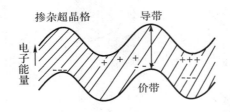

图 9-3　掺杂超晶格的能带结构

9.2.3　应变超晶格

半导体超晶格的外延生长要求材料之间晶格必须相互匹配,否则会引起界面处发生许多缺陷。实际上,没有两种半导体材料的晶格常数是严格相等的。一般认为,晶格常数的失配度小于 1% 为晶格匹配,晶格常数的失配度大于 1% 则为晶格失配。迄今为止,GaAs—Al$_x$Ga$_{1-x}$As 是晶格匹配体系中被研究得最多的超晶格结构[11],这两种组分的晶格常数几乎是一致的。但是由于自然界中两种超晶格常数相等或相近的半导体材料组合很少,晶格相互匹配的要求限制了超晶格材料体系的发展,因此为了适应各种开发应用的需要,人们又相继生长了晶格之间有一定程度失配的超晶格材料,扩大了超晶格研究的范围。研究发现,若失配在一定限度内(小于 7%),只要每层材料的厚度不超过一个临界厚度,就可以补偿晶格常数之间的差别,在界面不会形成位错或缺陷。这样形成的超晶格中存在一定的弹性形变,称为应变超晶格[12]。研究的体系有 Ge$_x$Si$_{1-x}$—Si(Ⅳ-Ⅳ)、ZnSe—ZnTe(Ⅱ-Ⅵ)、GaAs—GaP(Ⅲ-Ⅴ)等。

应变超晶格不仅丰富了超晶格的种类,更重要的是由于晶格中存在弹性形变,影响它的能带结构,又增加了一种可"裁剪"能带的手段。

9.2.4　调制掺杂超晶格

除了以上的分类外,我们还想介绍一下调制掺杂超晶格。比如在 GaAs/Al$_x$Ga$_{1-x}$As 异质结或超晶格结构中,载流子的势阱总是在 GaAs 处。如果在 GaAs 中不掺杂,Al$_x$Ga$_{1-x}$As 中掺 n 型杂质 Si,这样的掺杂方式就称为调制掺杂。而且在 Al$_x$Ga$_{1-x}$As 中的施主 Si 电离后,贡献的导带电子将转移到 GaAs 的导带中去,不掺杂的 GaAs 中将有足够数量的导带电子(通常>10^{18} cm^{-3}),且这些电子基本上在一个平面内。这种高浓度的限制在势阱中的电子被称为二维电子气(2DEG)。而 Al$_x$Ga$_{1-x}$As 失去电子后,形成带正电荷的空间电荷区。这样,GaAs 中导带电子与原来产生它们的电离施主杂质在空间上分开了(如图 9-4[13] 所示)。半导体中的载流子在电场作用下漂移时,主要受晶格散射和电离杂质的散射作用。由于电子在空间上与施主分离,既使其浓度很高,也不会受到电离杂质的散射,从而显示很高的电子迁移率。在低温下这一效应特别明显,因为此时晶格振动的影响也大大减小。因而在低温下,调制掺杂结构的量子阱材料可以获得比相同载流子浓度的体材料 GaAs 高得多的迁移率。

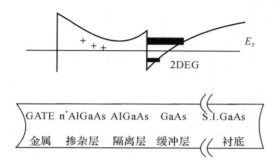

图 9-4　调制掺杂材料结构和其对应的能带[13]

§9.3　半导体超晶格、量子阱的量子特性

半导体超晶格、量子阱结构中有着丰富的物理,一些在体材料中不能观察到的全新的物理现象都可能在这些结构中观察到,如量子约束效应、微带效应、共振隧穿效应等。本节将对其中几个重要的量子特性做一简单介绍。

9.3.1　量子约束效应

多量子阱是由于多个单量子阱组成,数目并不多,主要是量子阱间距离较大,大于德布罗意波的波长,不同势阱中的波函数不再交叠,势阱中低于带阶的电子能量状态仍为分立的能级,即相互之间可视为没有相互作用。对于一个阱宽为 L 的量子阱,其能量本征值表示为:

$$E=\frac{\hbar^2}{2m_e^*}(\frac{n\pi}{L})^2+\frac{\hbar^2}{2m_e^*}(k_x^2+k_y^2),\tag{9-1}$$

式中 m_e^* 是电子的有效质量。可以看出,量子能级间的能量差与量子阱的宽度 L 的平方成反比,因此当 L 小到一定程度时,就能观察到明显的量子效应。

一般掺杂的半导体(不考虑带尾)能带中,做三维运动的电子的态密度随能带呈抛物线分布(态密度与 $E^{1/2}$ 成正比),随着电子自由运动维数的减少,其态密度分布就越加集中。二维量子阱中电子的运动是准二维的,考虑到不同量子能级所形成的子带的贡献,它的态密度可表示为:

$$\rho_e^{2D}(E) = \sum \frac{m_e^*}{\pi\hbar^2 L} H(E-E_n), \tag{9-2}$$

呈台阶状分布,如图 9-5 所示。上式中 $H(E-E_n)$ 为单位台阶函数,具有如下性质:

$$H(E-E_n) = \begin{cases} 1 \rightarrow E \geqslant E_n \\ 0 \rightarrow E < E_n \end{cases}$$

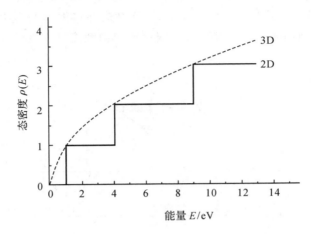

图 9-5　量子阱的二维态密度(实线)与体材料三维态密度(虚线)的比较

　　早期对于超晶格、量子阱中量子约束效应的研究都是通过光学实验来证实的。R. Dingle等[14] 首先在 GaAs/Al$_x$Ga$_{1-x}$As 单量子阱的吸收谱中证实了这种量子约束效应。它们观察到的量子吸收光谱与 GaAs 体材料的吸收光谱不同,具有明显的台阶形状。对于不同阱宽的量子阱样品,台阶之间的距离不同。阱宽越小,距离越宽。当阱宽等于 200nm 时,吸收谱就接近于体材料的吸收谱。这些事实连同理论计算,第一次确定无误地证实了量子阱的量子约束效应。此外,他们还做了两个耦合量子阱(即两个量子阱中间被一个薄的 Al$_x$Ga$_{1-x}$As 势垒隔开)的光吸收谱实验,发现原来的一个吸收峰分裂成两个,相应于原来单子阱中简并量子态的对称与反对称组合,进一步证实了量子约束效应。

　　量子约束对激子的影响更为显著。在体材料当中,激子的束缚能很小,一般只有在低温的光吸收谱中才能观察到;而对于量子阱中的激子,由于沿势阱生长方向的压缩效应,增强了电子与空穴间的库仑相互作用,从而导致二维激子效应非常明显。计算表明,当势垒的宽度远小于三维激子的半径时,量子阱中基态激子的束缚能为三维激子束缚能的 4 倍,因而不容易离解;而其等效的玻尔半径仅为三维时的一半,因此它的振动强度大。随着激子束缚能的增加,激子的光吸收峰与其他过程的光吸收峰可分离开来。这使我们在室温下容易观察到激子吸收谱。有关光学实验也可以显示出在量子阱和超晶格体系中,激子效应比三维情形更加显著。这些效应使得量子阱材料在半导体激光器和其他光电器件中有广泛的应用前景。

9.3.2　量子隧穿和超晶格微带效应

　　在量子阱中电子在沿量子阱界面的平面内的运动是近自由的,但在量子阱生长方向的运动是受到限制的。在多量子阱中,由于势垒层较厚,阱与阱之间的量子化能级耦合较弱,阱中量子束缚态基本上是局域的,不能相互作用展宽成为能量微带,但在能量高于势垒的能级态存在着较宽的微带,载流子在微带中以热电子的形式输运,而阱中的载流子受到势垒的约束,其能级态是局域性的,此时载流子在多量子阱中的输运主要是通过量子隧穿来完成。隧穿是量子力学中的一个基础概念,隧穿概率与势垒层的高度及宽度有关,随着势垒的加高或变宽而减小。发生隧穿的载流子在整个隧穿过程中必须满足两个基本条件:能量守恒与横向动量守恒。

在半导体超晶格的结构中,由于相邻量子阱间的势垒较薄,各量子阱间的束缚能级有着较强的耦合,在生长方向形成有着一定宽度的小能带,称为子能带或能量微带(如图 9-6 所示)。但这种微带与体材料中的能带有着很大的区别,因为子能带是一维的,且由于其周期比体材料的晶格常数大很多,因此其布里渊区很窄,且微带带宽也很窄。

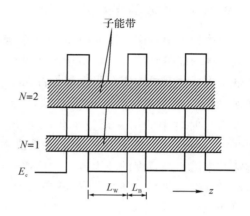

图 9-6　超晶格的能量微带

对于超晶格结构,电子在外加纵电场下,在 k 空间中将沿着微带运动,当到达布里渊区的边缘时,它的有效质量是负的,于是出现负微分电阻。电子在达到布里渊区一端后,将回到与其等价的布里渊区另一端并继续运动。这种运动在实空间表现为来回振荡,称为布洛赫振荡(Bloch oscillations)。江崎预言在超晶格中会出现这种振荡。

后来的实验结果[15]并不是很理想。实验所用的是一个 50 周期的 GaAs/AlAs 超晶格,GaAs 和 AlAs 层的宽度分别为 4.5nm 和 4nm,因此能形成微带。实验测量了垂直于超晶格界面电子输运的电流,绘制了电导率与电压的特性曲线,并发现在加电压的初始阶段就出现负阻现象,以后随电压增加,电导率随电压周期性振荡。据分析,电压并没有均匀地加在整个超晶格上产生微带输运,而是由于缺陷、界面不均匀的结果,超晶格中产生电场畴区,电压只降在一个量子阱上,引起共振隧穿。当电压继续增加时,高场畴扩展到二个、三个量子阱,逐次产生多个共振隧穿,使电导速率周期振荡。

A. Chomette 等[16]用光学方法研究微带输运。他们在超晶格的下边设计了一个宽的单量子阱,当用光在超晶格中激发电子、空穴后,就能观察到单量子阱中电子、空穴复合产生的辐射,从而证明在超晶格中存在电子、空穴通过微带的垂直输运。用这种方法还能确定电子和空穴在微带输运中的扩散系数和迁移率。G. Belle 等研究磁场平行于超晶格生长方向的光谱,发现由于电子在磁场下的量子化,微带又分裂成一系列离散量子能级[17]。Belle 等的磁光实验间接证明超晶格微带的存在。

万尼尔-斯塔克(Wannier-Stark)效应是超晶格微带的又一个例证[18]。在垂直于界面的外加电场下,超晶格的微带波函数逐渐局域化。当电场强度增大到 $eFd > \Delta$(F 是电场,d 是超晶格周期,Δ 是微带宽度)时,微带就分裂为一系列离散能级,对应于每一个量子阱中的束缚能级:

$$E = n \cdot eFd$$

(9-3)

式中，n 表示第 n 个阱。实验上观察到[19]，在电场下超晶格的发光峰或光电流谱分裂成一系列的峰，对应与电子—空穴 Wannier 阶梯 $\Delta n=0,\pm1,\pm2$ 跃迁，且其主峰 $\Delta n=0$ 能量相对于没有电场时的峰能量发生蓝移。利用这种蓝移现象同样也能制造光双稳器件。

对超晶格的微带输运存在两个理论：布拉格衍射的波尔兹曼输运理论[20]和场引起的局域态之间的跳跃电导理论[21]。详细论述可参考以上文献。

9.3.3   共振隧穿效应

固体物理中一维晶体 Kronig-Penny 模型包含了一系列的势垒和势阱，电子的共振隧穿形成允许的能带和禁带。Kronig-Penny 模型是讨论固体能带形成的理想化模型，只有在超晶格制成后才变成现实。张立纲等首先在 $GaAs/Al_xGa_{1-x}As$ 双势垒结构中观察到共振隧穿现象[22]。势垒两侧均为 n^+ 重掺杂区，其中电子费米能级已进入导带。阱的宽度设计得使零偏压时阱中的第一个量子化能级 E_0 高于势垒两侧 n^+ 区中的电子费米能级 E_F（如图 9-7(a)所示）。由量子力学可知，在势阱中形成了分立能级，对一般隧穿而言，越过势垒的隧穿概率随势垒宽度的减少成指数性增长；对共振隧穿而言，穿透概率还和阱中电子的能量和动量有密切关系。如前所提，隧穿电子在整个隧穿过程中必须满足两个基本的条件：能量守恒和横向动量守恒。

根据图 9-7(a)所示，在 $V=0$ 时所有电子的能量都小于 E_0，无共振隧穿发生。通过双势垒的电流很小，基本为零，对应于 $I-V$ 特性曲线中的 0 点。当在双势垒薄膜结构两端加上电压时，发射极的电子费米能级提高。当外加电压使发射极的 E_F 与 E_0 持平时（见图 9-7(b)），开始发生共振隧穿，电流开始增加。外加电压继续增加，发射极 E_F 高于 E_0（见图 9-7(c)），

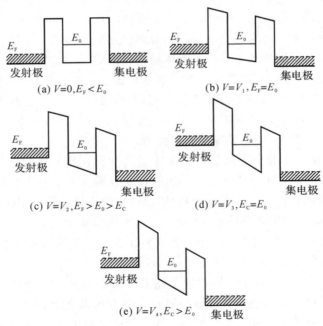

(a) $V=0,E_F<E_0$　　　　(b) $V=V_1,E_F=E_0$

(c) $V=V_2,E_F>E_0>E_c$　　　　(d) $V=V_3,E_c=E_0$

(e) $V=V_4,E_c>E_0$

图 9-7   双势垒量子阱的共振隧穿过程[23]

发射极中电子能量位于 E_0 和 E_F 之间的电子都可以参加隧穿,电流迅速增加。当外加电压使发射极导带底 $E_C = E_0$ 时(见图 9-7(d)),发射极导带中所有电子均可参加隧穿,电流达到最大,通常称为峰值电流。电压进一步增加,发射极 E_C 高于 E_0(见图 9-7(e)),无电子满足隧穿条件,电流降为零。在这个过程中出现负微分电阻,$dI/dV < 0$。这是双势垒共振隧穿的基本特征。这就出现了如图 9-8 形式的典型 $I-V$ 曲线[23]。在实际器件中由于热激发和其他隧穿渠道的影响,电流值最低点电流并不完全为零,称为谷电流。通常用峰谷比(峰值电流强度与谷电流强度的比值)来作为共振隧穿特性的重要参数之一。

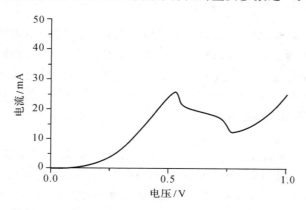

图 9-8　典型双势垒量子阱共振隧穿的 I-V 特性曲线

　　共振隧穿现象发现后,引起了人们高度的重视。后来由于样品质量的改善,负阻现象不仅在低温下,而且在室温下也能被清晰地看到[24]。除与势垒势阱的高度、宽度以及电子的有效质量有关外,共振隧穿还与材料能带的能级有关。如空穴的共振隧穿[25],就是涉及在隧穿过程中重轻穴的混合及相互转换的问题[26]。还有在 GaAs/Al$_x$Ga$_{1-x}$As 双势垒结构中高能态电子的共振隧穿[27],这时在电流一电压曲线的高偏压部分观察到确定的负阻结构。该偏压所对应的能量已高于势垒的高度,这是由发射区的 Γ 电子与势垒区中束缚 X 态的共振隧穿引起的。因此,这涉及隧穿过程中 Γ-X 混合与转换问题。

　　共振隧穿的高频实验[28]提出了共振隧穿的机制问题。当散射存在时,电子不可能像法布里一伯罗共振腔那样相干隧穿。在几次散射后,电子将失去它的相位记忆,隧穿变成顺序的。对相干隧穿机制和顺序隧穿机制的问题,人们进行了广泛的研究,详细论述请参考文献[29]。

　　与隧穿机制有关的是隧穿时间及电子在量子阱中的停留时间。V. J. Goldman 等[30]研究了非对称双势垒结构(两边势垒厚度不相等)的共振隧穿。由于量子阱中空间电流积累所产生的静电场对隧穿电流的反馈作用,产生电流一电压特性的双稳现象。

　　利用共振隧穿机制,已经制造出了响应快、频率高的共振隧穿器件。

§9.4　半导体超晶格、量子阱的结构和器件应用介绍

　　30 多年来,半导体超晶格与量子阱系和量子微结构的研究,已经取得了令人瞩目的进

展。它有机地将材料生长、结构性质、物理效应与器件应用融为一体,使四者相互影响、促进、交叉与渗透,推动了半导体科学技术的发展。半导体超晶格、量子阱的直接应用促进了新工艺的光电子学器件的发明。超晶格量子阱提出以后,这方面的报道数不胜数。最早的有量子阱激光器、量子阱探测器、光双稳器件、共振隧穿器件、微结构低维激光器、高迁移率晶体管等。我们在这里将选取两个具有代表性的体系粗略介绍一下,具体的器件结构将在第十章详细介绍。

9.4.1　GaAs/Al$_x$Ga$_{1-x}$As 体系

GaAs/Al$_x$Ga$_{1-x}$As 是晶格匹配的第 I 类超晶格、量子阱材料,也是发展最早、应用最广、研究最多的材料体系。由于可以制备出具有近乎理想界面的调制掺杂异质结构,二维电子气在低温(0.3K)下的迁移率最高达 3.1×10^{17}cm^2/Vs[31],接近理想情况所能达到的最高值。除调制掺杂的异质结构以外,采用 GaAs/Al$_x$Ga$_{1-x}$As 材料还可制备出各种高质量的量子阱、双势垒共振隧穿和超晶格等结构[32]。因此,GaAs/Al$_x$Ga$_{1-x}$As 材料已被大量用来制备各种电子、光电子器件。

1978 年,美国 Bell 实验室的 R. Dingle 等首次在分子束外延生长的调制掺杂 GaAs/Al$_x$Ga$_{1-x}$As 超晶格中观察到了相当高的电子迁移率[9],并指出这主要是由于在本征 GaAs 层的表面上形成了基本上不遭受电离杂质散射的二维电子气的缘故。1980 年,将这种高电子迁移率的优良特性应用于场效应器件,日本富士通公司的三村等首次成功地试制了高电子迁移率晶体管[33,34](简称为 HEMT)。现在 HEMT 在通信领域得到了广泛的应用。

1979 年,曾焕添利用 MBE 生长出的 GaAs/Al$_x$Ga$_{1-x}$As 材料制作多量子阱注入激光器[35],1981 年经过结构优化使器件的阈值电流密度降低到 250A/cm^2(腔长 380μm)及 160A/cm^2(腔长 1125μm)[36],从此证明量子阱激光器优于体材料的双异质结构激光器,开始了具有较为稳定的器件基本结构的量子阱激光器研究阶段。目前,GaAs/Al$_x$Ga$_{1-x}$As 激光材料的阈值电流密度已经低至 400A/cm^2 甚至 100A/cm^2 以下[37,38],可以满足多数高功率半导体激光器制备的材料要求。

GaAs/Al$_x$Ga$_{1-x}$As 体系材料制作的量子阱激光器,具有阈值电流低、增益高、可单纵模工作、谱线窄、特性温度高和高频调制特性好等优点[39],在国民经济和国防建设上都有十分重要的应用。

美国贝尔实验室的 B. F. Levine 等人对红外探测器的实用化做了大量工作,并于 1987年首次研制成光电导型 GaAs/Al$_x$Ga$_{1-x}$As 多量子阱红外探测器(MQWIPS)[40],目前的阵列尺寸已达到 640×486 像元,工作温度已接近或达到 77K,截止波长达 14~16μm,噪声等效温差(NETD)为 43mK,NETD 不均匀性为 1.4%,相关改进后为 0.1%,像元尺寸为 25×25μm^2[41-44]。利用 GaAs/Al$_x$Ga$_{1-x}$As 材料制成的量子阱红外探测器,与传统的 HgCdTe 红外探测器相比,具有大面积均匀、易制成焦平面探测器件的优点[45]。

在国内,对 GaAs/Al$_x$Ga$_{1-x}$As 材料研究较早,并已取得了很大的进展。n 型调制掺杂 GaAs/Al$_x$Ga$_{1-x}$As 异质结的电子迁移率已突破 1×10^6cm^2/Vs 大关(4.2K 时),相应的薄层电子浓度 n~3×10^{11}cm^{-2}[46]。各种类型的量子阱激光器(其中包括 670nm 可见光激光器、808nm 大功率激光器、850mn 和 980nm 室温连续激射的垂直腔面发射激光器等)相继被开发出来,而且已可小批量生产[4]。国内于 20 世纪 90 年代初开始在量子阱红外探测器方面进行研究,已研制成功了 128×1 线列[47]和 64×64 元的 $GaAs/Al_xGa_{1-x}As$ 量子阱红外焦平面器件[48]。器件的平均响应率 $R_P = 7.24 \times 10^5 V/W$,器件的平均黑体探测率 $D_b^* = 5.40 \times 10^8 cmHz^{1/2}/W$,峰值波长 $\lambda_P = 8.2 \mu m$,不均匀性小于 20%,并应用研制成的器件获得了室温物体的热像图。

9.4.2　ZnSe 基异质结、量子阱结构

ZnSe 具有 $2.67eV$ 的能隙,和 GaAs 的晶格失配为 0.27%,因而作为缓冲层在 GaAs 衬底上生长材料和器件中起着重要的作用。1991 年,第一支蓝-绿电注入脉冲激光器由 M. A. Haase 等人[49]制成,采用的有源层材料是 $Zn_{1-x}Cd_xSe$,自此开始了宽带 II-VI 族半导体材料在光电子器件中的应用。尽管一些研究小组[50]已经报道过采用 ZnCdSe/ZnSe/ZnSSe 分别限制异质结构量子阱或 ZnCdSe/ZnSSe 量子阱结构,室温脉冲运转波长在 508～515nm 范围和 80K 下连续运转蓝-绿激光器,但是由于激活层与盖层之间存在的能带差别小,对注入载流子的限制不足,很难获得在高温运转或向更短波长运转激光器。为此,H. Okuyama 等人[51]提出了用具有比 ZnSe 大的能隙和小的折射率的 ZnMgSSe 作为盖层材料,第一次制备了 77K 下 447nm 波长的连续电注入蓝-绿激光器。N. Nakayma 等[52]更是制备了室温下的连续运转蓝-绿激光器。E. Tournie[53]等人 1995 年首次研究了 ZnCdSe/ZnSe 组合量子阱结构的光荧光谱,并把发光热猝灭的原因归结于激子的热逃逸过程,并提出了改善 ZnCdSe/ZnSe 发光二级管的室温工作特性的方法。由于在 E. Tournie 的工作中采用的是低发射功率,并且隔离层较厚,因此在变温光谱中没有观察到不同量子阱之间的激子转移过程。1996 年,关郑平等[54]比较了组合超晶格与单一超晶格的发光特性,对该组合超晶格的光荧光谱和光电调制特性进行了研究,获得了室温下激子特性及室温下的皮秒光开关特性。然而由于受激子复合寿命的限制,进一步提高开关速度遇到了困难。针对这一问题,范希武小组又提出了采用非对称量子阱结构,利用隧穿效应使激子寿命变短,从而达到提高器件的开关速度的方法[55],为深入研究载流子和激子的隧穿提供了新的有效途径。

在光学双稳的研究上,范希武小组对 ZnSe 基应变超晶格的激子型双稳进行了系统的研究。通过对一系列 77K 光学非线性和光双稳物理机制的研究,1992 年他们首次观察到了 ZnSe/ZnS/GaAs 多量子阱中室温反射型激子光双稳[56];同年又在 ZnSe/ZnTe 超晶格中实现了室温皮秒响应的光学双稳态[57]。

参考文献

[1] L. Esaki, R. Tsu. IBM Research Note Rc-2418(1969).

[2] A. Y. Cho. Appl. Phys. Lett. 19, 467(1971).

[3] L. L. Chang, L. Esaki, W. E. Howard. J. Vac. Sci. Technol. 10, 11(1973).

[4] 郑厚植. 人工物性剪裁. 长沙:湖南科学技术出版社(1997).

[5] 夏建白,朱邦芬. 半导体超晶格物理. 上海:上海科学技术出版社(1995).

[6] 陈亚孚,万春明,卢俊. 超晶格量子阱物理. 北京:兵器工业出版社(2002).

[7] G. H. Dohler. Phys. Stat. Sol. (b). 72, 49(1972).

[8] L. L. Chang, H. Sakaki, C. A. Chang, et al. Phys. Rev. Lett. 38, 1489(1977).

[9] R. Dingle, H. L. Stormer, A. C. Gassard, et al. Appl. Phys. Lett. 33, 665(1978).

[10] R. B. Laughlin. Phys. Rev. B 23, 5632(1981).

[11] D. Heitmann, J. P. Kotthaus. Phys. Today 46, 56(1993).

[12] G. C. Osbourn. IEEE J. Quantum Electron QE-22, 1677(1986).

[13] 聂锦兰. 自由电子激光对掺杂半导体及半导体量子阱材料的辐照研究(硕士学位论文). 四川大学(2007).

[14] R. Dingle. Edited by H. J. Queisser. Advances in Solid State Physics. New York: Pergamon, 21(1975).

[15] L. Esaki, L. L. Chang. Phys. Rev. Lett. 33, 495(1974).

[16] A. Chomette, B. Deveaud, A. Regreny, et al. Phys. Rev. Lett. 57, 1464(1986).

[17] G. Belle, J. C. Mann, G. Wiemann. Solid State Commun. 56, 65(1985). Surf. Sci. 170, 611(1986).

[18] J. B. Xia, K. Huang. Phys. Rev. B 42, 11884(1990).

[19] J. Bleuse, G. Bastard, P. Voisin. Phys. Rev. Lett. 60, 220(1988).

[20] E. E. Mendez, F. Agullo-Rueda, J. M. Hong. Phys. Rev. Lett. 60, 2426(1988).

[21] A. Y. Shik. Soviet Phys. Semicond. 7, 187(1973).

[22] L. L. Chang, L. Esaki, R. Tsu. Appl. Phys. Lett. 124, 593(1974).

[23] 吴瑞. Ⅲ-Ⅴ族量子阱的共振隧穿及Ⅰ-Ⅴ特性理论研究(硕士学位论文). 中北大学(2007).

[24] T. C. L. Sollner, W. D. Goodhue, P. E. Tannernwaid. Appl. Phys. Lett. 43, 588(1983).

[25] E. E. Mendez, W. I. Wang, B. Ricco, et al. Appl. Phys. Lett. 47, 415(1985).

[26] J. B. Xia. Phys. Rev. B 41, 3117(1988).

[27] E. E. Mendez, E. Calleja, C. E. T. Goncalves, et al. Phys. Rev. B 33, 7368 (1986).

[28] S. Luryi. Appl. Phys. Lett. 47, 490(1985).

[29] M. Buttiker. IBM J. Res. Dev. 32, 63(1988).

[30] V. J. Goldman, D. C. Tsui. Phys. Rev. Lett. 58, 1256(1987).

[31] C. T. Foxon. J. Cryst. Growth 251, 1(2003).

[32] N. Chand. Thin Solid Films 231, 143(1993).

[33] T. Mimura. Jpn. J. Appl. Phys. 20, L317(1980).

[34] T. Saburo, Y. Naohito, H. Norio, et al. Solid State Electron. 38, 1581(1995).

[35] D. Z. Garbusov, J. H. Abeles, N. A. Morris, et al. SPIE. 2682, 20(1996).

[36] A. Larsson, M. Mittelstein, Y. Arakawa, et al. Electron. Lett. 22, 79(1986).

[37] H. Z. Chen, A. Chaffari, H. Morkoc, et al. Appl. Phys. Lett. 51, 2094(1987).

[38] C. Lindstrom, A. Josefsson, G. Franklin, et al. Appl. Phys. Lett. 53, 555(1988).

[39] M. Sakamoto, J. G. Endriz, D. R. Scifres, et al. Electron. Lett. 28, 197(1992).

[40] B. F. Levine, K. K. Choi, C. G. Bethea. Appl. Phys. Lett. 50, 1092(1987).

[41] S. D. Gunapala, S. V. Bandara, J. K. Liu, et al. Opto—Electron. Rev. 8, 150 (2001).

[42] S. D. Gunapala, S. V. Bandara, J. K. Liu, et al. IEEE T. Electron. Dev. 45, 1890(1998).

[43] H. Schneider, P. Koidl, M. Walther, et al. Infrared Phys. Technol. 42, 283 (2001).

[44] W. Cabanski, R. Breiter, R. Koch, et al. Proc. SPIE 4369, 547(2001).

[45] C. A. Kukkonen, M. N. Sirangelo, R. Chehayeb, et al. Infrared Phys. Technol. 42, 397(2001).

[46] 谢孟贤. 化合物半导体材料与器件. 成都: 电子科技大学出版社(1999).

[47] 万明芳, 欧海疆, 陆卫, 等. 红外与毫米波学报 2, 75(1998).

[48] 李宁, 李娜, 陆卫, 等. 红外与毫米波学报 12, 426(1999).

[49] M. A. Haase, J. Qiu, J. M. Depuydt, et al. Appl. Phys. Lett. 59, 1272(1991).

[50] H. Jeon, J. Ding, W. Patterson, et al. Appl. Phys. Lett. 59, 2619(1991).

[51] H. Okuyama, K. Nakano, T. Miyajima, et al. Jpn. J. Appl. Phys. 30, L1620 (1991).

[52] N. Nakayama, S. Itoh, T. Ohata, et al. Electron. Lett. 29, 1488(1993).

[53] E. Tournie, C. Morhain, M. Leroux, et al. Appl. Phys. Lett. 67, 103(1995).

[54] Z. P. Guan, B. Ullrich, Q. B. Zhang, et al. Jpn. J. Appl. Phys. 35, L1486 (1996).

[55] H. Y. Li, D. Z. Shen, J. Y. Zhang, et al. SPIE 2896, 2581(1996).

[56] 范希武, 申德振, 范广涵. 发光学报 21, 335(1992).

[57] D. Z. Shen, X. W. Fan, Z. S. Piao, et al. J. Cryst. Growth 117, 519(1992).

第 10 章

半导体器件制备技术

人们研究半导体器件已有 130 多年的历史,发明的半导体器件可谓种类繁多,大约有 60 余种主要器件以及 100 余种相关的衍生器件。尽管半导体器件种类很多,但这些器件均可由几种基本器件结构所组成。简单来说,是由以下四种基本器件结构组成的:金属—半导体(M-S)接触、p-n 结、异质结和金属—氧化物—半导体(MOS 或 MIS)结构[1](如图 10-1 所示)。

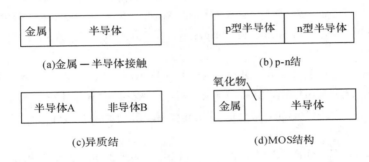

图 10-1　半导体四种基本器件结构

有关半导体器件制备及其性能的书籍很多。本节对半导体器件制备的介绍也不打算面面俱到,而主要是结合新型半导体薄膜材料的研究,介绍三种半导体器件:发光二极管(LED)、薄膜晶体管(TFT)和紫外探测器。

§10.1　衬底材料的清洗

无论是半导体薄膜的生长,还是基于半导体薄膜的器件制备,衬底通常是必需的。而衬底质量的好坏,直接影响着薄膜层质量和器件性能的优劣。因而,衬底的清洗和处理是必不可少的一个环节。衬底的清洗分为化学清洗和物理清洗。物理清洗会因生长技术和设备的不同而不同,而化学清洗则较为通用。本节简要介绍几种常用衬底(如 Si、蓝宝石、GaAs、SiC、ZnO、石英、玻璃等)的化学清洗方法。

1. 硅衬底

抛光硅片的化学清洗主要有五种[2]:其一是 SPM 方法,$H_2SO_4(98\%):H_2O_2(30\%)=4:1,90℃,10min$;其二是 DHF 方法,$HF:H_2O_2=1:50,23℃,30s$;其三是 BHF 方法,$0.17\%HF,400ppm$ 表面活性剂,$17\%NH_4F$;其四是 RCA1 方法,也称为 SC1 或 APM 方法,$NH_3(28\%):H_2O_2(30\%):H_2O=1:1:5,70℃,10min$;其五是 RCA2 方法,也称为

SC2 或 HPM 方法，HCl(36％)：H_2O_2(30％)：H_2O＝1：1：6，70℃，10min。

后来人们对硅片化学清洗的工艺进行了很多改进，现在常用的清洗方法为改进的 RCA 方法：(1)在按 1：1 混合的浓硫酸与双氧水溶液煮沸 10min，去蜡；(2)用体积比 1：1：6 的氨水、双氧水和去离子水的混合溶液，80℃水浴锅中煮沸 15min，去除 Si 片表面的有机物，取出后用去离子水反复冲洗；(3)在 1：10 的氢氟酸和去离子水溶液中浸 30s，去除表面氧化层；(4)用 1：1：6 的盐酸、双氧水和去离子水的混合液，80℃水浴锅中煮沸 15min，去除 Si 片表面无机物，取出后用去离子水反复冲洗；(5)装样品前再次在 1：10 的氢氟酸和去离子水溶液中浸 30s，去除表面氧化层，取出后用 Ar 或 N_2 气吹干。

2. 蓝宝石衬底

蓝宝石的化学清洗也有不同的方法，这里介绍两种。

第一种化学清洗方法的过程分为三步：(1)在丙酮溶液中超声波清洗 30min 去除有机物；(2)在 3：1 的 H_2SO_4：H_3PO_4 热溶液(160℃)中煮沸 15min 去除无机物；(3)在去离子水冲洗，取出后用 Ar 或 N_2 气吹干。

第二种化学清洗方法的过程分为五步：(1)在丙酮溶液中超声波清洗 3min 去除有机物；(2)在甲醇中超声波清洗 3min，进一步去除有机物；(3)在去离子水中冲洗 3min；(4)取出后，放入热王水(加热到桔红色)中煮沸 5min 去除无机物；(5)在去离子水中冲洗 3min，取出后用 Ar 或 N_2 气吹干。

3. GaAs 衬底

GaAs 衬底的化学清洗工艺如下：(1)在热三氯乙烯中煮沸，去油；(2)在丙酮和甲醇中清洗；(3)用吸有溴－甲醇溶液的揩镜纸将之腐蚀抛光；(4)在甲醇和去离子水中清洗，增加表面氧含量，减小 C 含量；(5)在静止的 4：1：1 的 H_2SO_4：H_2O_2：H_2O 溶液中 60℃腐蚀 10~20min；(6)在去离子水中清洗；(7)在 1：1 的 HCl：H_2O 中清洗，去除表面氧化物；(8)在去离子水中清洗，进行钝化，取出后用 Ar 或 N_2 吹干。

4. SiC 衬底

SiC 衬底的化学清洗工艺如下[3]：(1)在丙酮中超声清洗 30min；(2)在去离子水中 70℃水浴冲洗 10min；(3)在甲醇中超声清洗 30min；(4)在去离子水中 70℃水浴冲洗 10min；(5)取出后用 Ar 或 N_2 吹干。

5. ZnO 衬底

ZnO 衬底的化学清洗工艺如下[4]：(1)在丙酮中超声清洗；(2)用去离子水冲洗；(3)在 900℃下 O_2 中退火，降低缺陷，形成原子级平整的表面。

6. 石英

石英的清洗过程比较简单：竖直浸没在丙酮溶液中，超声清洗半小时，使用前用 Ar 气吹干。

7. 玻璃

玻璃的清洗过程也比较简单，同石英相似：将玻璃片切割成合适的形状，竖直浸没在丙酮溶液中，超声清洗半小时，使用前用 Ar 气吹干。

§10.2　发光二极管

在半导体产业的发展中，Ge、Si 一般被称为第一代电子材料；而 GaAs、InP、InAs 及其合金等被称为第二代电子材料;第三代电子材料主要是指 SiC、Ⅲ族氮化物、ZnSe、金刚石、ZnO 等宽带隙化合物半导体。有关半导体 LED 的专著现在已有一些,特别是 GaAs 基 LED 已经十分成熟,这里不再予以介绍。本节主要介绍宽禁带半导体 LED 制备及其一些最新研究进展,主要是 GaN、ZnO,以及白光 LED 的相关知识[5−12]。

10.2.1　GaN 基 LED

起初,SiC 和 ZnSe 为光电器件的重要候选材料,GaN 则由于没有合适的单晶衬底、位错密度大、无法实现 p 型掺杂等问题受到冷落。但随着研究的深入和技术的提高,以 GaN 为代表的Ⅲ族氮化物光电器件已成为研究的主流。Ⅲ族氮化物如 InN、GaN 和 AlN 等都是直接带隙半导体材料,性质相近,它们的三元合金的带隙从 1.9eV 到 6.2eV 很宽的范围内变化,具有高热导率、优良的光学和电学性质、良好的材料机械性质、高电子饱和速度等优异的特性。因为是直接带隙材料,其光跃迁概率比间接带隙的高约一个数量级,又加上宽带隙,因此,GaN 基半导体在短波长发光二极管、激光器和紫外探测器以及高温、大功率微电子器件方面具有很大的应用前景。表 10-1 列出了Ⅲ族氮化物常用的物理特性[12,13]。

GaN LED 这类器件能够开发的主要原因在于人们成功地解决了三个关键技术[5]:第一是在蓝宝石等衬底上采用低温 AlN 或 GaN 缓冲层技术实现了高质量 GaN 外延层的生长;第二是了解了氢的钝化机理,采用 Mg 作受主杂质掺杂获得了低阻 p 型 GaN;第三是生长出高质量的 InGaN 合金外延层。InGaN 是所有氮化物基紫光到红光发光二极管和激光器的有源层,有源层内由 In 组分涨落引起的深局域化能态是发光二极管高效发光的关键,只有掺有 In 的 GaN 有源层才可能得到室温带间跃迁。上述几个突破,大大促进了 InGaN 基 LED 和 LD 的发展。1989 年制成第一个 p-n 结 LED,1992 年以后高质量 InGaN 外延层和量子阱结构取得进展,相继于 1994 和 1995 年研制成功蓝光 InGaN 异质结和 InGaN 量子阱 LED,成为 GaN 基材料第一个商品化的产品。

表 10-1　Ⅲ族氮化物的常用物理特性

性质	GaN	AlN	InN
禁带宽度(300K)	3.44eV	6.2eV	1.89eV
晶格常数 a(300K)	0.3189nm	0.3112nm	0.3548nm
晶格常数 c(300K)	0.5186nm	0.4982nm	0.5760nm
热导率(300K)	1.3W/cmK	2.0W/cmK	0.8W/cmK
介电常数 ε_0	9.5	8.5	15.3
介电常数 ε_∞(E⊥c)	5.35	4.8	8/4
电子有效质量	0.22	0.33	0.11
LO 声子能量(Γ 点)	736cm^{-1}	910cm^{-1}	694cm^{-1}
饱和电子漂移速率	2.9×10^7cm/s	—	4.2×10^7cm/s
击穿电场	3×10^6V/cm	—	—
块体电子迁移率	900cm^2/Vs	300cm^2/Vs	4400cm^2/Vs
块体空穴迁移率	15cm^2/Vs	—	—

当一种金属与半导体接触,可能形成欧姆接触或肖特基接触。为了实现 GaN LED 结构,高质量、低电阻的欧姆接触是一个重要组成部分[13]。对于 n-GaN 电极接触,可以利用 Al、Nd/Al、Ti/Au、Pd/Al、Ti/Al 等为电极材料,仔细设计两层或复合金属结构,利用它们

在加热形成合金后的电学和机械性能,同时在表面提供一个顶端接触金属层用来做引线连接,金属蒸发后利用退火可有效形成欧姆接触。与 n-GaN 接触相比,p-GaN 的欧姆接触研究还不是很完善,目前在许多蓝光 LED 设计中,Ni/Au 仍然是最常用的双层接触电极,选择它主要是由于 Ni 有较大的功函数,和 p-GaN 表面的黏附性较好,同时 Au 能够提供良好的热导量和引线结合连续性。

1. GaN MIS 结构 LED

GaN 基 LED 有各种不同的类型,如 MIS 结构 LED、p-n 结 LED、量子阱 LED 等。早在 1971 年,第一只 GaN LED 就已经问世[6,14],由于当时不能进行 GaN 的 p 型掺杂,只能采用 MIS 结构,基本结构如图 10-2 所示。MIS 结构的 LED 发光效率比较低,仅有 0.03% ～ 0.1%,峰值波长约为 485nm,FWHM 为 70nm,当输入电流为 20mA 时,典型工作电压为 7.5V,10mA 下具有 2mcd 的光输出,使用寿命较长。

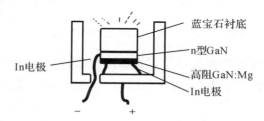

图 10-2　GaN 基 MIS 结构 LED 示意图

2. GaN 同质或异质结 LED

在成功解决了Ⅲ族氮化物的材料成长和 p 型化问题之后,Ⅲ族氮化物 LED 得到了迅速发展。1989 年,日本名古屋大学 Amano 等制作出第一只 GaN p-n 结 LED 原型器件[15]。1991 年,Nichia 公司的 Nakamura 等人成功研制出 Mg 掺杂 GaN 同质结蓝光 LED[16],LED 峰值波长为 430nm,光谱半高宽为 55nm,光输出功率达到 70mW($I=20$mA),约为 SiC 蓝光 LED 的 10 倍,外量子效率约为 0.18%。1993 年,Nakamura 等人研制出第一只 p-GaN/n-InGaN/n-GaN 双异质结蓝光 LED[17],输出光峰值波长为 440nm,外量子效率为 0.22%。此后,Nakamura 研究小组的研究工作不断取得突破性进展,使得 Nichia 公司在Ⅲ族氮化物 LED 领域始终保持领先地位[18]。目前,在蓝宝石和 SiC 衬底上制造 GaN 基 LED 已经成功实现商业化,如日本的 Nichia 公司和美国的 Cree 公司都是 GaN LED 著名的生产商。由于基板的导电性能不同,电极采用两种接触方式,分别为 L 接触(Lateral-Contact)和 V 接触(Vertical-Contact),实现电流横向和纵向流动(如图 10-3 所示)。

以 Si 作为衬底材料是最引人注目的选择[7],因为它有可能将 GaN 基器件与 Si 器件集成。但由于 Si 与 GaN 之间的晶格失配(16.9%)和热失配(54%)较大,容易引起 GaN 外延薄膜的开裂、高的位错密度(10^{10} cm^{-2})以及不平整的表面形貌[19,20],这些使以 Si 为衬底的 GaN LED 的发展相对滞后。为了获得在 Si 衬底上制造 LED 所需的外延层厚度(通常几个 μm),同时消除外延薄膜的裂纹,常用的有两种方法:其一是引入低温氮化铝(LT-AlN)缓冲层[21,22],厚度约 10～20nm,理论上,在 GaN 生长过程中多次引入 LT-AlN 缓冲层,可以生长出很厚且无裂纹 GaN 外延层;其二是采用图形基板技术[23,24],首先直接在基板上沉积非晶 Si$_3$N$_4$ 或者 SiO$_2$ 层,随后在其上相继生长 AlN 形核层和 GaN 外延层。这种方法虽不能

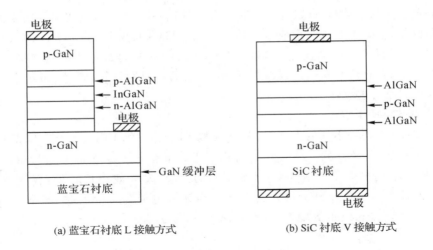

(a) 蓝宝石衬底 L 接触方式　　　　　　　　(b) SiC 衬底 V 接触方式

图 10-3　蓝光 LED 的两种类型

完全避免裂纹的产生,但可以使裂纹只出现在掩模层。另外,还可以采用 GaN 缓冲层[25]、AlN/AlGaN 缓冲层[26]、Al(Ga)N/GaN 多层结构[27]、超晶格[28]等技术在 Si(111)衬底上制造无裂纹的 LED。

　　目前研究的 Si 衬底 LED,L 接触和 V 接触两种接触方式均有采用。对前一种方式,需从 p-GaN 表面层局部腐蚀到 n-GaN 暴露层,接着 Ni/Au、Ti/Al 接触分别做到 p-GaN 与 n-GaN 层上;对后一种方式,Ni/Au、Al/Au 接触分别做到 p-GaN 与 Si 基板背面。1998 年,Guha 等人[29]报道了第一个 Si 衬底 GaN LED,结构为 Si(111) / 8nm AlN / n-Al$_x$Ga$_{1-x}$N/6nm GaN 有源层/p-Al$_x$Ga$_{1-x}$N/15nm p-GaN,$0.05<x<0.09$,这种双异质结 LED 由 MBE 方法生长,电极采用 V 接触方式。$I-V$ 测试得出开启电压 4.5～6.5V,－10V 时漏电流 10～130μA。当有源层分别为 Si 掺杂 GaN 或者本征 GaN 时,获得峰值波长分别为 360nm(紫外)和 420nm(紫色)的发光。同年,通过提高 Al$_x$Ga$_{1-x}$N 中 Al 的含量($x=0.15$),Guha 等人[30]还在 Si(111)上制造了橙色(600nm)和黄绿色(530nm)的多色彩 LED。此后,通过人们的大量研究,在 Si 衬底上制备 GaN 基 LED 取得了很大的进展,但离实用化还是有一定距离[31,32]。

3. GaN 量子阱结构 LED

　　进一步提高 LED 的器件性能,需要采用量子阱结构,可以对有源层中的电子和空穴进行限制,降低重空穴有效质量,有利于粒子数反转,降低非辐射复合、价带间吸收和俄歇复合,提高发光效率。量子阱 LED 分单量子阱(SQW)与多量子阱(MQW)LED。自然,GaN 基量子阱 LED 也是最先在蓝宝石衬底上实现的[33-35],外量子效率目前已超过 10%。1999 年,Tran 等人[36]首次报道了采用 MOVPE 方法在 Si(111)上生长出 InGaN/GaN 多量子阱结构蓝光 LED。2001 年,Feltin 等人[37]采用 MOVPE 方法在 Si(111)上制造了第一个绿光 InGaN 基单量子阱 LED。此后,Si 衬底量子阱结构 LED 的研究也得到了较快的发展。Dadgar 等人[38]采用原位 Si$_x$N$_y$ 掩模技术在 Si(111)上制造出 2.8μm 厚无裂纹的蓝光 LED(结构如图 10-4(a)所示),量子阱为 5 个周期的 InGaN/n-GaN。采用 LT-AlN：Si 形核层和 2 个 LT-AlN：Si 隔层能减小薄膜中的应力,电极采用 V 接触方式。对其测试表明:开启电压 2.5～2.8V,串联电阻 55Ω,原位 Si_xN_y 掩模的引入提高了 LED 发光强度。在 20mA 的工作电流下,LED 输出功率 152μW,峰值波长 455nm。目前,采用这种技术制造的无裂纹蓝光(498nm)LED,在 20mA 工作电流下,输出功率提高到 0.42mW[39]。Zhang 等人[40]使用 MOCVD 方法以及厚的 AlN/AlGaN(120nm/380nm)缓冲层在 Si(111)制造了 InGaN 基多量子阱绿光 LED,器件结构如图 10-4(b)所示,量子阱为 3 个周期的 $3nmIn_{0.13}Ga_{0.87}N$ 阱层/5nm $In_{0.01}Ga_{0.09}N$ 垒层,LED 电极分别采用 L 接触和 V 接触方式。在 20mA 工作电流下,发射峰值波长 506nm,光谱半高宽 32nm,两种方式得到的工作电压与输出功率分别为 8.0V、16.0V 与 23.0μW、19.4μW。在此基础上,Zhang 等人[41]通过增加 n-GaN 层厚度 (800nm),又制造出 V 接触方式的 LED,其开启电压 4V,−10V 时的漏电流 0.17mA,在 20mA 正向电流下,工作电压减小至 7V,串联电阻 100Ω,发射峰值波长 505nm,光谱半高宽 33nm,光输出功率 20μW。

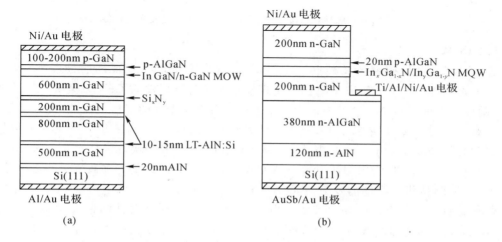

图 10-4　两种结构的 InGaN 多量子阱 LED 示意图

4. 新型结构 LED

进入 21 世纪以来,随着 GaN LED 的应用越来越广泛,各种实用结构的 LED 也应运而生,如短波紫外 LED、四组分 AlInGaN LED、沟道接触结 LED、超晶格 p 型层 LED、微尺寸 LED 等[6]。这里简单介绍一下短波紫外 LED 器件的制备技术。

紫外在丝网印刷、聚合物固化、环境保护以及军事探测等领域都有重大应用价值。1992 年,Akasaki 等人[42]报道了第一个 AlGaN/GaN 双异质结 UV-LED,拉开了短波 UV-LED 研究的序幕,短波 UV-LED 从此成为世界各大公司和研究机构新的研究焦点之一。1998 年,美国 Sandia 国家实验室的 Han 等人[43]制造出波长低于 365nm(GaN 带隙)的发光二极管。此后,在外延层质量、p 型掺杂、欧姆接触、光学设计等关键工艺水平方面都取得了很大的提高,发光波长日趋变短,2004 年,237nm 的远紫外 LED 已经制得[44]。但相对于 InGaN 蓝紫光 LED,UV-LED 的功率和外量子效率依然很低,340nm 以下的外量子效率基本都在 1% 以内,波长越短,面临的难度越大。图 10-5 给出了外量子效率与发光峰值波长的变化关系[8,45]。

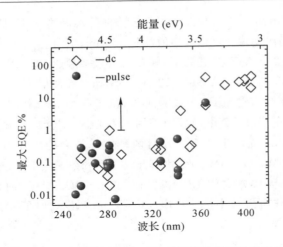

图 10-5　　恒流和脉冲条件下紫外 LED 外量子效率与发光波长的关系

5. GaN 基 LD

　　在 GaN 基 LED 研究的基础上,GaN 基 LD 的研究也取得了很好的进展。1996 年,Nichia 公司的 Nakamura 研究小组首先实现了室温条件下电注入 GaN 基蓝光 LD 的脉冲工作;随后又实现了 GaN LD 室温下的连续工作。由于激光器的工作电流比 LED 高得多,为提高激光器的寿命,必须采用 ELOG(侧向外延生长)技术[9,46]。在 ELOG 衬底上生长的 InGaN MQW LD 结构如图 10-6,其中,n-GaN 和 p-GaN 为光导层,n-Al$_{0.14}$Ga$_{0.86}$N/GaN 和 p-Al$_{0.14}$Ga$_{0.86}$N/GaN 作为限制从 InGaN MQW 有源区发射出来的光和载流子的盖层,这种 UV-LD 已经商品化。器件的发射波长 400nm(390～420nm),工作电流 40mA,工作电压 5V,输出功率 5mW,室温寿命已突破 10000 小时。现在,这种器件的最大输出功率可达 420mW,阈值电流密度低至 1.2kA/cm^2,转变电压 4.3V,在线性区的量子效率 39%。最近,又制成波长 450nm 的 InGaN 单量子阱蓝光激光器[47],5mW 下室温连续工作寿命达 200h,阈值电流密度低至 4.6kA/cm^2,工作电压 6.1V。

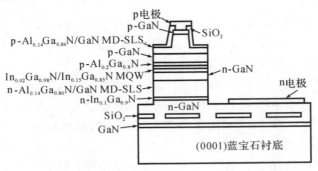

图 10-6　　InGaN 多量子阱激光器结构

　　以上几种典型结构代表了 GaN LED 的发展历程,结构的改变使它们的性能(包括输出功率、量子效率、光谱质量)都有了很大提高。蓝光 LED 的制备是一个正在蓬勃发展的研究领域,它既是科学家争先抢占的 LED 相关高技术领域的制高点,又是企业家获得巨大利润的增长点。Ⅲ族氮化物高亮度蓝、绿光 LED 有着广阔的应用领域和良好的市场前景。随着高亮度 AlGaInP 红光 LED 和 InGaN 蓝、绿光 LED 的商品化,可见光 LED 的应用领域已经由室内扩展到室外,由单色显示发展为彩色显示,将在全色动态信息平板显示、固体照明光源、信号指示灯和背光照明等领域获得广泛应用。

10.2.2　ZnO 基 LED

ZnO 是一种新型的 II-VI 族直接宽禁带半导体材料,室温下的禁带宽度为 $3.37eV$,其结构和光学性能与 GaN 非常相似。此外,与 GaN 相比,ZnO 具有更高的激子束缚能,室温下为 $60meV$(GaN 为 $25meV$),适合于在室温或更高温度下发射紫外光。因此,ZnO 有望成为制备蓝光－紫外光发光二极管和激光器等光电器件的理想材料。本节主要对基于 ZnO 材料制备的异质 p-n 结和同质 p-n 结 LED 进行介绍。

1. ZnO 异质 p-n 结 LED

ZnO 为极性半导体,天然为 n 型。常用的 ZnO 施主掺杂元素为 Al、Ga、In 等,以此得到的薄膜分别称之为 AZO、GZO、IZO 薄膜,都是性能很好的透明导电薄膜[48]。然而,ZnO 的 p 型掺杂却比较困难,这主要是因为 ZnO 存在诸多的本征施主缺陷,而且能级较浅,对受主会产生高度自补偿作用,而且,ZnO 受主能级一般很深,空穴不易于热激发进入价带,受主掺杂的固溶度也很低,因而难以实现 p 型转变。

由于 ZnO 难以实现足够有效的 p 型掺杂,在早期的 LED 研究中,一些研究者避开这一难题,利用其他的 p 型半导体材料（如 $SrCu_2O_2^{[49,50]}$、$ZnRh_2O_4^{[51]}$、$CuGaS_2^{[52]}$、$NiO^{[53]}$、$Cu_2O^{[54]}$、$Si^{[55]}$、$GaN^{[56]}$、$AlGaN^{[57]}$ 等)作为 p-n 结的空穴输入层,而以 n 型 ZnO 作为 p-n 结的电子输入层,构成异质结,获得了比较好的结果。异质结 LED 可以提高少数载流子的注入效率,但 ZnO 与异质材料之间的晶格失配会严重影响器件的电学与光学性能。因此,异质材料的晶格常数必须与 ZnO 接近,且易实现 p 型导电。

1999 年,Kodu 等人[49]利用磁控溅射技术制备出 $p-SrCu_2O_2$ 和 $n-ZnO$ 的异质结 LED 结构,但没有观察到电注入发光。2000 年,Ohta 等人[50]利用 PLD 技术,800℃下高温生长 ZnO（0001)薄膜,而后在 350℃下沉积 $SrCu_2O_2$（112)薄膜,所得的异质 p-n 结开启电压为 3V,室温下具有很强的紫外($λ=382nm$)电致发光,发光强度随注入电流增大而急剧增强。$SrCu_2O_2$ 作为异质材料有以下几个优势:(1)$SrCu_2O_2$（112)与 ZnO（0001)的晶格失配度只有 0.9%;(2)禁带宽度为 $3.3eV$,与 ZnO 接近;(3)$SrCu_2O_2$ 可在低温下成膜,能有效地减少 $SrCu_2O_2$/ZnO 界面处的化学反应。2003 年,Alivov 等人[56]利用 GaN 与 ZnO 在结构性能上的相似性和 p 型 GaN 的实用性,在蓝宝石衬底上制备出 n-ZnO/p-GaN 异质结 LED(如图 10-7(a)所示),Ga 为 ZnO 的施主掺杂剂,Mg 为 GaN 的 p 型掺杂剂。实验分别采用 MBE 和 CVD 法生长 p-GaN 和 n-ZnO。该 p-n 结的开启电压为 3V,反向击穿电压较低,为 $-3V$,这是由于 GaN 与蓝宝石衬底之间存在较大的失配度(~16%)导致 GaN 中产生了大量缺陷。如图 10-7(b)为异质结在室温下的 EL 谱,在 $λ_{max}$ 为 430nm 处有一个较宽的发射峰。比较 EL 谱和 ZnO 与 GaN 的 CL 谱可以看出,430nm 处的 EL 峰是由 GaN 中能带复合引起的,EL 特性取决于 n-ZnO 向 p-GaN 中的电子注入。同年,该研究小组报道了 ZnO/AlGaN 发光二极管的制备及发光特性[57]。

虽然 ZnO 的异质结构具有较好的电致发光性能,但是要研制 ZnO 异质结构的半导体激光器有一个很大的不足:异质结的界面存在晶格失配,这会导致应力和缺陷的产生,缺陷

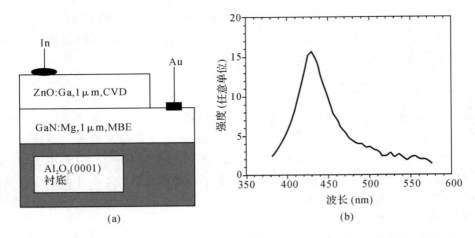

图 10-7　n-ZnO/p-GaN 异质结 LED 结构示意图(a)和室温 EL 谱(b)

会使得发光效率降低,而且这些缺陷在大电流、激光和高温共同作用下会进一步增加,最终会导致器件失效。另外,异质结的制备工艺复杂,成本高,这对工业化生产和实际应用是很不利的。因此,需要研究 ZnO 基的同质发光二极管。

2. ZnO 同质 p-n 结 LED

在制造高效率 ZnO LED 器件中,ZnO 的 p 掺杂和同质 p-n 结是人们必须克服的一个难题。自 1997 年以来,经全世界科学家的共同努力,ZnO 的 p 型掺杂研究已取得了一系列重要进展,人们利用 I 族元素(如 IA 族元素 Li[58]、Na[59] 和 IB 族元素 Ag[60])、V 族元素(N[61]、P[62]、As[63] 和 Sb[64]),以及施主-受主共掺杂(如 Al-N[65]、Ga-N[66]、In-N[67])、双受主掺杂(如 Li-N[68]、N-As[69])等均获得了 p 型 ZnO 材料。在 p 型 ZnO 研究的基础上,ZnO 同质 p-n 结及其同质 LED 的研究目前也取得了很大的进展,室温电致发光已经实现,本节对此予以简单介绍。

最早的 ZnO 同质结 LED 是 Aoki 等人[70]于 2000 年报道的。通过常规真空蒸发法在 n 型 ZnO 单晶衬底上沉积 35nm 的 Zn_3P_2 薄膜,在高压氮气中用 KrF 激光照射,使 Zn_3P_2 分解出 P 原子扩散进 ZnO 中实现 p 型转变,P 原子扩散区和未扩散区形成 p-n 结。然而,这种方法制备的 p 型 ZnO,掺杂浓度较难控制,掺杂不均匀且易形成缓变结。因而它性能不好,在 110K 的低温下,施加 10V 以上的正向偏压时,该 ZnO 同质 p-n 结才能够发出非常微弱的紫外光和蓝绿光,带边发射引起的紫外峰不明显。2001 年,Guo 等人[71]采用 N_2O 等离子增强 PLD 技术在 n 型 ZnO 衬底上沉积 p 型 ZnO 薄膜,并分别在 p 型和 n 型 ZnO 表面沉积 Au 电极和 In 电极($2×2mm^2$),制成了 ZnO 同质 LED,但性能依然不够理想。2003 年,Ryu 等人[72]采用 PLD 法在 n-SiC 衬底上生长 n 型 ZnO,以生长室中的 As 蒸发分子束作为 As 源进行掺杂获得 p-ZnO,获得同质结 LED 结构,但没有观察到电致发光现象。

2005 年,Tsukazaki 等人[73]采用高低温重复调制的 N 掺杂外延方法生长出 p 型 ZnO 薄膜,制备得到 ZnO 同质发光二极管,较以往的报道,性能得到了很大的改善。图 10-8 显示了 ZnO 同质 LED 的结构示意图、I-V 曲线和 EL 图谱。采用 p-i-n 结构,半绝缘 ZnO 层作为发光有源区,缺陷少,可以提高电注入辐射复合的量子效率。该二极管的开启电压比较高,为 7V。EL 图谱中在蓝绿和蓝紫波段有较强的光信号,但是带边近紫外区域(370~380nm)

发光峰比较微弱。总之,该发光二极管的开启电压高和电致发光中带边弱说明其光电性能还不够理想;另外,他们采用的 p 型 ZnO 薄膜的掺杂工艺十分复杂,很难工业化生产应用。尽管如此,该结果还是被认为是 ZnO LED 研究的一个重大突破。

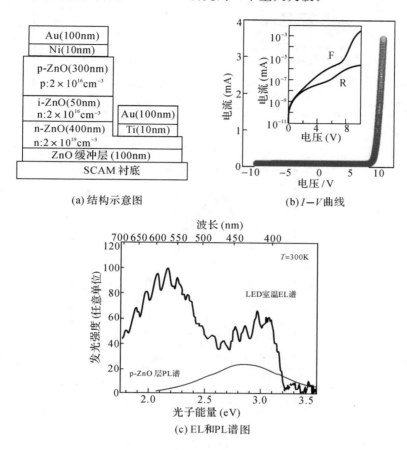

(a) 结构示意图　　　　　　　(b) $I-V$ 曲线

(c) EL 和 PL 谱图

图 10-8　重复性调制温度掺杂法制备的 ZnO 同质 LED

在 Tsukazaki 等人的报道之后,又有多个课题组采用 N 掺杂技术实现了 ZnO 同质结的室温电注入发光[74-78],并且所得的电致发光结果有所改进[74,75],主要体现在带边电致发光的加强。2006 年,叶志镇研究小组[74]通过射频等离子体辅助 N 掺杂的 MOCVD 方法生长出 p 型 ZnO 薄膜,DEZn 为金属有机 Zn 源,载气为 N_2,O 源和 N 源通过射频等离子体发生器(功率 150W)活化 NO 气体产生。将这种薄膜(厚度 $1\mu m$)生长在 n 型 ZnO 体单晶片上,形成 ZnO 同质结 LED,In/Zn 合金为 n 型和 p 型层的欧姆接触电极材料,器件采用背电极方式,图 10-9(a)为其结构示意图。图 10-9(b)为 $I-V$ 特性曲线,具有典型的二极管整流特性,正向开启电压约为 2.3V。图 10-9(c)为该 LED 器件正向电流分别为 20mA 和 40mA 时测得的室温 EL 图谱。在 20mA 时,二极管发光波长在 430~600nm,为蓝绿光;当电流增加到 40mA 时,蓝绿发光带扩展到 390~700nm,并且在 375nm 左右出现了紫外发光峰。MOCVD 是一种可工业化外延生长方法,因而利用该技术制备 LED 具有广阔的发展空间。

ZnO 掺 N 实现 p 型导电遇到的难题之一是 N 在 ZnO 中的固溶度低。对此,人们采取

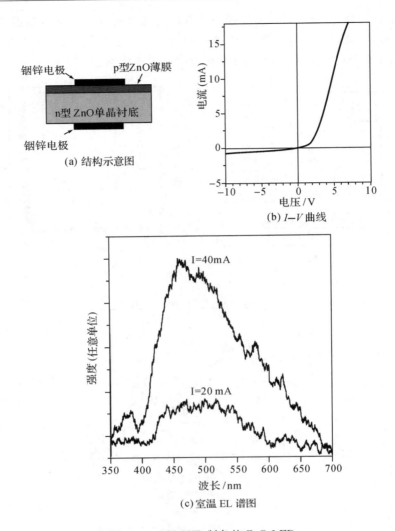

图 10-9 MOCVD 制备的 ZnO LED

了两种方法来增大其固溶度,其一是 H 辅助掺杂技术[79,80],其二是施主—受主共掺杂技术[65-67,81-84]。2002 年,叶志镇研究小组[79,80]采用直流反应磁控溅射法,以 NH₃ 作为 N 源进行掺杂,利用 H 的钝化辅助作用增加 N 的掺杂浓度,生长出 p 型 ZnO 薄膜,在 Si 衬底上制备出同质 p-n 结 LED 结构。更为重要的研究进展是采取 Al-N 共掺杂技术获得的[65,81-84]。图 10-10(a)为利用 Al-N 共掺杂 p 型 ZnO 薄膜制备出的 ZnO 同质 p-n 结 LED 结构示意图[84]。以 n-Si(100)作为衬底,与现代工业广泛应用的 Si 材料和平面工艺相融合;以本征 ZnO 为缓冲层,可进一步提高薄膜质量,ZnO 缓冲层由 PLD 技术在离化 O₂ 气氛中沉积,厚度约 100nm,电阻率 10^3 Ωcm,该缓冲层的使用可以提供一个高阻衬底并保证随后 p-n 结的同质外延。p-ZnO:(N,Al)/n-ZnO:Al 同质结由磁控溅射制备,In-Sn 合金为 n-ZnO:Al 层电极,In-Au 合金为 p-ZnO:(N,Al)层电极,形成欧姆接触(如图 10-10(b)中插图所示)。该 LED 的 I-V 曲线显示在图 10-10(b)中,具有很好的整流特性,正向开启电压为 3.3V,反向击穿电压远大于 6.0V。图 10-10(c)为 110~298K 下的 EL 谱图。在 110K

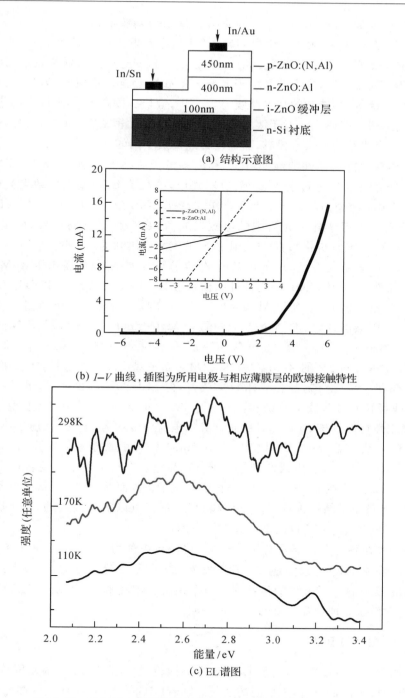

(a) 结构示意图

(b) $I-V$ 曲线，插图为所用电极与相应薄膜层的欧姆接触特性

(c) EL 谱图

图 10-10 Si 衬底上利用缓冲层技术制备的 ZnO 同质 p-n 结 LED

时，EL 由两个谱峰组成：约 3.18eV 的蓝紫发光峰和约 2.58eV 的黄绿发光带；170K 时，蓝紫光基本消失，EL 谱完全为黄绿光所主导，在约 2.57eV 处；当温度升至室温时，EL 谱变得很不明显，但依然可以观察到在 2.4～2.9eV 的范围内存在微弱的蓝绿发光带。ZnO 同质结 LED 电致发光随温度的升高发生明显的"淬灭"现象，这是温度升高时非辐射复合增强和

补偿缺陷增加的缘故。EL 来自于 p-n 同质结 p 型 ZnO 薄膜层内。

目前,ZnO 基 LED 存在两个主要问题,其一是电致发光持续时间不长,其二是带边紫外发光比较弱。要实现 ZnO 发光器件的实际应用,人们对这两个科学和技术问题进行了深入研究。对于第一个问题,这主要是由于 p 型 ZnO 的不稳定性造成的,为此,人们提出了双受主(Li-As、N-As 等)共掺杂的技术路线[68,69,85−87],大幅度提高了 p 型 ZnO 的稳定性,但是其掺杂机理尚需进一步研究。对于第二个问题,ZnO-LED 电致发光主要在缺陷引起的蓝绿波段,带边紫外发光很弱或根本没有,这需要开展高效实用的 ZnO 同质 LED 结构设计和制备工艺的研究,从而提高器件的性能,比如利用多量子阱结构来制备 ZnO-LED。2006 年,韩国的 Park 研究小组[88]通过引入 ZnMgO 阻挡层,提高了 LED 室温电致发光的性能。同年,美国 MOXtronics 公司与密苏里大学合作,制备出 ZnBeO/ZnO 多层量子阱 LED 原型器件[89],获得室温下以近紫外发光为主的电致发光,这是一个很好的进展,但是由于 Be 及 BeO 都是剧毒物质,而且价格昂贵,这会限制它的实际应用和推广。

2008 年,叶志镇研究小组以 Na 掺杂的 ZnO 薄膜为 p 型层,制备出了 ZnMgO/ZnO 多量子阱 LED 器件[90]。图 10-11(a)为器件结构示意图。制备工艺如下:以(111)取向的 n 型 Si 作为衬底;首先在 600℃下沉积 Al 掺杂的 n 型 ZnO 膜,之后再用 Mg 含量为 20at.% 的靶材沉积 ZnMgO 限域层;第二步,生长 8 周期的 ZnMgO/ZnO 多量子阱层,ZnMgO 薄膜垒层采用 Mg 含量为 10at.% 的靶材,ZnO 薄膜阱层采用纯 ZnO 靶材;第三步,采用 Na 含量 0.5at.%、Mg 含量 15at.% 的 ZnMgO:Na 靶材制备 p 型 ZnMgO 薄膜,接着采用 Na 含量 0.5at.% 的 ZnO:Na 靶材制备 p 型 ZnO 薄膜,作为 LED 结构的最上层;最后利用 InZn 合金形成 n 型薄膜和 p 型薄膜的欧姆接触。p 型 ZnO 和 ZnMgO 薄膜的空穴浓度为 $10^{16} \sim 10^{17} \, cm^{-3}$,稳定性良好。该 LED 器件的正向导通电流密度约为 $4A/cm^2$,属于小电流密度情况。图 10-11(b)为室温下的 EL 谱图,在 380nm 处有明显的蓝紫发光峰,没有探测到 500nm 附近的缺陷发光峰。电致发光是由于空穴和电子在量子阱层中复合产生的,采用多量子阱结构可以有效控制缺陷发光和非辐射复合,从而提高紫外光发光强度。利用 ZnMgO/ZnO 多量子阱结构进行器件设计和制备,不仅可以实现高效的 ZnO 基 LED 电致发光,还可以实现 ZnO 基 LED 的推广和实际应用。

ZnO 是一种在各个方面都具有优异性能的材料,被称为一种"unique material"。在短波长发光器件领域,ZnO 可以实现激子辐射发光,能耗低,发光强度大,有极大的应用潜力。但是由于 p 型 ZnO 这一国际性的科技难题至今还没有彻底解决,使 ZnO LED 还没有获得实际应用,这方面需要理论和实验的进一步研究。

10.2.3　白光 LED

在作为照明光源应用方面,白色 LED 已在显微镜视场照明和手机显示屏背光照明中获得应用,并有大桥采用 LED 白光照明的实例。随着以 GaN LED 为代表的高亮度蓝色 LED 的研究和进展,LED 将逐步进入照明领域,取代目前的照明光源,LED 白色照明必将成为二十一世纪的新型照明光源。目前,生产白色 LED 的主要有三种技术[10−12]:一是利用三基色原理将红、绿、蓝三种 LED 按一定的比例混合而成为白光;二是利用蓝光 LED 芯片和可被蓝光有效激发的发黄绿光的荧光粉有机结合组成白光;三是利用紫外光 LED 激发三基色荧光粉或其他荧光粉产生多色混合而成白光。

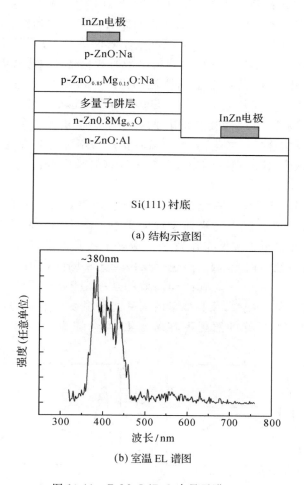

(a) 结构示意图

(b) 室温 EL 谱图

图 10-11　ZnMgO/ZnO 多量子阱 LED

　　GaN 基蓝光和绿光 LED 已经取得了成功,其发光亮度也赶上了红光 LED。这样就形成了红、绿、蓝三基色完备的发光体系,利用三基色原理,将这三种颜色的 LED 按一定的比例(光强比最佳值为 1∶2∶0.38)封装在一起混合,可以得到用于照明的白光。根据色度学调节 LED 的搭配比例,能够方便地得到各种复杂颜色的光,从而可以广泛地用于交通灯和大屏幕显示器等。不过这种合成白光的方法不足之处就是 LED 的驱动电路较为复杂。而且由于红、绿和蓝光 LED 的光学参数随着温度的升高而变化各异,因此这样合成的白光 LED 的输出功率、峰值波长对温度、时间、注入电流的变化非常敏感,导致了它的不稳定性。目前已经实现了 20lm/W 的白光发光效率[91]。

　　当前的主流方案是利用蓝色 LED 为基础光源,将蓝色 LED 发光的一部分蓝光用来激发荧光粉,使荧光粉发出黄绿光或红光和绿光;另一部分蓝光透射出来,由荧光粉的黄绿色光或红和绿光与透射的蓝光组成白光。白光 LED 有两种组合方式[12],其一是由发光峰值在 430nm 或 470nm 的蓝色 LED 与黄绿色(580nm)荧光粉组成白光,我们称其为二基色白光(见图 10-12(a));其二是由发光峰值在 430nm 或 470nm 的蓝色 LED 与红色(650nm)和绿色(540nm)组成的白光我们称其为三基色白光(见图 10-12(b))。最为常见的形成白光的技术途径是利用 GaN 基蓝光 LED,在其管芯表面涂有均匀的荧光粉(如稀土激活的铝酸盐 YAG 等)和透明树脂,LED 辐射出峰值为 470nm 左右的蓝光,而部分蓝光激发荧光粉发出峰值为 580nm 左右的黄绿光,与另一部分透射出来的蓝光通过微透镜聚焦组成白光。荧光粉的调节可以得到各种近白光[92,93]。这种方法的优点是白光 LED 的结构简单,容易制作,而且 YAG 荧光粉已经在荧光灯领域应用了很多年,工艺比较成熟。其缺点主要有:(1)蓝光 LED 发光效率还不够高;(2)短波长的蓝光荧光粉产生长波长的黄光,存在能量损耗;(3)荧光粉与封装材料随着时间老化,导致色温漂移;(4)不容易实现低色温,一般照射用的白光都略微偏暖色,显色指数一般也不高,在 70~80;(5)功率型白光 LED 还存在空间色度均匀性问题。

采用高亮度的紫外 LED 激发三基色荧光粉,产生红、绿、蓝三基色,通过调整三色荧光粉的配比也可以形成白光。这也是当前发展的重点。图 10-13 为器件结构示意图[10],目前,美国的 Cree 公司在这个领域做得比较好。相对于蓝光 LED+YAG 荧光粉,采用这种方法更容易获得颜色一致的白光,因为颜色仅仅由荧光粉的配比决定;此外,还可以获得很高的显色指数(>90)。其缺点主要有:(1)高效的功率型紫外 LED 不容易制作;(2)由于 Stocks 变换过程中存在能量损失,用高能量的 UV 光子激发低能量的红、绿、蓝光子导致效率较低;(3)封装材料在紫外光的照射下容易老化,寿命缩短;(4)存在紫外线泄漏的安全隐患。

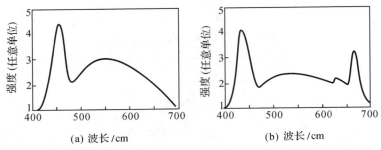

图 10-12 二基色(a)和三基金(b)白光 LED 谱图

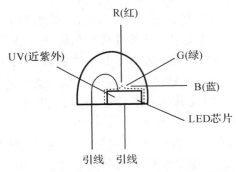

图 10-13 紫外 LED 激发三基色荧光粉组合的白光 LED 结构示意图

　　近来,人们对集成白光 LED 进行了较多的研究,取得很好的进展[11]。Chen 等人[94]在同一块蓝宝石衬底上用 MOCVD 的方法生长两个 InGaN/GaN 的 LED,它们分别是蓝光 $In_{0.2}Ga_{0.8}N/GaN$ 和绿光 $In_{0.49}Ga_{0.51}N/GaN$ 的多量子阱 LED,具体结构如图 10-14 所示。这个"集成的"白光 LED 芯片的面积是一般 LED 芯片面积的 6 倍,达到 $2.1×2.1mm^2$。利用两个 LED 分别辐射的蓝光和绿光可以合成色坐标为(0.2,0.3)的近白光。在 120mA 驱动电流下,其输出功率和发光效率分别达到了 4.2mW 和 81lm/W。Fang 等人[95]还报道了一种光子再循环半导体发光二极管(PRS-LED)器件,包括一个 GaN 基蓝光 LED 和一块补充颜色作用的 AlGaInP 半导体。利用蓝光 LED 辐射的蓝光直接去激发 AlGaInP 这种光—光转化材料产生黄绿光,最后又和蓝光混合得到白光,其发光效率为 10lm/W。理论上,PRS-LED 发光效率可超过 300lm/W,比一般的 LED 激发荧光粉得到白光的方法要高得多,现在低的发光效率主要是由于它的复杂工艺以及许多不成熟的技术引起的,因而,这种器件结构具有较大的潜力,也许会成为未来白光 LED 的主流结构。

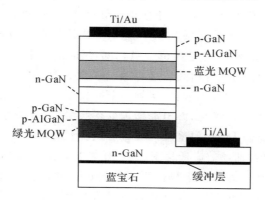

图 10-14　集成白光 LED 结构

§10.3　薄膜晶体管

　　21 世纪在显示领域是平板显示的时代,绝大多数的平板显示器件,都是有源矩阵液晶显示器件(AMLCD)。在 AMLCD 像素中引入薄膜晶体管(TFT)开关元件和存贮电容,可大大提高显示器件性能,实现大容量、高清晰度和全彩色的视频显示。这使得 TFT 成为液晶乃至整个平板显示的主导技术,它的研发是液晶显示器研究中的重点。TFT 还可应用于电可擦除只读存储器(ROM)、静态随机存储器(SRAM)、线型或面阵型图像传感器驱动电路等方面。

　　人类对 TFT 的研究工作已经有很长的历史。早在 1925 年,Lilienfeld 首次提出结型场效应晶体管 FET 的基本定律,开辟了对固态放大器的研究。1933 年,Lilienfeld 又将绝缘栅结构引进场效应晶体管(后来被称为 MISFET)。1962 年,Weimer 用多晶 CaS 薄膜做成 TFT。随后又涌现了用 CdSe、InSb、Ge 等半导体材料做成的 TFT 器件。20 世纪 60 年代,基于低费用、大阵列显示的实际需求,TFT 的研究广为兴起[96-99]。

10.3.1　薄膜晶体管的工作原理

薄膜晶体管是一种电压受控三端器件,为绝缘栅场效应晶体管,通过栅极电压调控半导体层中沟道电阻的大小,从而控制源电极和漏电极间的电流。图 10-15 所示为在低阻 Si 衬底(电阻率~10^{-3} cm^{-3})上制备的 TFT 结构示意图。它主要由三部分组成,包括源、漏、栅三个电极,绝缘层和半导体层。因为衬底具有良好的导电性,因而栅极可以做在衬底的背面,图中,V_{DS} 和 V_{GS} 分别代表源漏电压和栅极电压。当栅极施以正电压时,栅压在栅绝缘层中产生

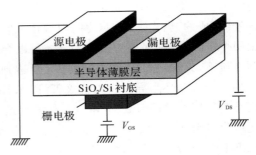

图 10-15　薄膜晶体管的结构原理

电场,电力线由栅电极指向半导体薄膜,并在表面处产生感应电荷。随着栅电压增加,半导体薄膜将由耗尽层转变为电子积累层,形成反型层。当达到强反型时(即达到开启电压时),源、漏间加上电压就会有载流子通过沟道。当源漏电压很小时,导电沟道近似为一恒定电阻,漏电流随源漏电压增加而线性增大。当源漏电压很大时,它会对栅电压产生影响,使得栅绝缘层中电场由源端到漏端逐渐减弱,半导体薄膜反型层中电子由源端到漏端逐渐减小,沟道电阻随着源漏电压增大而增加,漏电流增加变得缓慢,对应线性区向饱和区过渡。当源漏电压增到一定程度,漏端反型层厚度减为零,电压在增加,器件进入饱和区。

TFT 性能参数主要包括场效应迁移率(μ_F)、开关电流比(I_{on}/I_{off})和跨导(g_m)。场效迁移率描述活性层中的载流子在外加电场作用下的输运速度,决定器件的开关速度。开关电流比通常是指在某一饱和区源漏电压下,器件处于开启状态(开态)和关闭状态(关态)时的源漏电流之比。关态电流实际上是器件的漏电流,越小越好,它影响器件的功耗大小。在逻辑电路芯片中,器件的开关电流比一般应高于 10^6。薄膜晶体管器件的性能参数通常可以通过其输出特性曲线和转移特性曲线来表征。利用肖特基模型,TFT 器件的漏电流与源漏电压和栅电压的关系可表示如下。

线性区($V_{DS} < V_{GS} - V_{th}$):

$$I_D = \mu_F \frac{W}{L} C_{OX} \left[(V_{GS} - V_{th}) V_{DS} - \frac{1}{2} V_{DS}^2 \right] \tag{10-1}$$

饱和区($V_{DS} > V_{GS} - V_{th}$):

$$I_D = \mu_F \frac{W}{2L} C_{OX} (V_{GS} - V_{th})^2 \tag{10-2}$$

式中,W 和 L 分别为 TFT 的导电沟道宽度和长度;C_{OX} 为栅绝缘层单位面积电容;V_{th} 为场效应管的阀值电压。

TFT 器件包括底栅结构和顶栅结构两种类型[98]。底删结构包括顶接触型和底接触型(如图 10-16(a)和(b)所示),自然,对于低阻衬底,还可采用图 10-15 所示的结构;顶栅结构如图 10-16(c)所示。当以高掺杂的低阻 n 型或 p 型单晶 Si 为衬底时,衬底也作为器件的栅极,此时绝缘层大多采用 SiO_2、Si_3N_4、Ta_2O_5、Al_2O_3 等无机材料,以减小器件的漏电流。当用蓝宝石、石英或玻璃等绝缘材料作衬底时,通常在基板上先沉积一层 ITO 作为栅极,绝缘

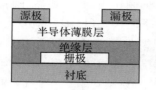

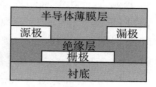

(a) 顶接触型　　　　　　　　(b)底接触型

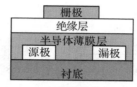

(c)顶栅结构

图 10-16　TFT 的基本结构

层可以是无机材料也可以是有机材料(如 PVP、PMMA、P4VP 等)。用塑料作衬底,主要是为了制备全柔性有机电子器件。TFT 的活性半导体层一般为非晶硅、多晶硅、ZnO 以及有机聚合物等。对于无机半导体活性层,器件工作时,由外加栅电压引起绝缘层－半导体界面处半导体一侧产生少数载流子积累,导致沟道层形成反型层或强反型层,使得从源、漏极注入的载流子能顺利地通过沟道薄层,产生漏电流。对于有机半导体活性层,与无机材料完全不同的是,器件工作时,外加的栅电压需引起沟道薄层多数载流子的积累,因此,漏电流是沟道薄层中多数载流子输运的结果。这是由这两种不同类型的半导体中电荷输运的机理不同所致:在单晶硅等长程有序的无机半导体中,载流子输运过程发生在导带或价带内;而有机聚合物半导体通常具有长程无序、短程有序的特点,电荷的输运被认为是单个分子的分立局域态之间的一种跳跃式输运过程。

10.3.2　非晶硅薄膜晶体管

非晶硅薄膜晶体管(α-Si：H TFT)以 α-Si 为半导体活性层。1979 年,LeComber、Spear 和 Ghaith 用 α-Si：H 作有源层,制备出 TFT 器件[100],这是 α-Si：H TFT 的首次报道。图10-17 是 α-Si：H TFT 典型结构[96,101],为底栅极结构。器件活性层中通常含有大量的悬挂键,载流子的迁移率很低,一般小于 $1cm^2/Vs$,通常进行氢化处理以提高迁移率。α-Si：H TFT 的制作温度低,可用玻璃为基底,并具有大面积均匀性、能实现大面积彩色显示、大容量、高像质显示性能,但

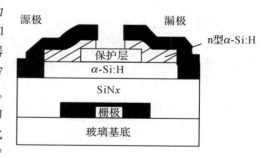

图 10-17　非晶硅薄膜晶体管的典型结构

光敏退化性严重,需要加掩膜层。然而,实际生产中仍以 α-Si：H TFT 为主。在 LCD 生产中,目前主要利用 α-Si：H TFT 的开态(大于开启电压)对像素电容快速充电,利用关态来保持像素电容的电压,从而实现快速响应和良好存储的统一。

下面以离子注入型底栅非晶硅薄膜晶体管的制作为例,描述器件制作的过程[99]。工艺流程如图 10-18 所示,采用 PECVD 技术,硼离子注入。(1)溅射铝并光刻,制作背栅电极;(2)PECVD 沉积 SiN_x 栅介质层 180nm,沉积条件为:$SiH_4/NH_3 = 50sccm/12sccm$,温度 300℃,射频功率 300W;(3)PECVD 沉积有源层非晶硅并光刻,形成有源区,有源层厚度 150nm,沉积条件为:SiH_4 为 40sccm,温度 300℃,射频功率 300W;(4)源漏硼离子注入,注入剂量 $5 \times 10^{15}/cm^2$,注入能量 20keV,并在 300℃下 N_2 气氛中退火 1h;(5)溅射源漏铝电极,并光刻,形成源漏电极。

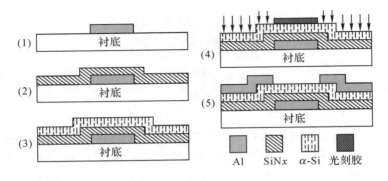

图 10-18　非经硅薄膜晶体管的制作工艺流程

10.3.3　多晶硅薄膜晶体管

多晶硅薄膜晶体管(p-Si TFT)以多晶硅(p-Si)为活性层,常采用顶栅极结构[96]。相对于 α-Si：H TFT,p-Si TFT 具有迁移率较高、响应速度较快、易高度集成化、具有 p/n 型导电模式及自对准结构、省电、抗光干扰能力强、分辨率高、可以制作集成化驱动电路等优点,更加适合于大容量的高频显示,尺寸可以做得更小,有利于提高成品率和降低生产成本,而且 p/n 型导电模式可以实现 LCD、OLED 的驱动等优点。多晶硅分为高温工艺和低温工艺两大类。高温工艺只能以较昂贵的石英一类材料作为衬底,工艺简单,造价较高;低温工艺可以在廉价衬底上制备,工艺比较复杂。获得低温多晶硅薄膜并且低温制备多晶 TFT 是实现有源矩阵显示的关键。目前低温制备多晶硅薄膜的主要方法有:固相晶化法(SPC)、准分子激光退火法(ELA)、金属诱导横向晶化法(MILC)等,但都各有不足。目前,p-Si TFT 的应用远没有 α-Si：H TFT 广泛,这主要是因为 p-Si TFT 的关态电流较大,低温大面积制备较难,工艺复杂,造价相对较高。因而,低温多晶硅薄膜晶体管技术还有待进一步提高。

10.3.4　有机薄膜晶体管

有机薄膜晶体管(OTFT)以有机半导体材料充当栅绝缘层、半导体活性层。它是在无机薄膜晶体管基础之上发展起来的,两者结构相似。由于有机半导体材料上沉积绝缘层比较困难,因此有机薄膜晶体管大都采用"反型结构",即在薄膜晶体管的栅极上制备整个器件。OTFT 大多都是单极型器件,但并五苯、六聚噻吩等则呈现双极型。图 10-19 是 OTFT 典型结构图(顶接触型和底接触型)[96]。由于有机半导体在常温下多为热跳跃式传导,表现为电阻率高,载流子迁移率低,采用 MOS 结构有机场效应管的动作特性,特别是动作速度受到很大的限制。但和传统的无机半导体器件相比，OTFT 具有制作温度低、成本低、可实现大面积加工、可与柔性基底集成等优点，因此在世界范围内引起了广泛关注。OTFT 适合于有源矩阵显示器、智能卡、大面积传感阵列等应用领域。由于近年来高迁移率有机半导体材料、薄膜物理和器件工程等方面研究的快速发展，OTFT 迁移率开关电流比等性能已达到或超过非晶硅晶体管的水平，使它的实际应用成为可能，并已有相关展示样品报道。

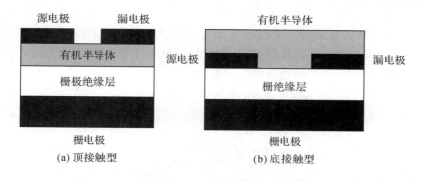

图 10-19　两种类型有机薄膜晶体管剖面示意图

　　鉴于有机分子间相互作用力主要是较弱的范德华力，有机半导体材料的载流子传输特性不仅取决于分子结构，还受限于载流子在分子间的传输，因此，高迁移率有机薄膜晶体管材料一般是由芳香单元构成的平面共轭分子，在固态下能够形成紧密、规整的堆积，使分子间具有强的电子相互作用，有利于载流子在分子间的传输。目前所用的有机半导体主要是稠环类芳香化合物、含噻吩齐聚物、含噻吩聚合物等几种类型[97]。并五苯(pentacene)是目前 OTFT 器件中空穴场致迁移率(μ_h)最高的有机半导体材料。1997 年，Jackson 等人采用并五苯制备了 $\mu_h > 1.5 cm^2/Vs$ 的 OTFT[102]。在过去几年来，通过对介电层、薄膜生长条件和器件结构的不断优化，使并五苯 OTFT 器件的性能不断提高。3M 公司使用有机磷酸酯单分子层修饰的氧化铝作介电层，成功实现了 μ_h 达 $2 cm^2/Vs$、电流开关比达 10^6、亚阈值摆幅为 $2\sim3V/decade$ 的并五苯 OTFT 器件。通过进一步降低介电层的表面粗糙度和优化多晶薄膜的生长条件，将 μ_h 进一步提高到 $5 cm^2/Vs$[103]，并成功地制备了用于微波频率识别的电子标签(RFID)，具有潜在商业价值。最近，Jurchescu 等人报道，超高纯度的并五苯单晶用空间限制电流法测定的迁移率高达 $35 cm^2/Vs$[104]，预示着并五苯的性能还有提升的空间。

10.3.5　ZnO 薄膜晶体管

　　目前，在 AMLCD 中使用的主要是非晶硅(α-Si)TFT。然而，Si 是一种间接带隙窄禁带半导体材料，在可见光区域是不透明的，像素开口率不能达到 100%，为了获得足够的亮度，需要增加光源光强，从而增加功率消耗；另外，Si 在可见光区域光敏性强，需要加掩膜层(黑矩阵)，这些都将增加 TFT-LCD 的工艺复杂性，提高成本，降低可靠性。对于上述问题，在 AMLCD 中采用全透明 TFT 将是一个有效解决途径，而 ZnO 是制作全透明 TFT 的首选材料。ZnO TFT 光敏退化性很小，不用加掩膜层，制作工艺简单；可以获得较高的迁移率、高的开/关电流比，低的阈值电压、较大的驱动电流、较快的器件响应速度；可在玻璃等各种衬底上制备，与柔性衬底工艺兼容，可用来制造柔软性好、质轻的器件。研究 ZnO TFT 的另一重要意义在于推动透明电子学的研究。由于这些卓越的优点,近年来人们对 ZnO TFT 进行了大量的研究[96,97,100,105-111]。

Fortunato 等人[106,110]制备的 ZnO TFT 器件结构如图 10-20 所示,为全透明氧化物薄膜晶体管。玻璃为衬底;ITO 薄膜为栅极;Ga 掺杂 ZnO(GZO)薄膜为源极和漏极;Al_2O_3-TiO_2 为绝缘栅层;本征 ZnO 为活性层,由射频磁控溅射在室温下制备。ZnO TFT 导电沟道属 n 型沟道增强型,饱和迁移率大致在 $20cm^2/Vs$,开关比 $2×10^5$,开启电压 21V,亚阈值摆幅 1.24V/decade,关态阻值 $20M\Omega$,开态阻值 $45k\Omega$;ZnO TFT 可见光区域透射率在 90%。ZnO TFT 所具有的高迁移率、高透射率和室温制备特性,使其可以获得广泛应用,特别是可做在柔性衬底上,实现全透明柔性显示。

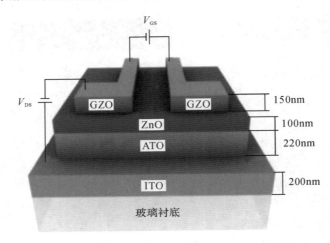

图 10-20 ZnO TFT 器件结构

人们的研究基本都是以未掺杂 ZnO 薄膜为活性层,属于 n 型沟道,器件性能指标如下:场效应迁移率 $10\sim30cm^2/Vs$,开/光电流比 $10^4\sim10^7$,在玻璃基板上制备的 ZnO TFT 可见光区域透射率可超过 80%,显示出优异的性能。但目前,ZnO TFT 依然存在关态电流较大、器件工艺重复性较差等缺点,器件的实际应用还须进一步努力。

未来 TFT 技术将会以高密度、高分辨率、节能化、轻便化、集成化为发展主流。从本文论述的薄膜晶体管发展历史以及对典型 TFT 器件性能分析来看,虽然新型 ZnO 等氧化物 TFT 的研究已经揭示出优良的特性,甚至有的已经开始使用化,但在实现大规模的商业化以及进一步降低成本等方面还需要很多努力。因此在很长一段时间内它们将会与硅基材料器件并存。我国大陆的显示技术处于刚开始阶段,给新型 TFT 器件的研发以及显示技术的应用带来了重大的机遇和挑战。相信在不久的将来,以 ZnO 等氧化物 TFT 新型器件为基础的产品会推动下一代光电子学的突飞猛进。

§10.4 光电探测器

光电探测器接收光信号并进行光电转换,是半导体电子学的重要器件,是光电系统中的重要组成部分,被称为这类仪器的"心脏"。光电探测器是利用入射的光子流与探测材料中的电子之间直接相互作用,从而改变电子能量状态的光子效应来制作的一类器件。依据所产生的不同电学现象,光电探测器一般包括三种:光电子发射(PE)探测器、光电导(PC)探测器和光伏(PV)探测器。

当辐射照射在某些金属、金属氧化物或半导体材料表面时,若该光子能量 $h\nu$ 足够大,则足以使材料内一些电子完全脱离材料从表面逸出。这种现象叫作光电子发射,或称为外光电效应。利用这种效应制成的探测器就是光电子发射探测器,其中有结构简单的真空光电二极管和装有二次发射极使光电子获得倍增作用的光电倍增管等。与此相反,光电导(PC)探测器和光伏(PV)探测器等都是利用了内光电效应。与外光电效应不同的是,内光电效应中的入射光子并不直接将光电子从光电材料内部轰击出来,而只是将光电材料内部的电子从低能态激发到高能态,于是在低能态留下一个空位,而在高能态上产生一个能自由移动的电子,形成光生电子—空穴对,从而改变了半导体材料的导电性能。如果设法检测出这种性能的变化,就可探测出光信号的变化。本节主要讨论的是利用内光电效应的光电探测器的制备及其性能特点。

早期的光电探测器采用 Si 材料制成,其响应波长在 $0.8\mu m$ 处,长波限为 $1.1\mu m$,具有相当好的器件特性。但是 Si 基光电探测器不适用于光通信的长波长($1.3\sim1.6\mu m$)波段,也无法实现短波长(如紫外光)的探测,于是人们开始采用 Ge,之后是 InGaAs、InP 等材料。最近,人们对 GaN、ZnO 等宽禁带半导体材料进行了研究,覆盖了从紫外、近紫外、可见光、近红外到红外的整个波段[112-117]。

10.4.1　光电导探测器

半导体吸收能量足够大的光子后,会把其中的一些电子或空穴从原来不导电的束缚状态激活到能导电的自由状态,从而使半导体电导率增加,这种现象叫作光电导效应。根据光电导效应探测辐射的器件称为光电导探测器,又称为光敏电阻。目前这种器件品种最多,应用最广。光电导探测器一般采用金属—半导体—金属(MSM)结构,可通过 1 个背对背的欧姆接触来制作。MSM 结构具有结构简单、量子效率高、内部增益高和高速探测的特点,应用在集成互连和高速取样方面的优点主要体现为:与平面场效应晶体管技术兼容,带宽大,可低压工作,且与其他垂直结构相比每单位面积有较小的设备电容和较低的漏电流。

2000 年,南京大学的江若琏等人[118]采用 MOCVD 技术在 Si(111)衬底上生长 GaN 薄膜,制备出光导型 GaN 紫外探测器。探测器的光谱响应表明,在 $250\sim360nm$ 波段有近似平坦的光电流响应,363nm 附近有陡峭的截止边,357nm 波长处 5V 偏压下响应灵敏度为 6.9A/W。响应度与偏压的变化关系表明,4V 以前为线形增加,5V 以后达到饱和。这种饱和行为目前仍没有统一的解释,一般认为 Razeghi 等人提出的扫场效应理论能较好地解释这个现象。最近的研究表明,大偏置下宽禁带半导体(如 GaN 光电导探测器)的持续光电导可以得到极大的消退。同年,Liu 等人[119]利用 MOCVD 生长出 $1\mu m$ 厚的 ZnO 薄膜,用 Al 作为叉指状接触电极制作出 ZnO 基 MSM 光电导型紫外探测器,探测器的暗电流很小,在波长为 365nm 的 Xe 灯照射下,其光电流和暗电流与外加偏压呈线性增长。同时,探测器显示出较快的光响应速度,其上升时间和下降时间分别为 $1\mu s$ 和 $1.5\mu s$。在波长 $300\sim500nm$ 连续光谱的照射下,该探测器在 373nm 波长处有一陡峭的截止边。在 5V 偏压下,探测器的光响应度为 400A/W。

  2003 年,浙江大学叶志镇等[120]利用 PLD 技术制备高度 c 轴取向、高电阻率的 ZnO 薄膜,以单晶硅为衬底,由剥离技术制作出 ZnO 光电导紫外探测器,Al 叉指状电极由平面磁控溅射技术沉积得到,图10-21(a)为器件平面示意图。每个探测器单元由 15 对叉指状电极组成,叉指状电极的指宽 $15\mu m$,指长 $400\mu m$,指间距为 $15\mu m$,有效探测面积为 $0.18mm^2$。样品在 $450℃$、N_2 气氛保护下退火 6min,以清除紫外探测器表面的有机沾污。为了提高 A1/ZnO 的合金化程度,改善金属—半导体的欧姆接触特性,样品随后在 $590℃$、N_2 气氛保护下快速退火 3min。由于 ZnO 薄膜的电阻率很高,因此 ZnO 薄膜的暗电流很小。图 10-21(b)为在 5V 偏压下 Al/ZnO/Al 光导型探测器的光响应曲线。在 $340\sim370nm$ 紫外区域,其光响应度为 0.5A/W。在波长 $340\sim400nm$ 的连续光谱的照射下,ZnO 光导型紫外探测器有很明显的光响应特性,其截止波长为 370nm。

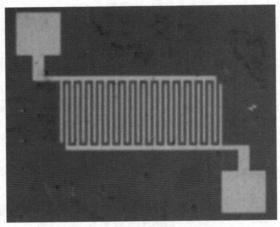

(a) 结构示意图

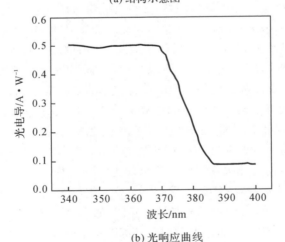

(b) 光响应曲线

图 10-21 ZnO 光电导紫外探测器

10.4.2　肖特基型光电探测器

利用光生伏打效应已制成多种多样的光伏探测器,比如肖特基型光电探测器、p-n 结型光电探测器等。对 p-n 结型光电探测器加上反向偏压,则当结区吸收能量足够大的光子后,反向电流就会增加,这种情况类似于光电导现象,因而这类光伏探测器通常叫作半导体光电二极管。

肖特基型光电探测器即肖特基二极管。当金属与半导体(n 型或 p 型)接触时,由于载流子所处能级不同,它们将向低能级方向移动,从而在接触区形成阻挡层(耗尽层),阻挡层内的正电荷与金属接触面的负电荷形成电偶极层——接触势垒,即肖特基势垒。肖特基二极管可集高的响应度与低的暗电流于一身,几何结构及势垒示意图如图 10-22 所示[114],肖特基势垒高度为 $E_\Phi - E_A$。肖特基型光电探测器一般也采用 MSM 结构。肖特基型光电探测器包含一个半透明的肖特基接触和一个欧姆接触,或两个肖特基接触。肖特基二极管一般具有平滑短波区响应光谱,这主要原因是肖特基器件的空间电荷位于半导体表面,抑制了在 p-n 结器件中观察到的短波时量子效率的降低,这是肖特基器件的一大优势。

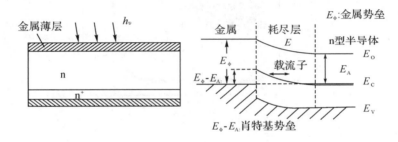

图 10-22　肖特基二极管的基本结构及势垒

金刚石以其优异的物理特性成为一种很具潜力的紫外探测材料。它具有高的热导率,小的介电常数($\varepsilon = 5.5$)以及大的禁带宽度($Eg = 5.4\text{eV}$),这些特点使得金刚石成为制作电子和光电子器件尤其是耐高温器件的一种理想材料。2002 年,Gan 等人[121]对 CVD 沉积金刚石薄膜的紫外探测性能进行了研究,结果发现在 180～260nm 范围内有显著的光谱响应特性,光谱峰位于 220nm。波长小于 220nm 的深紫外响应使得这种材料适用于作光探测器和计量器,这些器件具有很高的辨别紫外光和可见光的能力。

2003 年,Teke 等人[122]报道了 AlGaN/GaN 多量子阱(MQW)肖特基探测器。他们利用 MBE 方法在蓝宝石衬底上沉积 n 型 AlGaN 薄膜,再生长多量子阱结构,之后制作成背照射垂直肖特基几何结构(如图 10-23 所示)。活性区采用多量子阱结构可以增加由高吸收系数引起的量子效率;通过调整阱宽、组分和势垒高度可以改变探测器的截止波长;势垒厚度的减小可引起光生载流子隧穿效应的增加,使峰响应得到增强。该探测器在 325～350nm 范围内有一个 0.054A/W 的平坦光响应曲线,可见光抑制比可达到 10^4,最小时间常数为纳米量级。由于受势垒高度的限制,耗尽层窄,漏电流比 p-i-n 探测器高。

2001 年,美国军方实验室的 Liang 等人[123]利用 MOCVD 方法以蓝宝石为衬底生长 ZnO 薄膜,制备出 MSM 结构肖特基型紫外探测器。图 10-24 为器件表面结构 SEM 图和暗电流、光电流的 I-V 曲线。在 5V 偏压、368nm 的光照下,该探测器有明显的光电流响应,光

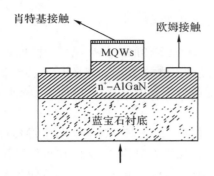

图 10-23　AlGaN 肖特基紫外探测器结构示意图

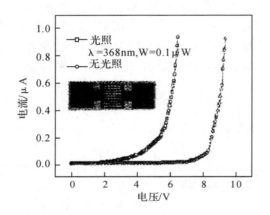

图 10-24　ZnO 肖特基探测器和 $I-V$ 特性曲线

响应度为 1.5A/W,漏电流约为 1nA,上升时间为 12ns,下降时间为 50ns,性能是比较好的。2004 年,浙江大学叶志镇等[124] 利用磁控溅射生长的 ZnO 薄膜,采用 Au 电极形成肖特基接触,Al 电极形成欧姆接触,在 Si(100)衬底上制备出肖特基型 ZnO 紫外探测器,Si₃N₄ 为绝缘隔离层。

10.4.3　p-n 结型光电探测器

　　p-n 结型光电探测器也称为光电二极管,包括 p-n 结、p-i-n 结等不同的结构形式。从入射方向看,p-n 结型光探测器有背照射和正照射两种方式;从器件结构看,有同质结和异质结的区别。对于直接带隙半导体,材料的吸收系数一般都比较大,容易出现短波方向的响应幅度下降,因此,有效吸收的结区应尽量靠近光线入射的一边。采用异质结的结构有利于改善光谱形状。背照射式探测器响应度由于受界面和晶体质量等因素影响而较小,但是它可以避开电极阴影的影响,最大限度地利用光,而且容易与 Si 基的读出电路键合,可同时制作出阵列。

　　目前使用比较多的是 p-i-n 结构的探测器,它的一个优点是具有高速响应特性,而且具有低噪音、宽频带等特性,在工作时没有增益,因而没有放大作用。p-i-n 探测器至今是光纤通信等应用系统中占主要地位的探测器件,常与场效应晶体管(FET)或异质结双极晶体管

（HBT）一起组合构成混合式的光电集成电路——光波接收模块。当光入射到 p-i-n 结时，在 i 层两边 p 型层与 n 型层中产生光生载流子——电子和空穴，经过扩散和漂移，形成了通过 p-i-n 结的光电流。

图 10-25 为典型的前照式 p-i-n 探测器[113]，缓冲层分别为 GaN 和 AlN。材料生长过程如下：在蓝宝石衬底上外延生长 GaN 材料，三甲基镓、三甲基铝、氨气分别是镓、铝、氮的源材料。p-i-n 探测器结构如下：在衬底上生长 $2\mu m$ 厚的未掺杂 GaN 层，而后生长重掺杂 n 型 GaN 层，200nm 的未掺杂 AlGaN 层、100nm 的 p 型 AlGaN。SiH_4 是 n 型掺杂剂，掺杂浓度为 $5\times10^{18}cm^{-3}$；而 $(MeCP)_2Mg$ 是 p 型掺杂剂，掺杂浓度 $1\times10^{19}cm^{-3}$。探测器制作工艺如下：（1）用有机溶剂清洗外延片，而后在氨水中去氧化层，用有机溶剂（丙酮、乙醇）超声清洗材料表面，时间约为 10min。在 HF：HCl：H_2O＝1：5：5 的溶液中浸泡 1min，除去表面的氧化层，称为 HF/HCl 处理工艺，所得到表面比较粗糙；或在 50℃ 的 $NH_3 \cdot H_2O$ 中浸泡 15min，此为 NH_4OH 处理。经这样处理后，外延层表面无氧，在半导体金属接触中化学计量稳定。（2）在氮气环境中，1000℃ 高温下快速退火 30s，以激活 p 型层中的 Mg 受主。（3）利用标准光刻工艺，在外延片上转移图形，而后用离子束刻蚀机（RIE）刻蚀出所需的台面和隔离单元。（4）溅射金属—半导体欧姆接触电极，n 型电极（Ti/AlTi/Au）在 N_2 环境、900℃ 下快速退火 60s；p 型电极（Ni/Au）在 N_2 环境、650℃ 下快速退火 90s。（5）封装探测器单元，待测试。

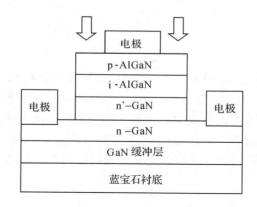

图 10-25　前照式 p-i-n 结构紫外探测器示意图

1999 年，美国 Nitronex 公司与北卡罗来纳大学、Honeywell 技术中心以及美国夜视实验室实现了基于 GaN/AlGaN p-i-n 型背照射 32×32 列阵焦平面探测器数字照相机[125]。响应波段为 320～365nm，峰值响应率达到 0.2A/W（358nm），内量子效率为 80%，峰值探测率达到 $6.1\times10^{13}cmHz^{1/2}/W$。2000 年，他们成功展示了利用 128×128 紫外焦平面探测器制备的数字照相机[126]。2002 年，该研究小组又制成了 320×256 的日盲紫外探测器，但由于高 Al 组分 AlGaN 的质量不高，因而器件性能不够理想。

10.4.4　改进型光电二极管

在 p-i-n 结构的光电二极管基础上，对本征层进行改进或替代，便可能出现一些新的性能，如雪崩光电二极管（APD）、谐振腔增强型光电二极管（RCE）等[116]。

APD 与 p-i-n 光电二极管的区别是：在 p-i-n 吸收区的 i 层和 n^+ 层之间，插入了薄薄的 p 型层，变为 n^+-p-i-p 的结构，这一新加入的 p 型层就是雪崩区。APD 是在高反向偏压下工作的。这种雪崩二极管具有内部增益和能将探测到的光电流进行放大的作用，从而增加灵敏度。目前常用的有两种类型：保护环型 APD（GAPD）和拉通型 APD（RAPD），实际中用得较多的是 RAPD。图 10-26 为 RAPD 的结构示意图[116]。它由 n^+-p-π-p^+ 层组成，其中，n^+ 和 p^+ 分别表示重掺杂 n 型和 p 型半导体，π 表示 p 型高阻层。硅雪崩管的空穴在倍增过程中起的作用很小，在倍增区主要靠一种载流子，即从 π 区来的电子产生碰撞电离。这是因为理论证明，当只有一种载流子引起碰撞电离时，雪崩光电二极管的噪声比较低，它的增益带宽积才比较大。

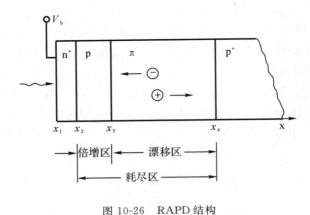

图 10-26　RAPD 结构

RCE 光电探测器是一种新型集成光电探测器，其基本结构如图 10-27 所示[116]。器件的吸收区上下两边各加一个 λ/4 分布布拉格反射器（DBR），入射到体内的光会在这两个反射器之间来回反射，增加了穿越吸收层的次数。因而，RCE 光电探测器本身就具有了波长选择特性，而无需外加滤波器。此外，由于谐振腔的增强效应，器件在吸收层较薄的情况下即可获得较高的量子效率，减少了光生载流子在吸收层的渡越时间，从而解决了器件的响应速度问题。

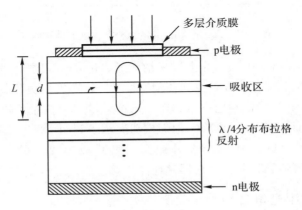

图 10-27　RCE 光电探测器的结构

参考文献

［1］［美］施敏 著；赵鹤鸣，钱敏，黄秋萍 译. 半导体器件物理与工艺. 苏州：苏州大学出版社(2002).

［2］储佳，马向阳，杨德仁，等. 半导体技术 26(2)，17(2001).

［3］Y. R. Ryu, T. S. Lee, J. H. Leem, et al. Appl. Phys. Lett. 83，4032(2003).

［4］H. Maki, I. Sakaguchi, N. Ohashi, et al. Jpn. J. Appl. Phys. 42，75(2003).

［5］徐进，何乐年. 光电子技术 23(2)，139(2003).

［6］段猛，郝跃. 西安电子科技大学学报(自然科学版) 30(1)，60(2003).

［7］洪炜，朱丽萍，叶志镇，等. 材料导报 19(1)，97(2005).

［8］魏同波，王军喜，阎建昌，等. 功能材料与器件学报 13(1)，95(2007).

［9］章蓓. 半导体电 22(1)，1(2001).

［10］杨志平，刘海燕. 物理通报(5)，55(2008).

［11］刘坚斌，李培成，郝跃. 量子电子学报 22(5)，673(2005).

［12］尹长安，赵成久，刘学彦，等. 发光学报 21(4)，380(2000).

［13］倪贤锋. MOCVD 方法生长硅基 GaN 与 $Al_xGa_{1-x}N$ 薄膜及其性能研究(硕士学位论文). 浙江大学(2004).

［14］方志烈. 半导体发光材料和器件. 上海：复旦大学出版社(1992).

［15］H. Amano, M. Kito. Jpn. J. Appl. Phys. 28，L2112(1989).

［16］S. J. Nakamura, T. Mukai. Jpn. J. Appl. Phys. 30，L1998(1991).

［17］S. J. Nakamura, M. Senon. Jpn. J. Appl. Phys. 32，L8(1993).

［18］S. J. Nakamura, T. Mukai. Appl. Phys. Lett. 64，1687(1994).

［19］A. Watanabe, T. Takeuchi, K. Hirosawa, et al. J. Cryst. Growth 128，391(1993).

［20］H. Ishikawa, G. Y. Zhao, N. Nakada, et al. Jpn. J. Appl. Phys. 38，L492(1999).

［21］A. Dadgar, J. Bläsing, A. Diez, et al. Jpn. J. Appl. Phys. 39，L1183(2000).

［22］A. Dadgar, A. Strittmatter, J. Bläsing, et al. Phys. Stat. Sol. (c) 0，1583(2003).

［23］A. Krost, A. Dadgar. Mater. Sci. Eng. B 93，77(2002).

［24］A. Dadgar, A. Alam, T. Riemann, et al. Phys. Stat. Sol. (a) 188，155(2001).

［25］H. X. Zhang, Z. Z. Ye, B. H. Zhao. J. Appl. Phys. 87，2830(2000).

［26］T. Egawa, B. Zhang, N. Nishikawa, et al. J. Appl. Phys. 91，528(2002).

［27］T. Egawa, T. Moku, H. Ishikawa, et al. Jpn. J. Appl. Phys. 41，L663(2002).

［28］G. Kipshidze, V. Kuryatkov, B. Borisov, et al. Appl. Phys. Lett. 80，3682(2002).

［29］S. Guha, N. A. Bojarczuk. Appl. Phys. Lett. 72，415(1998).

［30］S. Guha, N. A. Bojarczuk. Appl. Phys. Lett. 73，1487(1998).

［31］M. A. Sánchez-García, F. B. Naranjo, J. L. Pau, et al. J. Appl. Phys. 87，1569

(2000).

[32] A. Dadgar, J. Christen, T. Riemann, et al. Appl. Phys. Lett. 78, 2211(2001).

[33] S. J. Nakamura, M. Senon. Appl. Phys. Lett. 67, 1868(1995).

[34] W. C. Lai, S. J. Chang. IEEE Photon. Technol. Lett. 13, 559(2001).

[35] N. Nakada, M. Nakaji, H. Ishikawa, et al. Appl. Phys. Lett. 76, 1804(2000).

[36] C. A. Tran, A. Osinski, R. F. Karlicek, et al. Appl. Phys. Lett. 75, 1494 (1999).

[37] E. Feltin, S. Dalmasso, P. de Mierry, et al. Jpn. J. Appl. Phys. 40, L738(2001).

[38] A. Dadgar, M. Poschenrieder, J. Bläsing, et al. Appl. Phys. Lett. 80, 3670 (2002).

[39] A. Dadgar, M. Poschenrieder, J. Bläsing, et al. J. Cryst. Growth 248,556(2003).

[40] B. J. Zhang, T. Egawa, H. I shikawa, et al. Phys. Stat. Sol. (a) 188, 151(2001).

[41] T. Egawa, B. J. Zhang, N. Nishikawa, et al. J. Appl. Phys. 91, 528(2002).

[42] I. Akasaki, H. Amano, K. Kito, et al. Inst. Phys. Conf. Ser. 129, 85(1992).

[43] J. Han, M. H. Crawford, R. J. Shul, et al. Appl. Phys. Lett. 73, 1688(1998).

[44] A. A. Allerman, M. H. Crawford, A. J. Fischer, et al. J. Cryst. Growth 271, 227(2004).

[45] M. A. Khan, M. Shatalov, H. P. Maruska, et al. Jpn. J. Appl. Phys. 44, 719 (2005).

[46] S. Nakamura, M. Senoh, S. Nagahama, et al. Jpn. J. Appl. Phys. 37, L627 (1998). 49

[47] S. Nakamura, M. Senoh, S. Nagahama, et al. Appl. Phys. Lett. 76, 22(2000).

[48] J. G. Lu, Z. Z. Ye, Y. J. Zeng, et al. J. Appl. Phys. 100, 073714(2006).

[49] A. Kudo, H. Yanagi, K. Ueda, et al. Appl. Phys. Lett. 75, 2851(1999).

[50] H. Ohta, K. kawamura, M. Orita, et al. Appl. Phys. Lett. 77, 475(2000).

[51] H. Ohta, H. Mizoguchi, M. Hirano, et al. Appl. Phys. Lett. 82, 823(2003).

[52] S. F. Chichibu, T. Ohmori, N. Shibata, et al. Appl. Phys. Lett. 85, 4403(2004).

[53] H. Ohta, M. Hirano, K. Nakahara, et al. Appl. Phys. Lett. 83, 1029(2003).

[54] M. Izaki, K. Mizuno, T. Shinagawa, et al. J. Electrochem. Soc. 153 C668(2006).

[55] J. Y. Lee, Y. S. Choi, W. H. Choi, et al. Thin Solid Films 420—421, 112(2002).

[56] Y. I. Alivov, J. E. van Nostrand, D. C. Look, et al. Appl. Phys. Lett. 83, 2943 (2003).

[57] Y. I. Alivov, E. V. Kalinina, A. E. Chrenkov, et al. Appl. Phys. Lett. 83, 4719 (2003).

[58] J. G. Lu, Y. Z. Zhang, Z. Z. Ye, et al. Appl. Phys. Lett. 89, 112113(2006).

[59] S. S. Lin, J. G. Lu, Z. Z. Ye, et al. Solid State Commun. 148, 25(2008).

[60] H. S. Kang, B. D. Ahn, J. H. Kim, et al. Appl. Phys. Lett. 88, 202108(2006).

[61] Y. Z. Zhang, J. G. Lu, L. L. Chen, et al. Solid State Commun. 143, 562(2007).

[62] F. G. Chen, Z. Z. Ye, W. Z. Xu, et al. J. Cryst. Growth 281, 458(2005).

[63] Y. R. Ryu, T. S. Lee, H. W. White. Appl. Phys. Lett. 83, 87(2003).

[64] F. X. Xiu, Z. Yang, L. J. Mandalapu, et al. Appl. Phys. Lett. 87, 152101 (2005).

[65] J. G. Lu, Z. Z. Ye, F. Zhuge, et al. Appl. Phys. Lett. 85, 3134(2004).

[66] M. Joseph, H. Tabata, H. Saeki, et al. Physica B 302/303, 140(2001).

[67] L. L. Chen, J. G. Lu, Z. Z. Ye, et al. Appl. Phys. Lett. 87, 252106(2005).

[68] J. G. Lu, Y. Z. Zhang, Z. Z. Ye, et al. Appl. Phys. Lett. 88, 222114(2006).

[69] A. Krtschil, A. Dadgar, N. Oleynik, et al. Appl. Phys. Lett. 87, 262105(2005).

[70] T. Aoki, Y. Hatanaka, D. C. Look. Appl. Phys. Lett. 76, 3257(2000).

[71] X. L. Guo, J. H. Choi, H. Tabata, et al. Jpn. J. Appl. Phys. 40, L177(2001).

[72] Y. R. Ryu, T. S. Lee, J. H. Leem. Appl. Phys. Lett. 83, 4032(2003).

[73] A. Tsukazaki, A. Ohtomo, T. Onuma, et al. Nature Mater. 4, 42(2005). 77

[74] W. Z. Xu, Z. Z. Ye, Y. J. Zeng, et al. Appl. Phys. Lett. 88, 173506(2006).

[75] J. Nause, M. Pan, V. Rengarajan, et al. Proc. SPIE 5941, 59410D(2005).

[76] W. Liu, S. L. Gu, J. D. Ye, et al. Appl. Phys. Lett. 88, 092101(2006).

[77] B. T. Adekore, J. M. Pierce, R. F. Davis, et al. J. Appl. Phys. 102, 024908 (2007).

[78] Z. P. Wei, Y. M. Lu, D. Z. Shen, et al. Appl. Phys. Lett. 90, 042113(2007).

[79] Z. Z. Ye, J. G. Lu, H. H. Chen, et al. J. Cryst. Growth 253, 258(2003).

[80] J. G. Lu, Y. Z. Zhang, Z. Z. Ye, et al. Mater. Lett. 57, 3311(2003).

[81] G. D. Yuan, Z. Z. Ye, L. P. Zhu, et al. Appl. Phys. Lett. 86, 202106(2005).

[82] F. Zhuge, L. P. Zhu, Z. Z. Ye, et al. Appl. Phys. Lett. 87, 092103(2005).

[83] J. G. Lu, Z. Z. Ye, G. D. Yuan, et al. Appl. Phys. Lett. 89, 053501(2006).

[84] Z. Z. Ye, J. G. Lu, Y. Z. Zhang, et al. Appl. Phys. Lett. 91, 113503(2007). 88

[85] D. C. Look. Proc. SPIE 6474, 647402(2007).

[86] X. H. Wang, B. Yao, Z. P. Wei, et al. J. Phys. D: Appl. Phys. 39, 4568(2006).

[87] A. Krtschil, A. Dadgar, N. Oleynik, et al. Appl. Phys. Lett. 87, 262105(2005).

[88] J. H. Lim, C. K. Kang, K. K. Kim, et al. Adv. Mater. 18, 2720(2006).

[89] Y. Ryu, T. S. Lee, J. A. Lubguban, et al. Appl. Phys. Lett. 88, 241108(2006).

[90] 叶志镇,林时胜,何海平,等. 半导体学报 29,1433(2008).

[91] M. Subramanian, F. J. Schuurmans, M. D. Pashley. Industry Applications Conference, 37th IAS Annual Meeting, 13-1(2002).

[92] 蒋大鹏,赵成久,侯凤勤. 发光学报 24(4), 385(2003).

[93] M. M. Regina, G. O. Mueller, M. R. Krames, et al. IEEE J. Select. Topics Quantum Electron. 8, 339(2002).

[94] C. H. Chen, S. J. Chang, Y. K. Su, et al. IEEE Photon. Technol. Lett. 14, 908 (2002).

[95] Z. L. Fang. Physics and Advanced Technology(物理学和高新技术) 32(5), 295 (2003).

[96] 许洪华,徐征,黄金昭,等.光子技术 3,135(2006).

[97] 耿延候,田洪坤.分子科学学报 21(6),15(2005).

[98] 刘玉荣,李渊文,刘汉华.现代显示 63,53(2006).

[99] 韩琳,刘兴明,刘理天.半导体光电 27(4),393(2006).

[100] E. Fortunato, P. Barquinha, A. Pimental, et al. Thin Solid Film 487,205(2005).

[101] 钱祥忠.高像质非晶硅薄膜晶体管液晶显示器的研究(博士学位论文).成都电子科技大学(2002).

[102] Y. Y. Lin, D. J. Gundlach, S. Nelson, et al. IEEE Electron Device Lett. 18,606 (1997).

[103] T. W. Kelley, D. V. Muyres, P. F. Baude, et al. Mat. Res. Soc. Symp. Proc. 771, L6.5.1(2003).

[104] O. D. Jurchescu, J. Baas, T. T. M. Palstra. Appl. Phys. Lett. 84,3061(2004).

[105] 程松华,曾祥斌.液晶与显示 21(5),515(2006).

[106] E. M. C. Fortunato, P. M. C. Barquinha, A. C. M. B. G. Pimentel, et al. Adv. Mater. 17,590(2005).

[107] H. Q. Chiang, J. F. Wager, R. L. Hoffman, et al. Appl. Phys. Lett. 86, 013503(2005).

[108] J. Siddiqui, E. Cagin, D. Chen, et al. Appl. Phys. Lett. 88,212903(2006).

[109] H. H. Hsieh, C. C. Wu. Appl. Phys. Lett. 91,013502(2007).

[110] E. M. C. Fortunato, P. M. C. Barquinha, A. C. M. B. G. Pimentel, et al. Appl. Phys. Lett. 85,2541(2004).

[111] R. L. Hoffman, B. J. Norris, J. F. Wager. Appl. Phys. Lett. 82,733(2003).

[112] 龚海梅,李向阳,亢勇,等.激光与红外 35(11),812(2005).

[113] 周劲,郝一龙,武国英.微纳电子技术 40(7),422(2003).

[114] 赵懿琨,连洁,张飒飒,等.材料导报 20(1),109(2006).

[115] 邓宏,徐自强,谢娟,等.前沿进展 35(7),595(2006).

[116] 王辉,杨型健,刘淑平.红外 12,5(2005).

[117] 郝瑞亭,刘焕林.光电子技术 24(2),129(2004).

[118] 江若琏,席冬娟,赵作明,等.功能材料与器件学报 6(3),256(2000).

[119] Y. Liu, C. R. Gorla, S. Liang, et al. J. Electron. Mater. 29,69(2000).

[120] 叶志镇,张银珠,陈汉鸿,等.电子学报 31(11),1605(2003).

[121] B. Gan, J. Ahn, Q. Zhang, et al. Mater. Lett. 56,80(2002).

[122] A. Teke, S. Dogan, F. Yun, et al. Solid State Electron. 47,1401(2003).

[123] S. Liang, H. Sheng, Y. Liu, et al. J. Cryst. Growth 225,110(2001).

[124] Z. Z. Ye, G. D. Yuan, B. Li, et al. Mater. Chem. Phys. 93,170(2005).

[125] J. D. Brown, Z. H. Yu, J. Matthews, et al. MRS Internet J. Nitride Semicond. Res. 4, 9(1999).

[126] J. D. Brown, J. Boney, J. Matthews, et al. MRS Internet J. Nitride Semicond. Res. 5, 6(2000).

第 11 章

溶液法技术及发光器件的制备

前述章节已经详细介绍了各类半导体薄膜和器件制备技术。全溶液法制备器件技术具有设备简单、无需真空、原料消耗少、工艺简单、产能高、与柔性衬底相兼容等优势,有望在未来的工业化生产中发挥巨大的作用。因此,本章节将具体结合溶液法制备发光二极管,对这一技术和未来的应用前景予以详细介绍。

§11.1 引 言

新型显示技术是国家战略性新兴产业的重点发展方向。随着 5G 时代新应用的兴起,8K 超高清、柔性、透明显示已经成为消费电子领域的行业目标,是显示领域的最新发展方向。柔性、透明显示技术不仅可实现更具美感的产品外观,而且为曲面和特殊形状显示屏提供了更多机会和可能性,从为大尺寸显示屏幕的主流应用例如智能家居设备、车载显示器和数字广告牌等提供曲面显示屏,到为小尺寸屏幕的主流应用例如智能手机、手表、笔记本电脑和平板电脑等提供无边框、可折叠显示屏,产业前景十分广阔。

高清、柔性、透明显示需要使用柔软、灵活的有机/氧化物材料来替代玻璃衬底和硬质陶瓷基材料制成的有源矩阵背板,从玻璃向柔性基底的转变,将会带来难以估量的巨大收益。玻璃衬底构建硅基薄膜晶体管(TFT)涉及大量高能耗制造流程如退火、溅射、反应性离子蚀刻、离子注入和化学气相沉积等,工艺十分复杂,而有机薄膜晶体管(OTFT)技术绕过了高能耗工艺流程,整个流程温度可以保持在 100℃ 以下。从硅基 TFT 转变为蒸镀 OTFT 可以将工艺流程的能耗降低数十倍,而使用溶液处理工艺制备的 OTFT 则可以进一步降低能耗,例如,可以使用简单的溶液涂覆工艺来代替化学气相沉积。同时,使用高性能、高质量的有机/氧化物材料也一直是开发柔性 TFT 的重点,要实现接近零伏的阈值,大于 100 的开关比和大于 $1.0cm^2/Vs$ 的场效应迁移率,仍需要解决大量的基础科学问题。

高清、柔性显示除 TFT 有源矩阵背板,还需发展低功率下高光效、低热耗散的 LED 技术。LED 是万亿显示产业的核心元器件之一,开发低功率驱动下高光效、低热耗散的新型 LED,高效匹配 TFT 电路,实现有源矩阵主动发光,降低显示器功耗,推动低碳经济与可持续发展。全溶液法制备有源矩阵主动发光 LED 显示技术将成为未来高清、柔性、透明、广色域、低能耗、低成本、大面积显示技术的有力竞争者。近年来新兴的量子点、卤化物钙钛矿光电材料,受量子限域效应和介电限域效应叠加作用,在低激发功率密度条件下即可实现 90% 以上的荧光发光效率,载流子迁移率达到 $100cm^2/Vs$,同时兼容喷墨打印、"卷对卷"印刷等溶液法原位制备技术,因此在发光显示领域得到广泛关注[1,2]。基于量子点、钙钛矿发光材料的显示设备色域覆盖范围超过 140%NTSC(美国国家电视标准委员会),远超 OLED

显示器件能达到的 110%NTSC[3]。且溶液法制备量子点、钙钛矿 LED，例如采用喷墨打印技术，具有设备简单、无需真空、原料消耗少、工艺简单、产能高、与柔性衬底相兼容等优势，有望实现大面积、低成本的柔性显示器件。

§11.2　溶液法制备 LED 的分类与工作原理

所谓溶液法制备技术指通过旋涂、印刷、喷墨打印等方法将处于溶液状态的功能层材料加工成薄膜。在制备功能器件如 LED 时，由于器件集成了多层功能层，因此需要考虑器件制备时各层薄膜的溶液兼容性，即在制备上层薄膜时所用的溶剂不能对下层薄膜造成破坏。可以溶解或分散于溶剂中的功能层材料包括但不限于以下几种：高分子聚合物、胶体纳米晶体、金属卤化物等，常用的溶剂有烷烃类、芳香烃、醇类、二甲基甲酰胺、二甲基亚砜、水等。本小结根据功能层材料的不同对溶液法制备的 LED 器件予以分类详细介绍。

11.2.1　量子点 LED

1. 胶体量子点简介

量子点是指基于无机半导体纳米晶的一种纳米材料，一般由几个纳米尺寸的无机单晶和表面包覆的有机配体组成，常呈现球形或类球形。常见的量子点体系主要由 II-VI 族或 III-V 族的元素组成，比如 CdSe、CdS、ZnSe、ZnS 和 InP 等，近几年也出现了新型的钙钛矿量子点。

当无机半导体纳米晶的尺寸小于或者等于该材料的激子波尔半径时，其费米能级附近的电子能级会由连续态分裂成分立能级，表现出量子限域效应，利用该效应，可以通过调控量子点的尺寸进而调整其发光波长。此外，量子点荧光的产生基本以带边激子复合为主，因此其荧光的半峰宽非常窄。同绝大部分发光半峰宽超过 150meV 的荧光分子相比，典型的量子点荧光半峰宽均小于 100meV，如图 11-1 所示[4-6]。随着量子点合成化学的进步，通过液相外延包覆无机壳层，消除内部缺陷；通过表面有机配体修饰，钝化表面阴阳离子悬挂键，量子点实现了接近 100% 的荧光量子产率[7]。另外，量子点表面的有机配体能够保证量子点在溶剂中呈现良好的分散性，因此可以采用旋涂、喷墨打印等溶液工艺加工成膜。

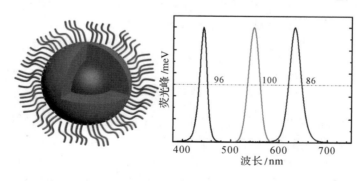

图 11-1　胶体量子点核壳结构和荧光光谱

综上，量子点材料具备吸收光谱宽、荧光光谱窄、荧光效率高等优异的光学性质，结合无机发光中心所带来的光化学稳定性和可溶液加工的属性,有望在生物标记、光电器件、量子通信等领域发挥巨大的作用。

2. 量子点 LED 结构和工作机制

LED 器件的典型结构是多功能层叠加的垂直结构,其典型能级结构如图 11-2 所示。量子点 LED 则是以量子点为发光层的 LED 器件。一个完整的量子点 LED 器件至少由以下 5 个功能层组成:依次为阴极、电子传输层、量子点发光层、空穴传输层和阳极。阴极材料负责向电子传输层注入电子,一般以低功函的材料,如钙、银、铝等金属较为多见。电子传输层将阴极注入的电子传输并注入发光层,因此要求电子迁移率高,导带或最低未被占据分子轨道能级合适,常见的有 TPBi、B3PYMPM 等有机小分子材料和 ZnO、TiO$_2$ 等无机氧化物半导体材料。发光层为量子点,注入的电子和空穴在此复合,因此要求荧光量子产率尽量高,同时价带导带能级位置合适以提升载流子注入效率,并满足平衡注入的需求。空穴传输层将阳极注入的空穴传输并注入发光层,因此要求空穴迁移率高,价带或最高被占据分子轨道能级合适,常见的有 PEDOT:PSS、PVK、TFB 等导电聚合物和 NiO、MoO$_x$ 等无机氧化物半导体材料。阳极负责向空穴传输层注入空穴,一般要求高功函的材料,常见有铟锡氧化物透明导电薄膜(ITO)、氟掺杂的 SnO$_2$ 透明导电薄膜(FTO)和金属 Au 等。ITO 和 FTO 既能注入电荷,又具有较高的透过率,可以用作 LED 器件的出光面。一般认为发光层发射的光子从阳极出射的器件为正置型器件,光子从阴极出射的器件为倒置型器件。

量子点 LED 在外电场驱动下发射出光子要经历以下 6 个基元过程(图 11-2),包括(1)空穴和电子从电极注入相应的载流子传输层;(2)空穴和电子在相应的传输层内传输;(3)空穴和电子分别从相应的传输层注入量子点中;(4)注入的空穴和电子在量子点中通过库仑吸引作用形成激子;(5)形成的激子通过辐射复合发出光子;(6)激子辐射复合发出的光子从高透过率电极处射出。

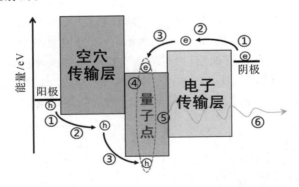

图 11-2　量子点 LED 器件结构能级示意图和基元过程

量子点 LED 器件的各基元过程均由量子点材料本身性质和传输层材料所控制,只有在空穴和电子高效注入量子点中形成激子,并以辐射复合为主导,进而光子顺利射出器件的情况下,才能保证器件的高效发光。量子点 LED 器件的多功能层结构为材料的设计提供了广阔的自由度,可以调控材料的能级结构、带间态、功函数、导电率、折射率等光电性质,进而控制激子的形成和复合,提升器件的性能。针对量子点材料,通常需要光电化学稳定的表面配体修饰,且具备无缺陷态能级、荧光效率高等特性。针对传输层材料,首先要具备良好的溶液分散性和稳定性,以满足溶液工艺制备的需求;其次,传输层材料需要优异的光电化学稳定性,不能在器件工作过程发生分解或性质发生变化;同时,传输层材料的光电性能需要保持大范围的调整空间,以匹配器件的需求。

3. 量子点 LED 发展进程

截至 2020 年,量子点 LED 器件已经经历了 20 多年的发展。1994 年,Alivisatos 等人首次实现了基于量子点的电致发光器件,该器件没有引入传输层材料,因此器件外量子效率只有 $0.001\% \sim 0.01\%$[8]。之后,Bulovic 课题组借鉴 OLED 的传输层结构,在量子点 LED 中分别引入 TPD 和 Alq$_3$ 作为空穴传输和电子传输材料,并在此结构基础上不断改进,最终将器件效率提升到了 2.5%[9,10]。

电荷传输层的发展在提升器件性能中扮演着至关重要的角色。2007 年,李永舫院士团队采用聚合物 poly-TPD 作为空穴传输材料,将器件开启电压降低至 $3 \sim 4V$,同时大幅提升了器件的工作寿命,在真空环境 1100nits 的初始亮度下半衰寿命 T_{50} 超过 300 小时[11]。该传输层材料一直沿用至今。2008 年之后,溶液法制备的 ZnO 纳米晶开始逐渐取代蒸镀有机小分子作为量子点 LED 的电子传输材料,器件的电子注入性能迅速提升,发光效率突飞猛进。2011 年,钱磊等人采用 ZnO 纳米晶作为电子传输材料[12],首次实现了量子点 LED 器件的亚带隙启亮,红橙光、绿光、蓝光的开启电压分别降至 $1.7V$、$1.8V$ 和 $2.4V$。但 ZnO 纳米晶会导致严重的量子点荧光猝灭,限制器件发光效率。2014 年,彭和金等人在 ZnO 层和量子点层之间插入超薄绝缘层抑制 ZnO 对量子点的猝灭,制备出外量子效率超20.0%,100nits 的初始亮度下半衰寿命超十万小时的红光量子点 LED 器件,实证了量子点 LED 应用于显示的可行性[13]。

量子点材料合成化学的进步也是量子点 LED 器件性能提升的关键因素。2018 年,Klimov 等人合成了渐变合金 $CdSe/Cd_xZn_{1-x}Se/ZnSe_yS_{1-y}$ 量子点,使得 LED 在 50000nits 的亮度范围内仍然能保持很高的发光效率[14]。钱磊等人在量子点核壳结构中使用带隙较窄的 ZnSe 替代宽带隙的 ZnS 作为壳层,有效降低了空穴传输材料与量子点之间的空穴注入势垒,减少了电荷在该界面的积累,器件在 1000nits 的初始亮度下的 T_{95} 寿命超过了 2000 小时[15]。彭和金等人通过使用电化学稳定的表面配体修饰量子点,实现了红光器件在 1000nits 的初始亮度下 T_{95} 寿命达 3800 小时;蓝光器件在 100nits 的初始亮度下半衰寿命达 10000 小时[16]。

此外,环境友好的无重金属 Cd 体系的量子点 LED 器件也一直是研究热点。2019 年,三星电子报道了基于 InP/ZnSe/ZnS 量子点的高性能量子点 LED 器件,该器件的发光波长为 630nm,器件发光效率超过 20.0%,器件在 100nits 初始亮度下的半衰寿命可达百万小时[17]。随后三星电子又报道了基于 Te 掺 ZnSe 量子点的量子点 LED,使用氯离子钝化提升量子点的发光性能,制备出效率达 20.2%,亮度高达 88900nits,100nits 初始亮度下半衰寿命达 15850 小时的蓝光量子点 LED 器件[18]。经过多年发展,发光高效、工作稳定的量子点 LED 器件逐渐满足商业化应用的基本要求,是下一代显示技术的强力竞争者。

11.2.2　钙钛矿 LED

1. 钙钛矿简介

钙钛矿的结构通式是 AMX_3,其中 A 和 M 是不等价的阳离子,X 是阴离子。钙钛矿是世界上分布最广泛的矿物之一,其研究已经有超过 170 年的历史。1839 年,德国矿物学家 Gustav Rose 发现了 CaTiO₃ 矿石,并以俄国矿物学家 Lev Perovski 的名字命名 (Perovskite)。此外,因为首次发现的该种结构的矿物是 CaTiO₃,所以也被称为钙钛矿类材料。传统的钙钛矿材料通常是复合氧化物,由于钙钛矿结构的独特性,这类材料往往具有非常特殊的物理性质,在介电和超导等领域都有非常广泛的研究和应用。

　　理想的无机钙钛矿材料是一种立方相晶体,金属阳离子 M 与六个最邻近的阴离子 X 组成带负电正八面体结构,其中 M 离子位于八面体结构的中心,各个八面体通过共顶点的方式相互连接,这些八面体在 $x/y/z$ 三个方向上无限延伸,A 离子则填充在八面体之间的间隙位置,如图 11-3 所示[19]。对于有机-无机杂化钙钛矿晶体,A 离子由正一价有机铵离子占据,金属阳离子 M 为正二价的金属阳离子,X 离子为负一价卤素阴离子。通常来说,有机-无机杂化三维钙钛矿材料具有三种晶体结构,立方相、四方相和斜方相。这三种晶体结构在不同的温度下可以相互转变,在这三种晶体结构中立方相具有最好的对称性和最低的生成焓,因此也最稳定。

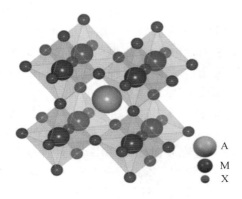

图 11-3　钙钛矿材料的晶体结构

　　有机-无机杂化钙钛矿材料的晶体结构种类由两个参数(t_f:容忍因子,O_C:八面体因子)所决定[20,21]。

$$t_f = \frac{R_A + X}{\sqrt{2}\,(R_M + R_X)} \tag{11-1}$$

$$O_C = \frac{R_M}{R_X} \tag{11-2}$$

其中 R_A,R_M 和 R_X 分别代表 A,M,X 离子的有效离子半径的大小,当 $0.813 \leqslant t_f \leqslant 1.107$ 且 $0.442 \leqslant O_C \leqslant 0.895$ 时,钙钛矿材料就可以形成三维钙钛矿结构。进一步的,如果 $0.8 < t_f < 0.9$ 并且 $0.4 < O_C < 0.9$,得到的就是立方相钙钛矿结构。当 t_f 不在这个区间时,则得到四方相或者斜方相钙钛矿结构。因此为了得到更稳定的立方相结构,选择合适尺寸的离子是至关重要的。对大部分有机-无机杂化钙钛矿材料的研究,M 离子通常是 Pb 离子和 Sn 离子,研究较多的 X 离子通常指 I 离子、Br 离子和 Cl 离子,其中 R_{Pb} 为 0.119nm,R_{Sn} 为 0.110nm,R_I 为 0.220nm,R_{Br} 为 0.195nm,R_{Cl} 为 0.180nm。正因为如此,为了满足容忍因子条件,A 位有机阳离子只能是甲铵离子(CH₃NH₃ 或者 MA:R_{MA} 为 0.218nm)、甲脒离子 (HC(NH₂)₂ 或者 FA:R_{FA} 为 0.253nm)和 Cs 离子(R_{Cs} 为 0.188nm)。图 11-4 列举了几种

常见离子的有效离子半径,以及按照公式计算出相应离子形成钙钛矿结构的容忍因子和八面体因子的平面图[22]。如果交叉点位于阴影区域内部,说明该种类型的离子晶体可以形成三维钙钛矿结构。

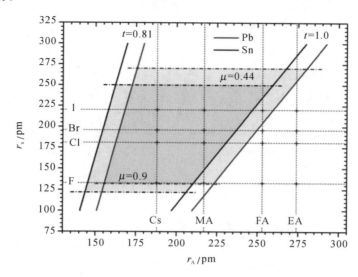

图 11-4　常见离子形成的钙钛矿结构的容忍因子和八面体因子的平面图

2. 钙钛矿光电性质

作为一种晶体半导体材料,金属卤化物钙钛矿的一大显著优势是发光可以在 $400\sim800nm$ 的范围内连续可调,覆盖了整个可见光区域。最常见的调节钙钛矿发光峰位的方法是改变钙钛矿元素种类,A、M、X 三种离子的选取对钙钛矿的能带结构都有一定影响,从而导致发光峰位的移动。其中影响最大的是 X 位卤素离子的选择。例如 $CsPbI_3$ 钙钛矿的禁带宽度是 $1.73eV$[23],$CsPbBr_3$ 钙钛矿的禁带宽度是 $2.35eV$[24],$CsPbCl_3$ 钙钛矿的禁带宽度则达到 $3.06eV$[24]。通过选择合适卤素元素并适当混合(如 $CsPb(Cl/Br)_3$,$CsPb(Br/I)_3$ 等),就可以实现发光覆盖 $400\sim700nm$ 的 $CsPbX_3$ 钙钛矿(图 11-5)[25]。A 位和 M 位离子的选择对钙钛矿禁带宽度也有一定的影响。在 $APbI_3$ 钙钛矿中,当 A 分别取 Cs^+($r=188pm$)、MA^+($r=217pm$)和 FA^+($r=253pm$)时,钙钛矿的禁带宽度分别为 $1.73eV$[26],$1.58eV$[27] 和 $1.48eV$[26]。可以观察到的基本趋势是随着 A 位离子半径的增大,三维钙钛矿禁带宽度减小。

对低维钙钛矿而言,改变发光峰位的方法除了组分调控之外,还可以调节钙钛矿的尺寸与维度,使其处于激子玻尔直径范围,通过量子限域效应改变钙钛矿发光峰位。胶体钙钛矿量子点中,发光峰位的调节和 CdSe 基胶体量子点非常相似,通过控制量子点合成过程中的反应条件,如反应温度、反应时间以及前驱体比例和浓度等,可以实现对量子点尺寸和形貌的调节。通过等效质量近似模型的计算可以得知,$CsPbBr_3$ 钙钛矿的等效激子波尔直径约为 7nm,粒径在此范围内的 $CsPbBr_3$ 纳米晶受到量子限域效应的影响,发光峰位会随着纳米晶尺寸的减小而出现蓝移。Protesescu 等人实验证实了粒径为 11.8nm 的 $CsPbBr_3$ 纳米晶发光峰位在 510nm,而粒径 3.8nm 的 $CsPbBr_3$ 发光则蓝移到 470nm[25]。

准二维钙钛矿中的有机铵离子的能隙一般都大于无机[MX_6]八面体层的能带宽度,形

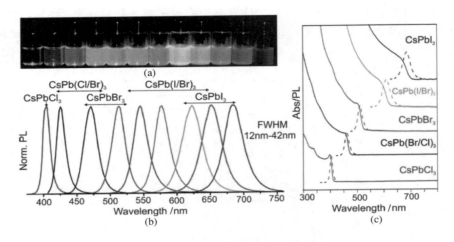

图 11-5　CsPbX$_3$ 钙钛矿组分调控实现光谱调控

成了天然的量子阱结构。因此，和无机半导体量子阱相同，准二维钙钛矿可以通过调节量子阱宽(即 n 值)来改变材料禁带宽度和发光峰位。以苯乙铵基铯铅溴体系钙钛矿(PEA$_2$(CsPbBr$_3$)$_{n-1}$PbBr$_4$)为例，考虑到一层[PbBr$_6$]八面体层的厚度大约为 0.6nm，显著小于 CsPbBr$_3$ 的激子波尔直径。因此在 n 值很小时，PEA$_2$(CsPbBr$_3$)$_{n-1}$PbBr$_4$ 的禁带宽度与三维 CsPbBr$_3$ 相比大大增加，发光也会出现明显的蓝移。例如，三维 CsPbBr$_3$ 禁带宽度为 2.35eV，$n=5$ 时的准二维钙钛矿 PEA$_2$(CsPbBr$_3$)$_4$PbBr$_4$ 禁带宽度增加到 2.51eV，当 $n=2$ 时 PEA$_2$(CsPbBr$_3$)$_1$PbBr$_4$ 的禁带宽度更是达到 2.85eV[28]。

3. 钙钛矿 LED 特点

钙钛矿 LED 以钙钛矿材料为发光层，在器件结构方面与量子点 LED 有诸多相似之处。不同点在于钙钛矿 LED 中的钙钛矿薄膜可以通过溶液工艺原位成膜的方式，将前驱体溶液直接沉积得到薄膜。而量子点 LED 需要先合成发光材料，然后沉积发光层，沉积过程原则上只影响发光层的形貌而不会影响发光性质。但钙钛矿 LED 发光层的沉积过程往往伴随着钙钛矿形成与结晶的过程，故薄膜沉积工艺不但影响钙钛矿薄膜的形貌，也极大地影响着钙钛矿薄膜的发光性质。在这里我们简要介绍几种典型的钙钛矿结晶影响因素。

首先是钙钛矿前驱体溶液成分的影响。钙钛矿前驱溶液成膜过程本质上是一个析晶的化学反应。随着溶剂逐渐挥发，前驱体浓度逐渐升高，并开始形成团簇和小晶核，随后晶核慢慢长大成钙钛矿晶粒。A、M、X 源的选择，以及各种添加剂等都可能会影响前驱物的溶解度以及中间相的结构，从而影响钙钛矿结晶过程。2018 年，华侨大学魏展画等人以 CsPbBr$_3$ 作为 Cs 源，并在前驱体中引入了 MABr，利用 CsPbBr$_3$ 与 MABr 的溶解度差异，得到了类似核-壳结构的 CsPbBr$_3$-MABr 钙钛矿薄膜，展现出优异的光学性能[29]。

其次是反溶剂的影响。反溶剂工艺在钙钛矿太阳能电池中是常见的工艺，也很早就应用在 LED 器件当中。反溶剂工艺基本原理是在旋涂过程中引入一种可以与溶剂(DMSO，DMF 等)混溶，但是不溶解钙钛矿的溶剂，使前驱体溶液过饱和度迅速增加从而快速析晶。反溶剂能有效地降低旋涂制备的钙钛矿晶粒尺寸。常见的反溶剂有甲苯、氯苯、乙酸乙酯、氯仿等。反溶剂的选用也会受到器件结构的影响，例如选择的反溶剂应避免溶解钙钛矿的衬底。加入反溶剂的时间也是一个重要的工艺参数。2018 年，北京理工大学钟海政团队研究发现,反溶剂加入时间较早可促进配体辅助沉淀过程,此时原位形成了钙钛矿纳米晶,最终得到的荧光量子产率较高;反溶剂加入时间较晚时,形核过程已经结束,主要起到纳米晶晶界钉扎的作用,所得薄膜荧光量子产率较低[30]。

最后是衬底选择的影响。钙钛矿结晶过程是一种异相形核过程,不同衬底的表面能、表面化学结构等都不尽相同,因此对钙钛矿结晶与退火的晶粒长大过程都可能有较大影响。2019 年,瑞典林雪平大学高峰等人研究了 $FAPbI_3$ 在 SnO_2/PEIE,TiO_2/PEIE,ZnO/PEIE 三种衬底上的结晶过程[31]。他们发现在 ZnO/PEIE 上钙钛矿晶粒结晶质量较高,荧光很强;SnO_2/PEIE 上形成的钙钛矿晶粒很小,且发光明显变弱;而 TiO_2/PEIE 上只有少量钙钛矿团簇形成,荧光信号微弱。

尽管原位成膜的特性为钙钛矿的应用增加了诸多限制因素,但也为钙钛矿 LED 提供了更多的可能性。例如,原位结晶工艺可以同时实现对钙钛矿的纳米结构及其排列方式的控制,有望突破器件出光率限制。

4. 钙钛矿 LED 发展进程

第一个用钙钛矿做发光层实现电致发光的是日本九州大学的 Saito 等人。1994 年,他们报道了基于纯二维的苯乙铵铅碘钙钛矿的发光器件,实现了峰位在 520nm,半峰宽仅 10nm 的电致发光[32]。但此类钙钛矿中激子和声子相互作用很强,造成了严重的激子热淬灭,室温下几乎没有荧光,因此该器件只能在液氮温度(77K)下以很低的效率工作。2009 年,钙钛矿太阳能电池的研究热潮让人们把目光再次投向了金属卤化物钙钛矿材料,不少科研工作者认识到此类低缺陷密度的直接带隙半导体材料可能会是一种良好的发光材料。2014 年,剑桥大学 Richard Friend 团队率先报道了室温下可工作的三维钙钛矿 LED,分别实现了外量子效率为 0.76％和 0.1％的红光和绿光钙钛矿 LED[33]。

自此之后,钙钛矿 LED 的研究进入了快车道,全世界许多研究组相继开始了相关研究(图 11-6)。韩国 Tae-Woo Lee 等人通过精细的组分调控有效消除了钙钛矿中金属铅的产生,大大提高了发光效率;同时引入反溶剂工艺钉扎晶界,减小了钙钛矿的平均晶粒,提升了激子束缚能[34]。结合他们之前报道过的渐变式空穴注入层,获得了峰值外量子效率为 8.53％的绿光器件。2016 年,多伦多大学 Edward Sargent 团队和南工大王建浦团队几乎

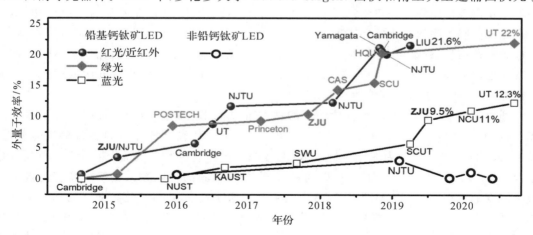

图 11-6　钙钛矿 LED 的发展历程

同时将长链有机铵盐如苯乙铵离子、萘甲铵离子等引入钙钛矿前驱液中,得到了不同 n 值的钙钛矿混合的钙钛矿薄膜,形成了多量子阱结构[35,36]。不同 n 值的钙钛矿带宽不同,激子通过能量转移过程迅速富集到 n 值最大的钙钛矿中,并在此复合发光,从而在较低激发密度下就能达到较高的荧光量子产率。此外,多量子阱薄膜继承了二维钙钛矿材料平整致密的特点,大大降低了漏电流。在此基础上,他们分别实现了外量子效率达到 8.8% 和 11.7% 的近红外钙钛矿 LED。

2018 年,$Nature$ 杂志背靠背发表了南工大王建浦团队和华侨大学魏展画团队在近红外和绿光钙钛矿发光方面的两个工作,钙钛矿 LED 的研究再次加速。王建浦等人发现,在 $FAPbI_3$ 钙钛矿前驱液中加入氨基酸可以促使钙钛矿结晶形成不连续的亚微米级的高质量晶粒,在保持较高荧光量子产率的情况下大幅提升了器件出光效率,实现了最高外量子效率 20.7% 的近红外器件[37]。魏展画等人制备了核-壳结构的 $CsPbBr_3$-MABr 钙钛矿薄膜,这种结构有效钝化了钙钛矿晶粒表面的缺陷,钙钛矿薄膜的发光效率大幅提升至 80%[29]。此外,他们在器件结构设计中借鉴量子点 LED 的方法,在钙钛矿与电子传输层中间插入一层超薄绝缘层,有效改善了载流子的注入平衡,实现了最高外量子效率达 20.3% 的绿光器件。

11.2.3　有机 LED

1990 年,有机共轭聚合物 PPV 夹在金属电极之间,电致发光器件首次被证明。在过去的 30 年,溶液法 OLED 进步显著。随着合成化学的发展和器件物理的深入研究,有机材料包括聚合物、树枝状大分子和小分子等呈现优异的光电性能。同时,通过器件结构和相应的电荷传输层的创新,优化了电荷平衡,实现器件工作寿命的提升。

在早期阶段,由于有机发光材料的最低未被占据分子轨道能级与金属电极费米能级之间的注入势垒较大,导致电子注入困难,限制了溶液法 OLED 的发展。一般采用低功函数的金属如钙、钡等来促进电子有效注入有机层。然而,低功函数的金属,以及聚合物/金属界面均不稳定,导致器件稳定性极差。此外,广泛使用的空穴注入材料 PEDOT：PSS 又具有吸湿性和酸性。这促使研究者们引入可溶液加工的氧化物作为 OLED 的电荷传输层来解决这一难题。

在这里我们重点强调可溶液加工的氧化物对溶液法 OLED 性能的影响。2007 年,纳米二氧化钛薄膜被引入作为 OLED 的电子传输层[38]。在当时,这种器件的效率虽然不高,但与原始器件相比,性能有所提高。随后,ZnO 纳米晶作为电子传输层应用于以 MEH-PPV 为发光层的 OLED 中[39]。ZnO 纳米晶作为电子传输层时,其器件开启电压低于发光材料的能隙,这表明电子可以有效地注入。

通过调控氧化物纳米晶电子传输层的性质可以优化溶液法 OLED 性能。为了突出发光有机物/氧化物纳米晶界面的重要性,这里举一个例子比较几种 OLED 器件的性能差别。其中 OLED 均以 F8BT 为发光材料,ZnO 纳米晶为电子传输层。通常,电子注入的能量势垒存在于 ZnO/F8BT 界面,并且可以通过控制 ZnO 薄膜的功函数来调节。具有高自由载流子浓度的铟掺 ZnO(IZO)纳米晶,自由电子填充到导带中,使得氧化物薄膜的费米能级上移 0.3eV[40]。扫描开尔文探针显微镜结果显示,在 F8BT/IZO 纳米晶双层膜中,IZO 纳米晶层的表面电位比 F8BT 层的表面电位正,而在 F8BT/ZnO 纳米晶双层膜中,ZnO 纳米晶层的表面电位比 F8BT 层的表面电位负,因此 IZO 纳米晶电子传输层具有更好的高效电子注入性能。与 ZnO 电子传输层相比,以 IZO 作为电子传输层的 LED 器件具有更低的开启电压,更高的最大发光亮度和效率。在 ZnO/F8BT 界面上的电子注入效率还可以通过使用 Liq 或掺 $CsCO_3$ 的 ZnO 纳米晶体来提高,其中 ZnO 纳米颗粒的尺寸和形状也会对其产生影响。引入界面偶极子层是降低 ZnO 纳米晶电子传输层功函数的另一个重要策略[41,42]。除了 ZnO,其他 n 型氧化物纳米晶也被应用于溶液法 OLED 的电子传输层,例如 TiO_2、SnO_2 等。

溶液法制备的氧化物纳米晶也可以作为空穴传输层应用于 OLED 器件。通过配体保护辅助策略合成的 NiO 纳米晶,薄膜处理温度可低至 130℃,这使得该薄膜可以应用于柔性基底的 OLED 中,并且制备的 OLED 性能与以 PEDOT：PSS 为空穴传输层的器件性能相当[43]。另外其他研究表明,纳米颗粒悬浮液法制备的 MoO_3 薄膜具有高效的空穴注入传输性能,其电子性质与真空热蒸发沉积制备的薄膜相当。

§11.3　溶液法大面积制备技术

对于溶液工艺 LED 显示技术的产业化进程而言,最重要的是攻克从实验室制备的原型器件到大面积、高分辨率的 RGB 像素阵列工业化生产的技术壁垒。目前,现有原型器件中的薄膜通常采用旋涂的方法沉积到衬底表面,但 RGB 像素点却无法通过旋涂工艺进行制备。因此,要将多色发光材料喷涂到不同衬底上,包括柔性和可拉伸衬底,就必须开发更多高分辨、均匀和大面积的喷涂技术。在本节中,我们将介绍已有喷涂技术的最新进展,主要包括喷墨打印技术和转移打印技术。

11.3.1　喷墨打印

喷墨打印技术可用于进行任意形状膜的沉积制备,是一种非接触、无需掩模板的制备技术。喷墨打印过程包括从电动喷头中喷出定量的墨滴,通常为一皮升至几十皮升,墨滴落到衬底的特定位置,墨滴分散并干燥后即可形成薄膜。喷墨打印可以按需控制材料的沉积过程,减少了材料浪费,同时无需掩模板也省去了复杂的预制图过程。显然,喷墨打印技术可喷涂绘制任意图案形状的特点对于显示器多色像素点的制备非常有利。

1. 喷墨打印原理

喷墨印刷是将墨滴喷射到承印物上以形成所需要的图案,其基本原理是采用微细的喷嘴将油墨以一定的速度喷射形成细小的墨滴,再利用喷墨头把墨滴引导至承印物的设定位置上,通过油墨与承印物的相互作用,实现油墨影像的再现。

喷墨打印的喷墨方式分为连续喷墨和按需喷墨。连续喷墨印刷技术以电荷调制型为代表。来自于字符发生器、模拟调制器等的打印信息对控制电板上的电荷进行控制,墨滴在通过电荷控制装置时,由于静电作用变得大小均匀、形态一致,同时形成了带电和不带电的墨滴。带电墨滴在偏转电场的作用下发生偏转,喷射到承印物上形成需要的文字或图案;不带电的墨滴经过电场时不发生偏转,飞到回收器中流入墨水系统中再利用。按需喷墨印刷技术是将计算机里的图文信息转化成脉冲的电信号,然后由这些电信号控制喷墨头的闭合,只在需要打印的区域产生墨滴,从而在承印物上实现文字或图案的打印。

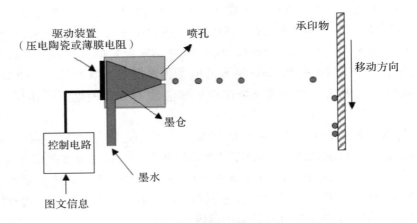

图 11-7　按需喷墨印刷系统

在有机电子器件的制造中一般采用按需喷墨印刷（图 11-7），其中，压电式喷墨印刷不需要加热，因而有机材料不会因受热而发生化学变化，而且不会对液体产生热应力，大大降低了对材料的要求。将导电聚合物作为喷墨打印墨水材料，利用压电原理，将电子墨水喷涂在基底上，通过退火沉积成膜，从而能够得到有机薄膜。

2. 喷墨打印的注意事项

从喷墨打印设备喷嘴喷射出的电子墨水在承印物表面的干燥成膜过程是衬底对溶液的作用力与液体的表面张力相互竞争的结果。因此，墨水材料中溶剂的挥发过程及其在固体基板上的浸润特性将直接影响到薄膜的成膜特性与质量。要使油墨能够顺利地转移到承印物上，必须要求墨水具备适宜印刷的作业适性，即印刷适性。

首先，溶解性和分散性要好。压电喷墨头的喷孔孔径都很小，一般为几十微米，墨水装入墨盒前必须通过直径为 $0.22\mu m$ 的滤嘴，以除去墨水中直径较大的颗粒，避免堵塞喷嘴。为了保证衬底表面形成薄膜的成分均匀性，必须确保墨水的分散性。

其次，墨水的黏度范围一般在 2～30cps，保证喷嘴中的墨水能在 $100\mu s$ 内充满喷嘴并且稳定。而墨水的表面张力在 35～40mN/m，以便在电压低时，喷嘴口处的墨水不会滴下来，同时避免喷嘴处的墨水集结而影响墨滴的线性运行，致使喷头表面不易于润湿。液体的黏度决定了液滴是否能够顺利喷出，表面张力则关系到能否形成液滴，而接触角决定了液体能否在固体衬底表面铺展。

最后，墨水的挥发性也要适当。若溶剂的沸点太低，墨水挥发容易堵住喷嘴，影响打印效果，在烘干打印的墨滴时，所形成的薄膜会出现"咖啡环效应"，即烘干后的薄膜中间薄、两边厚，因此需要在墨水中添加低表面能、高沸点的溶剂以抑制这种现象。

3. 喷墨打印的应用

该项技术已经广泛应用于溶液加工材料的沉积，如聚合物、胶体纳米粒子、碳纳米管和氧化石墨烯等。目前绝大多数可印刷电子产品的初始模型器件，如薄膜晶体管、发光二极管、导电互连材料以及传感器探测器等都是通过喷墨打印方法制备的。

以导电聚合物（PEDOT）为喷墨打印墨水材料，聚对苯二甲酸乙二醇酯（PET）薄膜为衬底，使用 Jet Lab Ⅱ 压电式喷墨打印机，选用喷嘴直径为 $30\mu m$ 打印针头，在 PET 衬底表面打印导电聚合物墨水。由于 PET 表面具有疏水特性,PEDOT 溶液在 PET 表面的接触角达 107°,液滴在其表面会收缩堆积成圆柱,难以铺展形成均匀的薄膜,因而需要对 PET 表面进行亲水处理。

聚乙烯醇(PVA)作为水溶性高分子聚合物,是较好的界面亲水材料。在 PET 表面旋涂 PVA 溶液,能保障其表面的亲水性均匀且持续。PEDOT 液滴在 PVA 修饰 PET 衬底表面铺展成膜后的直径达到 $111\mu m$,相比直接在 PET 上的薄膜,液滴的铺展直径大了 90 微米。通过 PVA 修饰 PET,改变了表面的浸润特性,改善了 PEDOT 墨水的铺展与干燥过程,接触角变为 38°,使 PEDOT 溶液在溶剂挥发干燥过程中不会发生"咖啡环效应",形成了均匀的高质量薄膜。

4. 喷墨打印 LED 实例

胶体量子点具有极佳的溶液可加工性质,有望通过喷墨打印技术直接喷涂制备 RGB 像素点,要达成这一目的并获得厚度可控的均匀量子点薄膜,有两个关键问题仍需考虑。第一个问题是要在器件加工过程中尽量避免量子点层的再溶解。虽然在量子点 LED 领域中从溶液到多层沉积方面已经取得了许多成果,但由于喷墨打印工艺要求墨水溶液的性质参数可控,包括浓度、表面张力和黏度等,这给量子点墨水的合成带来了一些困难。第二个挑战是要减小咖啡环效应。2009 年,Jabbour 团队通过喷墨打印沉积了量子点薄膜构成的像素阵列,最终成功制备了量子点 LED 器件[44]。为了削弱咖啡环效应,该项工作采用了低蒸汽压溶剂氯苯来沉积量子点薄膜,然而氯苯会与下方的空穴传输层发生相互作用,导致沉积的量子点薄膜形貌较差,具体表现为薄膜表面粗糙以及存在孔洞和空隙,这就使得空穴传输层和电子传输层产生了直接接触,最终使量子点 LED 器件表现出较高的驱动电压和传输层的发光。江等利用喷墨打印技术构建了反型量子点 LED 器件[45]。PEI 修饰的 ZnO 纳米颗粒层作为电子传输层对非极性有机溶剂表现出非常稳定的性质,由此为量子点喷墨打印提供了其必需的高表面自由能,同时该项工作还采用了 1,2-二氯苯与环己基苯的混合溶剂来降低表面张力。最终得到了令人满意的结果,获得了无咖啡环效应的量子点薄膜,各器件峰值电流效率为 $4.5\mathrm{cd\ A^{-1}}$,最大亮度为 12000nits。Rogers 团队运用电流体喷射印刷,即电子喷射印刷方式,沉积了均匀的量子点图形阵列,具有亚微米级别的横向分辨率和高精度的厚度控制[46]。这项工作印证了喷墨打印技术能够达到高水平分辨率。

时至今日,喷墨打印设备已经有了很大进步,目前已经实现了高精度载物台及其移动控制、高精度墨滴控制、精确的喷头控制、背印算法以及实时监控方案,这些都引起了业界人士的极大兴趣。Kateeva 公司开发了一条基于喷墨打印技术的大规模生产线,最大可加工 G8尺寸的玻璃衬底(2.2m×2.5m),能够实现高分辨和高均匀性薄膜图案的大规模制备。此外,JOLED 公司也于近日宣布他们采用喷墨打印技术制造了 19.3 英寸的 4K 显示器,其分辨率高达 230 像素每英寸。

11.3.2　转移印刷

转移印刷提供了一种简单且成本低廉的表面印刷方法,具有极高的普适性和亚微米精度。该项技术的关键点在于利用柔软且有弹性的印章来转印由光刻或其他方法喷涂而成的图案。

Bulovic 课题组率先将微接触印刷技术(μCP)应用于量子点的喷涂[47]。该印刷过程分为四步,包括聚二甲基硅氧烷(PDMS)印章的制模、Parylene-C 涂盖印章、旋涂量子点溶液进行印章上墨以及将量子点图案转印到接收衬底上。PDMS 印章上涂覆的 Parylene-C 层不仅能够有效防止有机溶剂引起的印章膨胀,还降低了表面能,促进了量子点薄膜的转印。通过该工艺流程,小组制备了具有 25 微米线特征的多色量子点 LED 像素点,红色、绿色和蓝色的印刷量子点 LED 器件外量子效率分别达到了 2.3%、0.65% 和 0.35%。

之后,Rizzo 等人对 μCP 工艺进行了改进和提升,最主要的改进是将量子点沉积在施主衬底上,然后通过无溶剂上墨工艺将其转印到 PDMS 印章上,从而避免了有机溶剂与 PDMS 印章之间的浸润性和溶胀问题[48]。此后,三星电子采用了十八烷基三氮硅烷单层,通过共价键键合到施主衬底表面来促进上墨过程。此外,还可通过调节剥离速度和施加压力对上墨和印刷过程进行动力学控制,从而使得转印效率几乎达到了 100%,并且转印所得的量子点条纹几乎没有缝隙和裂纹。这种转印方法能够和柔性衬底相结合,通过弯曲实验可以发现,所制得的柔性器件没有降解。令业界瞩目的是,三星电子通过无溶剂上墨和压印工艺制造了具有 320×240 像素阵列的四英寸全色域主动发光量子点 LED 显示器[49]。

Choi 等人开发了凹版转印技术来制造具有可控且均匀像素尺寸的全色域量子点阵列,达到了 2460PPi 的高分辨率[50]。在凹版转印中,凹版沟槽中的平面印章上释放量子点的步长决定了像素点的形状,裂纹仅在凹版沟槽的尖锐边缘处出现。而无论图案形状大小如何,凹版转印技术都可实现近 100% 的高转印率,远胜于常规的结构化压印方法。这是由于结构化压印方法的分层在结构化印章的边缘已经开始,并且当印章快速抬起时分层会扩散到中心,导致在像素内部形成了裂纹。

Rogers 等建立了一种多层转印技术,该技术无需考虑层数厚度,就可将在施主衬底上制备的多层材料转移到接收衬底上[51]。该项技术关键之处在于引入了低表面能的疏水含氟聚合物,该聚合物能够将多层材料回收到平面的 PDMS 印章上,并且该过程能够保持无损进行,因此这一方法有利于具有异质能带结构的 QLED 像素阵列的制造。

以上这些例子表明,转印技术可在器件结构不暴露在溶剂中的条件下,实现量子点的高分辨率喷涂,因此转印技术在选择设备组件和设备制造方面提供了更多的灵活性。然而转印技术的大规模生产制造依然存在很多挑战,例如转印过程中的粒子污染、子像素分离以及弹性印章结构的下垂和倾斜等。

11.3.3　其他大面积喷涂技术

传统光刻技术或许可以为量子点的喷涂提供新的解决方案,其中挑战之一是光刻技术中使用的许多有机溶剂可能会损坏或溶解涂覆好的量子点阵列,对此,Park 等人开发了电荷辅助的量子点层层组装方法来解决这一问题[52]。带负电的水溶性配体功能化修饰量子点后,能够促进其组装到带正电荷的聚电解质衬底上。组装成功的量子点膜对后续光刻工艺具有很强的抵抗力,因此可以进行多次重复喷涂工艺来制备多色量子点图案。Park 等人成功在单个衬底上制备了具有高电致发光亮度的多色量子点 LED 器件,也证明了主动发光量子点 LED 显示器的可行性。

3D 打印技术是一项新兴技术,能够集成许多不同类型的材料。Kong 等人充分整合多种功能材料,包括无机纳米粒子、弹性基质、有机聚合物、固液金属引线和紫外黏合透明衬底层,实现了首个 3D 打印的量子点 LED 器件[53]。

§11.4　溶液法制备发光器件的应用

11.4.1　主动发光显示器

　　量子点、钙钛矿等荧光光谱窄,色彩饱和度高的光学性质非常好地满足了显示领域对光源的需求。采用量子点、钙钛矿等取代传统的荧光粉作为背光源,能够显著提升显示器的显色画质。如图 11-8 所示,传统的 LCD 显示技术只有 72% NTSC(美国国家电视标准委员会)色域,有机发光二极管将这一标准提到了 106% NTSC 色域。而量子点 LED 采用光学性质优异的量子点为发光材料,其标准达到了 140% NTSC 色域,远超 LCD 显示技术。

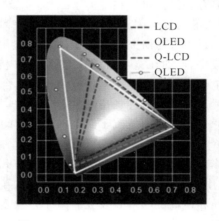

图 11-8　CIE 坐标下 LCD、有机 LED 和量子点 LED 的色域显示范围

　　量子点 LED 有望应用于显示领域,而利用量子点自发光的特性,能够实现更具应用价值的基于量子点 LED 的主动矩阵发光(AM-QLED)显示器。从图 11-9 中的结构示意图中可以看出,AM-QLED 明显简化了显示屏结构,有望大幅降低制备成本。而且 AM-QLED工作时每个单独的像素单元都有对应的 TFT 控制,能够实现完全的暗场景,实现更高的对比度。而传统的 LCD 显示屏背光源需要一直保持工作状态,其暗态主要靠偏振阻挡完成,

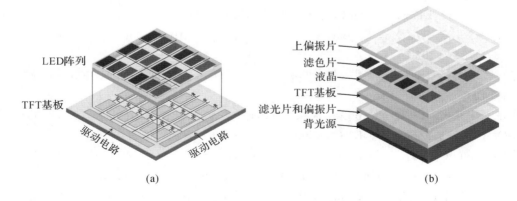

(a)　　　　　　　　　　　　(b)

图 11-9　主动矩阵发光量子点 LED(a)和 LCD(b)显示屏的结构示意图

存在无法避免的漏光,难以实现真正的黑色背景,同时还增加了能耗。与目前主要通过蒸镀工艺制备的 AM-OLED 相比,AM-QLED 是以无机量子点纳米晶溶液作为发光材料,可采用印刷、喷墨打印等制备效率更高,成本更低的方式进行加工,同时具备广色域和长寿命的特点,在大尺寸和柔性显示屏上具备独特优势,有望在下一代显示技术中脱颖而出。

11.4.2　电致发光单光子源

单光子源由于具有极高的保真度等优势,在量子通信、量子密码学和量子计算等领域拥有广阔的应用前景。理想的单光子源可以通过单个二能级系统实现,即周期性地通过光泵浦或电注入在二能级系统中产生单个激发态,进而保证单光子发射。目前已经在多套材料体系中证明了单光子源发射特性,比如单原子、单分子、金刚石色心、量子点等简单的二能级量子体系中。从实际应用的角度考虑,可以在室温下工作,能被电激发、控制,同时又能规模化容易制备的单光子源是追求的目标。因此,溶液工艺制备室温下工作的电激发单光子源是理想的选择。从这点出发,近十来年研究者们在研制可室温下工作电激发的单光子源上做了很多努力,取得了一些成果,比如在宽带隙无机半导体、有机分子等材料体系试验中取得成功。然而,这些体系在电激发条件下存在多种类型辐射复合中心,因而产生较宽的电致发射光谱,导致单光子源发射属性远低于理想条件。

量子点又被称为"人造原子",其中的载流子受到三个维度的束缚,形成了与原子类似的分立能级结构,发射光谱半峰宽窄。单个量子点可以在外界光激发或电激发下可控地产生单个激子,因此采用量子点作为单光子源具有巨大的潜力。方伟等人将单分散的量子点埋在合适厚度的有机绝缘层之中,夹在电子和空穴传输层之间。绝缘层隔绝电子和空穴的直接交互作用,完全地抑制界面和传输层的背景发光。量子点自身直径约为 10nm,因此可以通过严格控制绝缘层膜厚(11～15nm)调控载流子的隧穿速率,实现器件中只有量子点电致发光。该溶液法制备的单量子点电致发光器件表现出在室温下呈现近乎完美反聚束效应的电激发单光子发射性能[54]。这一器件结构和溶液加工工艺可以应用于其他量子点,比如钙钛矿量子点,为大规模制备室温下单光子源器件提供新的发展途径。

参考文献

[1] X. Dai, Y. Deng, X. Peng, et al. Adv. Mater. 29, 1607022(2017).

[2] X. K. Liu, W. Xu, S. Bai, et al. Nat. Mater. https://doi.org/10.1038/s41563-020-0784-7(2020).

[3] J. Chen, V. Hardev, J. Hartlove, et al. SID Symp. Dig. Tech. Papers. 43, 895 (2012).

[4] U. R. Genger, M. Grabolle, S. C. Jaricot, et al. Nat. Methods 5, 763(2008).

[5] O. Chen, J. Zhao, V. P. Chauhan, et al. Nat. Mater. 12, 445(2013).

[6] J. Zhou, C. Pu, T. Jiao, et al. J. Am. Chem. Soc. 138, 6475(2016).

[7] C. Pu, H. Qin, Y. Gao, et al. J. Am. Chem. Soc. 139, 3302(2017).

[8] V. L. Colvin, M. C. Schlamp, A. P. Alivisatos, Nature 370, 354(1994).

[9] S. Coe, W. K. Woo, M. Bawendi et al. Nature 420, 800(2002).

[10] S. C. Sullivan, J. S. Steckel, W. K. Woo, et al. Adv. Funct. Mater. 15, 1117 (2005).

[11] Q. Sun, Y. A. Wang, L. Li, et al. Nat. Photon. 1, 717(2007).

[12] L. Qian, Y. Zheng, J. Xue, et al. Nat. Photon. 5, 543(2011).

[13] X. Dai, Z. Zhang, Y. Jin, et al. Nature 515, 96(2014).

[14] J. Lim, Y. S. Park, K. Wu, et al. Nano Lett. 18, 6645(2018).

[15] W. Cao, C. Xiang, Y. Yang, et al. Nat. Commun. 9, 2608(2018).

[16] C. Pu, X. Dai, Y. Shu, et al. Nat. Commun. 11, 937(2020).

[17] Y. H. Won, O. Cho, T. Kim, et al. Nature 575, 634(2019).

[18] T. Kim, K. H. Kim, S. Kim, et al. Nature 586, 385(2020).

[19] S. A. Veldhuis, P. P. Boix, N. Yantara, et al. Adv. Mater. 28, 6804(2016).

[20] C. Li, X. Lu, W. Ding, Acta Crystallogr. B 64, 702(2008).

[21] M. A. Green, A. H. Baillie, H. J. Snaith, Nat. Photon. 8, 506(2014).

[22] J. S. Manser, J. A. Christians,. P. V. Kamat, Chemical Reviews 116, 12956 (2016).

[23] A. Swarnkar, A. R. Marshall, E. M. Sanehira, et al. Science 354, 92(2016).

[24] A. Becker, R. Vaxenburg, G. Nedelcu, et al. Nature 553, 189(2018).

[25] L. Protesescu, S. Yakunin, M. I. Bodnarchuk, et al. Nano Lett. 15, 3692(2015).

[26] G. E. Eperon, S. D. Stranks, C. Menelaou, et al. Energ. Environ. Sci. 7, 982 (2014).

[27] M. Shirayama, H. Kadowaki, T. Miyadera, et al. Phys. Rev. Appl. 5, 014012 (2016).

[28] J. Xing, Y. Zhao, M. Askerka, et al. Nat. Commun. 9, 3541(2018).

[29] K. Lin, J. Xing, L. N. Quan, et al. Nature 562, 245(2018).

[30] D. Han, M. Imran, M. Zhang, et al. ACS Nano 12, 8808(2018).

[31] Z. Yuan, Y. Miao, Z. Hu, et al. Nat. Commun. 10, 2818(2019).

[32] M. Era, S. Morimoto, T. Tsutsui, et al. Appl. Phys. Lett. 65, 676(1994).

[33] Z. K. Tan, R. S. Moghaddam, M. L. Lai, et al. Nat. Nanotech. 9, 687(2014).

[34] S. H. Jeong, H. Cho, M.-H. Park, et al. Science 350, 1222(2015).

[35] N. Wang, L. Cheng, R. Ge, et al. Nat. Photon. 10, 699(2016).

[36] M. Yuan, L. N. Quan, R. Comin, et al. Nat. Nanotech. 11, 872(2016).

[37] Y. Cao, N. Wang, H. Tian, et al. Nature 562, 249(2018).

[38] S. A Haque, S. Koops, N. Tokmoldin, et al. Adv. Mater. 19, 683(2007).

[39] L. Qian, Y. Zheng, K. R. Choudhury, et al. Nano Today 5, 384(2010).

[40] X. Liang, Y. Ren, S. Bai, et al. Chem. Mater. 26, 5169(2014).

[41] Y. Zhou, C. F. Hernandez, J. Shim, et al. Science 336, 327(2012).

[42] J. Wang, N. Wang, Y. Jin, et al. Adv. Mater. 27, 2311(2015).

[43] X. Liang, Q. Yi, S. Bai, et al. Nano Lett. 14, 3117(2014).

[44] H. M. Haverinen, R. A. Myllyla, G. E. Jabbour, Appl. Phys. Lett. 94, 073108

(2009).

[45] C. Jiang, Z. Zhong, B. Liu, et al. ACS Appl. Mater. Inter. 8, 26162(2016).

[46] B. H. Kim, M. S. Onses, J. B. Lim, et al. Nano Lett. 15, 969(2015).

[47] P. O. Anikeeva, L. A. Kim, S. A. Coe-Sullivan, et al. Nano Lett. 8, 4513 (2008).

[48] A. Rizzo, M. Mazzeo, M. Palumbo, et al. Adv. Mater. 20, 1886(2008).

[49] T.-H. Kim, K.-S. Cho, E. K. Lee, et al. Nat. Photon. 5, 176(2011).

[50] M. K. Choi, J. Yang, K. Kang, et al. Nat. Commun. 6, 7149(2015).

[51] B. H. Kim, S. Nam, N. Oh, et al. ACS nano 10, 4920(2016).

[52] J. S. Park, J. H. Kyhm, H. Kim, et al. Nano Lett. 16, 6946(2016).

[53] Y. L. Kong, I. A. Tamargo, H. Kim, et al. Nano Lett. 14, 7017(2014).

[54] X. Lin, X. Dai, C. Pu, et al. Nat. Commun. 8, 1132(2017).